国际视野下的城市规划管理制度

——基于治理理论的比较研究

王郁　著

中国建筑工业出版社

图书在版编目（CIP）数据

国际视野下的城市规划管理制度——基于治理理论的比较研究/王郁著. —北京：中国建筑工业出版社，2009
ISBN 978-7-112-10937-1

Ⅰ. 国… Ⅱ. 王… Ⅲ. 城市规划-城市管理-制度-研究-世界 Ⅳ. TU984 F299.1

中国版本图书馆 CIP 数据核字（2009）第 062981 号

国际视野下的城市规划管理制度
——基于治理理论的比较研究
王郁 著

*

中国建筑工业出版社出版、发行（北京西郊百万庄）
各地新华书店、建筑书店经销
北京嘉泰利德公司制版
北京云浩印刷有限责任公司印刷

*

开本：787×1092 毫米 1/16 印张：16 字数：388 千字
2009 年 10 月第一版 2009 年 10 月第一次印刷
定价：**39.00** 元
ISBN 978-7-112-10937-1
(18183)

西方发达国家自工业化和城市化初期开始，在经过了不同经济社会发展阶段的理论探讨和实践积累的基础上，逐步建立了较为成熟的城市规划管理制度，制度内容和实施运行具有各自鲜明的特点，同时又具有某些共同的特征和发展趋势，其理论和实践经验为研究中国城市规划管理制度建设的方向、手段和途径提供了极好的参照指标和借鉴对象。本书运用治理理论的基本视角——主体间关系及其互动过程作为理论框架，对美、英、日三国具有代表性的规划管理制度体系，从制度背景以及法律体系、行政体系、规划体系和实施体系等方面入手，分析影响制度形成、运作的政治社会经济环境条件和背景因素，系统总结各国规划管理制度的主要特征，辨清制度形成和发展的主流趋势，以求为我国城市规划管理制度研究提供理论依据和实践基础。

本书可供广大城市规划师、城市规划管理人员、建筑与城市规划学院师生学习参考。

* * *

责任编辑：吴宇江
责任设计：郑秋菊
责任校对：兰曼利　王雪竹

自 序

本书研究的立意开始于五、六年之前。那时刚从国外归来，看到国内随着城市化的快速发展，城市规划日益受到各级政府与社会的高度重视，房地产开发的市场化也直接带动了规划设计行业的一片繁荣。在各级地方政府，规划管理部门从过去的一个纯技术性部门，一跃成为众人眼中的重权部门、强势部门，政府决策、项目立项等等都需要到城市规划中寻找依据和支撑；而对于老百姓来说，有越来越多的人像寻求股市信息、投资信息一样探寻城市规划的政策信息，城市规划对于资产保值增值的意义开始为越来越多的人所认识，因此，也有越来越多的人开始从过去对城市规划的漠不关心，转为对规划的任何一点细微的变化都会高度关注，并通过各种方式发表自己的见解。但是与此同时，我也深深感到20世纪90年代自己刚进入城市规划领域时就暴露出来的种种问题并未随着规划的受“重视”而得到解决；相反，在社会转型与经济高速发展的双重压力下，规划问题无论在体制内还是在体制外都表现得更为严重了。从表面上看，城市规划不过是“墙上挂画”的、令专业人士沮丧的处境已经得到了极大的改变，但是，深入观察之后却发现，城市规划的“工具性”本质并未得到根本的改变，甚至可以说，城市规划已经不仅仅是“权力”的工具，市场经济使得城市规划也成为“资本”的工具。这一状态只能令人更为沮丧，因为在这一状态下，规划的技术理性使得规划不仅会和权力、资本发生冲突，同时也难以得到社会的认同，城市规划陷入了“四面楚歌”的境地。对于规划管理人员而言，工作的难度不仅在于要面对上级领导的朝令夕改和过度干预（以“重视规划”的名义），而且随着规划投诉事件的上升，还要面对来自公众的责难和质疑，规划的大笔一挥就可描绘城市发展蓝图的优越感不断地被所谓“刁民”的投诉而打得四零八落。城市规划希望高举“公共利益”的大旗来赢得社会的认同，但无论是在诸如地铁、磁悬浮等重大公共项目，还是在诸如社区卫生中心和菜场等小型公共项目中，居民也大多不买账地对项目可能造成的日照、噪声、卫生等方方面面的问题表示不满，进而采取各种方式进行阻挠。可见，抽象的公共利益并不能获得社会的认同。那么，究竟应该如何来界定城市规划中的公共利益呢？这些公共利益如何才能通过城市规划管理得到充分的实现呢？市场经济和产权社会中的城市规划如何才能有效运行呢？

规划问题从来就不是单纯的技术问题，或者说，任何规划技术问题的背后都隐含着深刻的经济、社会和政治因素的复杂影响。在这样的认识基础上，为了更全面深入地理解城市规划管理中复杂的经济、社会、政治逻辑，我开始选择制度研究为切入点，对于国外具有代表性的规划管理制度及其发展演变的历程进行比较研究，希望从中能够得到一些启示，有助于剖析中国城市规划管理中的核心问题，进而从制度建设的角度来寻求解决这些问题的出路和方向。

有幸的是，在研究过程中，先后得到了上海市哲学社会科学发展基金以及上海市城市规划管理局的资助，从而使得该课题的研究得以顺利进行，在此深表感谢。在这数年时间里，我对上述问题的认识开始逐渐变得清晰，在一定程度上已经能够对研究起步阶段提出的若干问题进行回答。因此，虽然在这方面的研究还远未结束，已完成的成果中也还有诸多疏漏不足之处，我还是想将此书作为前一阶段研究成果的阶段性总结呈现出来，希望获得批评和指正。

王郁于2008年岁末

目 录

第一章

导论——问题的提出

第一节　城市规划管理制度的现实困境

促进城市化健康发展是我国“十一五”规划的六大重点工作之一。随着经济全球化、市场化、城市化的快速发展，处在竞争最前沿的大城市面临着日益复杂的环境变化和巨大的发展压力。我国经济、社会快速转型和城市化的快速发展过程中，宏观规划失调与城市无序扩张过程中造成的土地资源浪费、生态负荷超载、城市功能紊乱、人居环境恶化等种种问题，深刻影响着城乡统筹协调发展、区域资源环境的合理利用以及城市功能空间均衡结构的形成，这些问题已经引起政府和全社会的高度关注。这些现象与矛盾暴露出空间规划、土地管理、公共投资、环境保护等领域之间在制度与政策等方面缺乏衔接，政府与社会之间缺乏有效互动等各种管理体制和制度性问题，反映出原有的城市化管理体制和制度已经难以适应经济、社会发展的实际需要。可以说，在经济市场化、权力分权化、政治民主化、城市问题综合化的现实背景下，城市规划作为政府城市化管理与宏观调控的龙头与核心，现有的城市规划制度和管理体制面临着应对社会转型和城市化发展高峰期的双重挑战。

城市规划管理是政府进行城市化管理的重要手段之一，城市规划管理的制度建设和政策制定，通过对各类城市经济、社会活动空间布局的政策性宏观调控，影响着区域与城市发展的基本方向。具体来看，城市规划管理通过对各类城市开发活动的控制和引导，发挥对土地、空间等资源的市场分配机制的干预作用，从而起到促进社会资源公平分配、协调城市发展的作用。进而，城市规划管理的实施和运行，通过对微观层面的土地开发活动和建设项目的控制和引导，使得宏观层面的政策意图得以实现，城市发展的空间秩序得以建立。在市场经济体制下，房屋、土地、空间与环境不仅是经济、社会发展的重要公共资源，同时也是个人与社会财富的载体和来源。因此，对于房屋与土地利用的政府管制和政策影响，从本质上不仅意味着对个人财产权这一公民基本权利的干预，也意味着运用公权力对土地开发进行政策调控、对城市发展收益进行重新分配。在这一意义上，城市规划管理的意义，很显然并不仅仅是在建筑与空间形态的物质环境层面上为城市发展建立有序的轨道，进一步来看，城市规划管理具有更深刻的经济、社会与政治含义。

在传统的计划经济体制下，政府作为城市规划管理的主体，与企业等开发建设单位之间，处于整体利益一致的关系之中，城市规划的实施也在体制内主要通过行政手段来推进，使得政策意图和目标得以实现。但是，随着向市场经济体制的转型，计划经济体制下城市规划管理中利益一元化的主客体关系发生了明显的变化，政府与企业、社会之间，乃至不同政府部门和管理层级的各类管理主体之间，对于利益的追求和目标的认识并不总是一致。随着中央向地方分权的推行，城市以及基层政府对于土地开发的掌控能力明显增强，这使得中央与地方政府之间、不同的职能部门之间，对于城市发展目标和实施途径、方式的选择和判断出现了明显的分歧。不同政府层级间和部门间利益分化导致的管理目标不一致，使得城市规划对各类开发活动的控制和引导并不总能体现宏观政策意图；而程序和手段的不规范更助长了政策性冲动与权力寻租的产生，也使得规划管理中出现更多不确定性。

可以看到，随着土地、空间、住宅等资源分配的日益市场化和个人产权意识的不断提高，建立在国家本位和行政权力本位基础上的传统的规划管理制度已经难以适应社会经济发展多元化的需求；城市规划管理中宏观政策失控、微观管理失灵等种种矛盾和问题日益突出，进而影响了城市的持续发展和社会的稳定。近年来，各级政府越来越多地强调要以规划为龙头，推动区域开发与城市化建设，促进经济、社会协调发展，城市规划似乎成为政府工作的重心；但是另一方面，在城市化快速发展过程中，战略规划、概念规划、都市圈规划等规划形式的翻新并未有效地抑制住城市的无序扩张，围绕着房屋土地的各种权益纠纷和矛盾日益激化；在此背景下，对于城市规划管理工作的社会评价并未因为政府对这项工作的重视而得到提高，反而随着城市化的冒进式发展而受到了诸多诟病，城市规划被指责为“政府圈地的工具”，乃至于规划师的职业道德也开始受到质疑①。从现实状况可以看出，城市规划管理工作越来越多地处于一种被动尴尬的境况之中，或者被权力、市场所左右而难以独善其身，遭受社会公众的诸多指责而无以辩白。

可以说，城市规划管理已经陷入了体制和现实的双重困境。是什么原因导致了城市规划管理困境的形成？在中国发展的现阶段，城市规划管理在经济、社会、政治生活中应扮演什么样的角色、发挥什么作用？能够适应中国转型社会发展需要的规划管理制度模式和管理运行机制是什么？这些问题成为破解城市规划管理困境形成的原因和寻找走出困境的出路，而必须要思考和回答的重要问题。要回答这些问题，不仅需要分析规划技术手段所造成的政治、经济、社会效果，更需要对城市规划的政策工具的形成和发展进行追本溯源的探究，进而从制度的形成和运行、政策的制定和实施等层面，厘清技术选择对于城市规划管理在社会治理中的功能和价值定位形成的重要意义。从这一角度出发，对于城市规划管理制度和运行机制中各类问题的思考，就不能仅仅局限于空间规划的政策工具与技术手段等的讨论，而需要

---

① 张立. 权威专家数次上书国务院 直陈城市化“大跃进”隐忧. 南方周末，2006－7－13；陆大道院士：遏制“冒进式”城镇化和空间失控的严峻态势. 中国科学院网，2006－12－31；秦亚洲，武勇. 城镇化“冒进”违规修建豪华办公楼愈演愈烈. 经济参考报，2007－6－5.

在对制度形成的经济、社会、文化的宏观背景和环境条件进行充分的把握基础之上，对于制度以及运行机制的整体结构和基本特征进行条分缕析的系统解构和细部剖析。

对于城市规划管理在市场经济环境下各种制度和运行问题进行追本溯源的探究和思考，就必须要参考和借鉴国外的经验。城市规划作为一项社会治理的政策性工具，最早出现于19世纪的英国；在西方市场经济体制国家，现代城市规划管理制度的形成和实践的发展，紧紧伴随着近代自由资本主义国家向现代民主国家转型、基本制度建立和社会治理形态的演化过程。19世纪的英国以及其他西方国家处于工业化发展的初期，近代产业的快速发展使得城市规模快速膨胀的同时，贫民窟泛滥、瘟疫蔓延、环境恶劣等各类经济、社会、政治矛盾十分尖锐。在社会公众对于城市社会问题的广泛关注之中，城市规划的出现为解决这些城市问题提供了一种具有可操作性的政策工具和物化的手段。在同一时期，在当时的新兴工业化国家——美国也开始了城市规划的理论和实践的探索，尤其是20世纪初纽约市区划制度的诞生，标志着一种新的现代城市规划管理手段的诞生。从这一时期开始，现代城市规划管理迈入了制度形成和逐步完善的发展阶段。尤其是第二次世界大战之后，西方国家在经济、社会快速发展过程中，英国提出了建设福利型国家的基本导向，而美国则坚持了自由竞争型市场经济的发展方向；与此同时，在亚洲，随着日本作为世界经济强国的崛起，日本特色的城市规划管理制度和运行模式也成为学者关注和研究的焦点之一。因此，在不同的国家政策和基本制度环境中，各国城市规划管理的理论研究、制度建设和管理实践逐渐形成了各具特色的模式。

在世界范围内来看，美国、英国和日本这三个国家的城市规划管理制度，经历了不同的经济、社会发展阶段，分别代表了三种极具特色而又较为成熟的规划管理的制度体系和运行模式。这三种模式的代表性和典型性，不仅在于其不同的社会文化环境和制度背景，也在于在不同的经济、社会发展阶段各自所采取的不同的对应方式和解决手段。这些成功与失败参半的经验和教训，正是在思考我国城市规划管理的问题和解决途径中，需要参考和借鉴的对象。通过对这三个国家城市规划管理制度的比较研究，能够帮助我们理解在不同的社会文化和制度环境下，城市规划管理所具有的经济、社会和政治意义及其在各个制度层面的实现途径，理解城市规划管理的经济、社会和政治意义在不同的经济、社会发展阶段中的变化和调整。因此，通过对这三种规划管理制度模式的比较研究，有助于对制度的形成和发展建立一种全景立体式的深度理解，进而有助于剖析我国规划管理困境的本质与核心问题，有助于找出破解困境的方向和途径。

第二节　城市规划管理制度研究的现状和趋势

城市规划管理制度的研究并不是一个新的课题，在国内与国外都积累了大量的研究成果，相关研究广泛分布在规划学、地理学、行政学和法学等多种学科领域之中。相比较而言，国外在城市规划的理论和实践方面具有丰厚的成果和经验的积累，规划管理的制度已较为成熟，运行已较为规范，因此，对于规划管理制度的研究更侧重于经济、社会发展背景下规划管理的新问题和新方法及其对制度体系的影响等方面的研究；而在我国，规划管理制度模式的建立在理论和实践层面都还处在摸索探讨阶段，从基础理论、制度体系和模式到实践问题等各个层面的相关研究都层出不穷。

近年来，国内外关于城市规划管理制度的研究，从研究的主题来看，主要可以归纳为三个方面，即关于制度体系本身的研究，关于规划管理的制度背景和经济、社会环境影响的研究，以及关于制度运行和相关政策的新问题、新手段等方面的研究。

有关制度体系的研究主要集中于规划学和地理学领域，国外学者对于美国、英国、日本等各自国家城市规划管理制度的形成、发展的历程及演化特征，进行了全景式的总结和研究，从制度的历史演化的角度，全面地分析了制度模式形成的经济、社会和政治背景及环境特征。其中最具权威性的成果主要包括美国的 Cullingworth (1997)、John Levy (1999)，英国的 Cherry Gordon (1996)、R. Prestwich(1990)，日本的石田赖房（2004）等学者的研究成果。其他关于法律法规、管理体制、运行模式等规划管理制度各个层面的研究成果也十分丰富。

规划管理的制度背景和经济、社会环境影响方面的研究广泛分布于行政学、法学、社会学等多个领域，主要包括了对于基本国家制度和政府运行体制（如托克维尔，1988；约翰·格林伍德、戴维·威尔逊，1991；M·J·C·维尔，1997；Lawrence R. Johns & Fred Thompson，1999；佐佐木信夫，1990；村松岐夫，2001；文森特·奥斯特罗姆等，2004……)、立法与司法制度（Matthew P. Harrington，1980；M. Grant，1982；Richard Epstein，1986；芝池义一，1994；约翰·穆勒，2007)、地方行财税制度（理查德·D·宾厄姆等，1997；J. J. Harrigan & R. K. Vogel，2000；Aaron Wildavsky & Naomi Caiden，2001；David J. Wilson，C. Game S. Leach & G. Stock etc.，2004；升秀树，1992；本田弘，2003）等各类制度和体制环境的基本特征及其对规划管理的影响，城市发展历史中经济、社会环境的形成和演化等等 (M. Orfield、Bryan T. Downes，1970；Charles N. Glaab，1983；So. Frank S. & Judith Getzels，1988；Bernard H. Ross，1991；铃木广，1997；有末贤，2005)。这方面的研究重心在于从政治、经济、社会等各个角度描绘出立法、行政、财政等各项基本制度和经济、社会环境的主要特征，有助于把握规划管理形成的整体背景环境。

对于规划管理制度运行和相关政策的新问题和新手段的研究，主要包括了城市蔓延、成长管理与精明增长、公众参与这三个方面的研究。从20世纪70年代开始，城市蔓延已经成为发达国家和城市化发达地区出现的普遍问题，因此，从其地理特征、经济影响和社会影响等各个方面对城市蔓延进行研究，成为规划管理制度研究的一大重要领域。这一领域的研究主要包括了城市蔓延的地理特征及其经济社会影响、政策效应等方面的内容，其核心内容在于把握这一城市问题对于规划管理制度基础和环境条件的影响，明确在城市蔓延治理中规划管理手段的应对方向。例如，R. Prestwich & P. Taylor，1990；M. Tewdwr Jones，1996；Raw Rhodes，1997；H. Meller，1997；James R. Cohen，2002；R. Lopez & H. P. Hynes，2003；大西隆，2004；小林重敬，2008 等。

在治理城市蔓延问题的过程中，成长管理作为一种新的城市治理政策体系，最初出现于美国，而后逐渐发展演变，至 20 世纪 80 年代后期开始提出精明增长的政策理念，其影响范围扩展到欧洲以及亚洲地区。成长管理与精明增长的研究主要包括了城市治理的新政策体系、治理形态的变革、开发控制手段等方面的研究，其核心内容在于总结在新的城市发展理念和实践影响下城市规划管理制度和政策层面的新动向和新内容，把握未来发展的方向和趋势。例如，G. L. Gaile，1984；Donald Hagman & Dean Misczynski，1978；Innes & E. Judith，1992；E. Robert Merritt & Ann R. Danforth，1994；Jr. Williams Norman，& M. Taylor John，1995；K. Blowers & B. Evans，1997；K. Thomas，1997；Zovanyi Gabor，1998；五十岚敬喜、小川明雄，1993；水口俊典，1997；小林重敬，1999 等。

公众参与从 20 世纪 60 年代后期开始成为“城市治理”和规划管理领域的一个新命题，对于“城市治理”理论的形成和发展、规划管理制度和运行机制的改革产生了深远的影响。城市规划公众参与的研究主要包括了对公众参与的制度环境、程序以及对城市治理形态、结构的影响等方面的内容，其核心在于总结公众参与的发展进程，厘清对公众参与对制度运行的社会环境以及现有规划管理制度的改革，城市治理政策议题、手段的发展方向等的影响。例如，John J. Kirlin & Anne M. Kirlin，1982；F. Ennis、P. Healey & M. Purdue，1993；N. Bailey，1995；John Friedman & Douglass Mike，1998；William Miller，2000；P. Jenkins，K. Kirk & H. Smith，2002；C. Hague & P. Jenkins，2004；白石克孝等，2002；原科幸彦，2005 等。

在国内的相关学科领域，有关美、英、日三国城市规划管理制度的研究大多集中在规划的技术手段、特定的制度层面和领域、城市政策新议题等方面的经验和进展的介绍与总结。例如，孙晖（2000）、唐子来（1999）、张俊（2005）、谭纵波（2000）等的研究着重于介绍国外城市规划体系的制度框架和技术性手段的主要特点。吕斌等（2005）、张忠国（2006）、吴冬青与冯长春（2007）等对于国外成长管理政策经验进行了简要介绍，初步总结了国外经验对中国的借鉴意义。顾朝林（2003）、沈建法（2003）、吴缚龙（2007）等的研究，在总结、介绍国外治理理论概念和研究成果的基础上，运用治理理论分析中国城市管理的制度性问题，并对如何建立中国城市治理的理论框架进行了初步的探讨。

从国内已有研究的范围、内容、视角和方法来看，大多数的研究或主要关注于新理论概念的介绍，或关注于规划技术体系的研究，或关注于规划管理制度的局部断面和某个领域的体制、机制及政策分析。从整体来看，国内对美、英、日三国规划管理制度的研究较为分散，多为对某个特定制度层面（如法律法规、行政或规划实施等）的技术手段和管理模式的介绍，或者是对于某一阶段的政策问题及政策手段的介绍和分析，因此，一方面，还需要对制度模式的整体特征以及各个制度层面之间的内在联系进行深入的整体性探究和分析，进而揭示其制度模式形成的内在支撑与核心理念；另一方面，对于政策的研究，也需要更为动态地将政策分析置于城市经济、社会发展的历史进程中进行全景式扫描和解析，剖析政策背后的社会背景与发展环境，进而将政策分析与制度研究相结合，揭示政策演化对于制度发展的内在与外在影响。因此，对于美英日三国城市规划管理制度的动态全景式的比较分析和系统性研究，将有助于帮助我们更深刻地理解规划管理制度形成发展的内在支撑和核心理念，探明规划管理制度的内在与外在的环境条件和背景因素，把握规划管理制度未来发展的走向和趋势。对于这些问题的回答和思考，对于分析我国当前城市规划管理的制度建设与实践管理中存在的关键性问题和矛盾，探讨解决的可能途径，将提供十分重要的理论性基础和实践经验的启示。

第三节　城市规划管理制度研究的视角和理论框架

20世纪90年代以来，治理（Governance）理论已经成为公共管理和城市治理领域最核心的论点之一。治理理论对公共管理的关注焦点——组织和行为主体进行了重新定义。在治理的视角下，位于公共行政核心的是一套更为复杂、更为动态的组织机构和行为主体。传统公共行政在具体组织内关注政治与行政二分带来的管理挑战，以及这些组织内部的政策制定、预算和实践；治理视角则认为大量存在于组织和行为主体间的复杂关系也应该是关注的焦点。治理视角强调这些组织不能再通过简单的科层制连接在一起。现代治理面临着权力依赖的严重挑战。权力依赖意味着致力于集体行动的组织必须依赖于其他组织，并且不能通过命令的方式迫使对方回应，而只能通过资源交换和基于共同目标的谈判来实现①。

具体来看，治理的概念绝不是指那种依据国家强制性权力以维系的统治形态，而是指社会政治共同体成员，以公益（Public Interests）为基础，以共同参与、民主协商的方式形成的决策机制、社会政治管理方式，以及由此而构成的社会政治体制。它既体现政治共同体内部成员之间的权力关系，也反映共同体成员对社会、法律规范的自觉遵从。

20世纪90年代以来，以文森特·奥斯特罗姆为代表的制度分析学派提出了多中心治理的概念，表明了一种新的理念和制度安排。该理论强调公共服务的多元化，强调公共部门、私人部门、社区组织都可提供公共服务，从而把多元竞争机制引入

---

① L. Salamon. The Tools of Government: A Guide to the New Governance. Oxford: Oxford University Press, 2002.

到公共管理过程中。多中心意味着在社会公共事务的管理过程中，并非只有政府一个主体，而是存在着包括中央政府部门、各级地方政府部门、各种政府下属实体、各种非政府组织、各种私人机构及公民个人等各类主体在内的许多决策中心，它们在一定的规则约束下，以多种形式共同行使主体性权力。所谓多中心治理就是这种主体多元、方式多样的公共事务管理模式，它强调在公共事务管理中要建立国家与社会、政府与民间、公共部门与私人部门的互相依赖、互相协商、互相合作的关系[①]。1992 年联合国成立了“全球治理委员会”，该组织发表的《我们共同的地球》(Our Global Neighborhood）的报告中提出，全球治理是指“通过社会和私人的组织形式对一系列共同问题采取管理措施的多种方式的总和”。

国内学者将治理的内涵简要地总结为以下四点：“①在治理主体上，超越企业治理的界限，也突破一国治理的氛围，存在着一个由来自不同领域、不同层级的公私行为体（如个人、组织，公私机构，次国家、国家、超国家，权力机构、非权力机构，社会、市场、国家)、力量和运动构成的复杂网络结构。②在治理的基础上，超越国家权力中心论，国家对内已不再享有唯一的、独占性的统治权威，国家仍然发挥主要作用，但必须和其他行为体合作；对外，国家主权或自主观念也逐渐受到各类超国家体制概念的挑战和削弱。③在治理的方式上，既实行正式的强制管制，又有行为体之间的民主协商和谈判；既采取正统的法规制度，有时所有行为体都自愿接受并享有共同利益的非正式的措施、约束也同样发挥作用。④在治理的目的上，各行为体在互信、互利、互相依存的基础上进行持续不断的协商谈判，参与合作，化解冲突和矛盾，在满足各参与行为体利益的同时，最终实现社会发展和公共利益的最大化。[②]”

从治理理论的主流及其分支中可以看出，公共行政面临着全球化影响下经济、社会前所未有的复杂化、多元化和多样化的挑战。在此背景下，治理理论提出的解决困境的思路主要建立在两个基本视角之上，即治理过程中的主体间关系及其互动的过程。可以说，治理理论所提出的公共管理的改革方向和实施途径，都是建立在调整治理主体（Stakeholder）间关系，完善其互动过程的基础之上的。在治理理论中，对于社会治理中主体的界定超出了传统行政学的概念，不仅包括了影响治理目标的制定和实施的各级政府和公共组织，还包括了在治理目标实施过程中受其影响的个人、群体和社会团体。例如，联合国城市治理项目组结合发展实践，归纳认为治理主体或称利益相关者是：①利益受到问题影响或者其行为极大地影响着问题；②拥有信息、资源，以及战略规划形成和执行所需要的专家；③控制相关执行工具的人。建立在这一概念的基础之上，社会治理的内涵得以大大地拓展，社会治理的过程也就成为各类主体间通过各种途径和方式进行利益博弈的互动过程；社会治理

---

① 文森特·奥斯特罗姆，帕克斯，惠特克. 公共服务的制度建构. 上海：上海三联书店，1999：11－12.

② 楼苏萍. 治理理论分析路径的差异与比较. 中国行政管理，2005. 4：82－85.

的效果和目标的实现，则取决于治理过程中相互制衡的主体间关系和良好有效的互动机制的建立。

在治理理论的影响之下，在城市治理领域中，有别于原有的强调自上而下的控制性城市管理（Urban Management，或 Urban Administration），新的城市治理（Urban Governance）概念则强调了政府、公众、企业、非政府组织、非营利组织等各种主体的共同行为以及“自下而上”的协调、参与、协商的持续性过程①。这一理论为分析我国转型期出现的种种城市管理问题、探讨管理制度创新的途径和方法提供了新的思路和视角。

城市规划管理作为公共治理的重要政策性工具之一，通过对个人财产权的制约和对开发利益分配格局的干预，使得城市规划管理制度的形成凝聚了在特定经济、社会和文化环境下形成的社会价值观，直观具体地体现了社会治理中各主体间的关系，反映了特定环境下社会治理形态的基本特征。在城市规划管理的制度运行和实践中，城市规划作为政府治理的公共政策，规划的形成、决策和实施就是社会治理中各类主体以利益博弈为目的的重要互动平台，规划目标和手段的选择无不体现了主体互动的过程特征和利益博弈的结果。进而，城市规划管理制度的演进和政策发展，也体现了城市经济、社会发展环境变化的背景下，社会治理主体间关系的相应变化以及互动方式的调整。因此，从治理理论的这两个基本视角出发，分析和探究城市规划管理制度体系、运行实践及其演化发展，使得对于各个制度层面的分析建立在统一的逻辑框架的基础上，有助于厘清制度形成的整体性特征及其内在结构，剖析制度运行实践中各类经济和社会问题、规划管理实施的动态发展与制度模式静态结构之间的相互联系，把握社会治理形态发展过程中制度演化与政策发展的脉络和趋势。

第四节　城市规划管理制度研究的范围和内容

西方发达国家自工业化和城市化初期开始，在经过了不同的经济、社会发展阶段背景下的理论探讨和实践积累基础上，逐步建立了较为成熟而又各具特色的城市规划管理制度，在规划管理制度的基本价值取向、规划管理体制的基本特征、规划技术手段的形式和内容、公众参与和行政监督机制等方面，制度内容和实施运行都具有各自鲜明的特点，同时又具有某些共同的特征和发展趋势。尤其是各国在不同制度环境条件下形成的不同模式特征及其在不同的经济、社会发展阶段中制度体系、管理方法、运作机制的调整和转变，说明在相似的制度设计下由于不同外部因素的影响，其运作机制和实际效果都将产生极大的差异，其理论和实践经验为研究中国城市规划管理制度的发展方向、手段和途径提供了极好的参照指标和借鉴对象。因

① 顾朝林等. 城市管治：概念、理论、方法、实践. 南京：东南大学出版社，2003.

此，对于西方发达国家具有代表性和典型性的美、英、日三国城市规划管理制度体系进行比较研究，分析城市规划管理制度形成与运行中不同的经济、社会、制度、技术等因素的相互影响，总结其具有代表性的制度模式和运行机制的特征，辨清制度形成、发展的主流趋势，对于分析、研究中国现阶段城市规划管理中面临的重大制度性和政策性问题具有极为重要的借鉴意义和参考价值，有助于探讨我国社会转型期城市管理制度建设和有效的运行机制，为研究中国城市规划管理制度提供重要的理论依据和实践基础。

本书在国内外已有研究成果的基础上，运用治理理论的基本视角——主体间关系及其互动过程作为理论框架，对美、英、日三国具有代表性的规划管理制度体系，从制度背景以及法律体系、行政体系、规划体系和实施体系等方面入手，分析影响制度形成和运作的政治、社会、经济、环境条件和背景因素，系统总结规划管理制度模式的主要特征，判明在不同制度环境条件和背景因素下影响规划管理制度模式选择与运作机制形成的社会性、制度性、技术性关键要素与作用机制，从而为我国城市规划管理制度的模式选择及制度创新提供理论指导和实践基础。

本文主要由八个章节组成。第一章为导论。第二章的中心内容为规划管理制度形成的背景环境特征分析。主要从财产权的法律保护与产权观、地方行财政制度、社会环境与文化传统等角度，总结城市规划管理制度形成、发展的环境条件和背景因素，把握特定环境背景下社会治理形态的主要特征及其对规划管理制度形成和运行的影响。

第三章的中心内容为规划法律体系的分析。在收集、整理国家（包括城市规划的核心法律及相关法律法规）以及城市层面的规划法律法规（以案例城市的规划法规为主）的基础上，把握各国规划管理相关法律制度的框架、功能作用、内容特征，明确立法与司法机构在规划管理中的职能作用，分析城市规划在相关法律体系中的定位，辨明规划管理法律体系的结构性特点及其对规划管理中主体间关系定位的影响。

第四章的中心内容为规划行政体系的分析。通过对国家及城市层面相关法律法规的梳理，从政府间关系、部门职责划分、规划形成与决策中的组织运行等方面把握规划行政体系的构成和管理结构特征，分析规划行政的监督制约、公众参与与协议协商等管理体制与机制，总结规划行政过程中各利益主体间博弈的主要途径、方式和手段，辨明影响体制内外各主体间制衡关系和有效互动机制形成的主要因素和形式。

第五章的中心内容为城市规划体系分析。根据城市规划及相关法律制度规定，厘清各国规划体系的构成和结构特点，辨明各层次规划的内容、形式和功能，把握经济、社会发展各个阶段城市规划体系的变革与发展，剖析规划技术手段和形式对治理主体间互动方式、途径和效果的影响，以及规划体系发展中治理形态的演进特征。

第六章的中心内容为规划实施体系的分析。在对开发许可基本程序的比较中分析行政自由裁量权对规划实施的影响；通过对各时期开发控制的基本导向、尤其是开发利益公共还原的实施状况进行整理，总结规划政策的核心目标及其在不同经济、社会发展阶段的演变特征；最后，在对开发控制的手段和内容进行比较研究的基础上，总结规划实施中主体间博弈的主要途径、方式和手段，辨明影响规划有效实施的主要因素和作用机制。

第七章的中心内容为我国城市规划管理制度建设和实践的现状特征分析。通过对我国规划管理制度形成的背景环境以及法律体系、行政体系、规划体系和实施体系等各个制度层面主要特征进行简要的概括，明确我国规划管理中治理形态的基本结构，把握规划管理制度建设中平衡的主体间关系与有效互动机制形成的主要影响因素。

第八章的中心内容为对美、英、日三国规划管理制度模式特征、发展趋势及其借鉴意义的总结。归纳总结各国规划管理制度模式的基本特征，辨明制度环境条件和经济、社会发展背景因素对其制度形成和运行的影响及作用机制，探讨国外经验对中国规划管理制度改革的借鉴意义，探索社会转型的环境条件影响下城市治理形态的变化和规划管理制度的发展趋势。

本书运用国际比较研究、理论研究与实例分析相结合的方法，通过治理理论中主体间关系和互动过程的视角出发，建立具有系统性、可比性和覆盖性的比较体系和分析框架，从制度背景、法律体系、行政体系、规划体系、实施体系的分析入手，对基本制度、社会经济环境等因素与城市规划管理制度模式形成之间的影响关系进行深入的分析，总结具有代表性、典型性的规划管理制度模式特征。进而，提出规范规划管理中各主体的权力范围与权力关系，完善规划管理的程序性制度设计，建立相应的监督、制约、协调与救济制度，促进公众参与以及协议协商机制的形成，是建立以主体间有效互动为基础的规划管理制度的关键因素。

本研究在规划管理的制度背景、制度体系等的研究与实例分析方面，从研究内容以及研究方法上，综合运用了行政学、规划学、法学、社会学等多学科领域的理论与政策的研究成果及方法，从而为全面、系统、深入地剖析规划管理制度建设和运作过程中的各种影响因素及相互作用机制建立了扎实的基础，进而为我国城市化管理的政策理论和管理问题研究提供新的视角，拓展新的领域。

第二章

背景环境与制度理念的国际比较

第一节 财产权的法律保护与产权观

作为现代民主制度和市场经济的重要基石，私人财产权的形成和演变在现代民主社会演化过程中起着特殊的作用：财产划定了个人自由的范围与国家权力的界限，民主制度则维护了这一界限，规定了人民与政府的权力范围。财产权是一种必然与市场经济相伴生的重要法律现象，它与契约、自由一道，共同构成了市场经济的两大法律支柱。“财产权成为自由、个人自治赖以植根和获取养料的土壤，它对人类的一切精神和物质文明的巨大进步产生了深远影响。①”私有财产权是抵制政府权力扩张的坚固盾牌。财产权开辟了公民私人自治领域，勘定了政府公权力的范围，限制了政府的专横意志，推动市民社会的形成和发展，维护社会的安定秩序。

财产权是一组权利，而权利既是一个法律问题，又是一个政治的、经济的、社会伦理的问题。各国宪法对财产权限制的态度，是其国内和国际、历史传统与现代趋势以及蕴涵于其中的政治、经济、文化、意识形态等综合因素的产物。不同政治、文化、意识形态、经济等环境背景下形成的产权观，凝练成理念性和纲领性的法律制度，对社会治理和政策制定的方向、手段和路径的选择起着根本性的重要影响作用。当然，特定环境条件背景下形成的产权观并不是一成不变的，随着国内外经济、社会发展状况的转变，现实环境与制度环境中的产权观及政策行为导向均会发生相应的变化和调整，从而使得财产观在时间与空间的两个维度上都会留下明显的演化轨迹。作为实现理念性产权观的重要制度工具，城市规划管理的制度性演化与差异真实而又具体地体现了产权观在时空维度上的演进历程和实际状态。

在自由资本主义时期，受自然法思想和天赋人权理论的影响，对私有财产实行绝对保护。早期的宪法倾向于对财产权进行绝对保护。被作为人类历史上第一部宪法性文件的1215年英国的《自由大宪章》，其核心内容就是关于自由和财产的保障。这一时期，“自然权利”体系的核心思想是，人是生而自由平等的，人人都有天赋的不可转让和不可剥夺的权利，即生命权、财产权和追求幸福权等。这是一种以自然法为理论基础、以宪法为根本法所确认的权利。这一时期的财产权观念最为

---

① （奥）路德维希·冯·米瑟斯. 自由与繁荣的国度. 韩光明等译. 北京：中国社会科学出版社，1994.

本质性的内容是极端的个人主义。财产权处于绝对的至高无上的支配性的地位，它是社会的主要目的，高于生命与自由的价值，或者说生命、自由、平等等各种权利是财产权的产物。实际上，“绝对的财产权”概念也是整个18世纪及其后西方民法的最核心内容，它构成了西方社会个人主义权利观的价值基础。这一观念给国家规定了处理私人权利的原则。对私有财产的绝对保护确保了个人在市民社会中的自治空间，划定了市民社会和政治国家的基本界限，奠定了近代资本主义各国的基本社会架构，直接体现着自由主义的国家理念和政府权力有限性的宪政精神，极大地促进了生产力的发展和社会财富的增长。

19世纪末20世纪初，西方资本主义国家由自由资本主义向垄断资本主义过渡，为了解决在自由市场经济条件下暴露出的众多的社会矛盾和社会问题，政府逐步由消极转为积极，国家开始强调个人的社会义务，对财产权的限制逐渐加强。国家对经济进行调节和干预的需要带来了国家权力的扩张，从而使得“绝对的财产权”概念受到了挑战，财产权至尊的地位让位给生命权和国家利益。私有财产权作为一项基本人权不再是绝对的和神圣不可侵犯的，财产权是负有社会义务的，公共利益的需要可以对抗私人财产权。与此同时，包括经济领域的生存权和工作权的受益权概念，开始日益受到重视。它要求政府以积极负责的态度，兴利除弊，不仅要对社会中的弱势群体的权益设法予以保障，以使他们不致遭受剥削或侵害，而且要尽力使社会全体公众充分就业，以提高公众的经济生活水准，充实他们的精神生活。简而言之，政府应该通过对公民受益权的满足，将新的社会形势下“福利国家”的理想付诸实现。在新的历史时期，政府可以大幅度地行使征税权和州际贸易管辖权，而且还可以通过政府的财政收入和支出来造福社会和人民。在这种变化了的理念支配下，政府必须一改往昔消极的“夜警”态度，对较大范围的经济活动采取干预措施，这就必然会对公民财产权的使用、收益乃至处分产生影响。

另一方面，管制国家的出现使得个人对国家的依附日益加深，越来越多的平民依赖政府给付而不是私有财产维持生活。有学者提出，在走向行政国家的进程中，政府的给付应当发挥（旧有的）财产权的作用，为此，执照、许可、赠与以及其他从管制政府中得到的利益，都被重新解释为“权利”或者“公共财富中的个人投资”，并伴之以实质性和程序性的宪法保护。因此，财产权的内涵不断拓展，“财产”已不限于拥有不动产、动产和金钱的范围，而且包括从政府给付中得到的福利等财产利益，即所谓“新财产权（New Property）”概念①。在此背景下，各国出现了由近代宪法转变为现代宪法的发展，其主要特征是立宪者对所有权绝对原则作出了修正，转而强调私有财产权合理使用的社会义务②。

---

① Charles A. Reich. The New Property. 73 Yale Law Journal, 1964; Charles A. Reich. Individual Rights and Social Welfare. 74Yale Law Journal, 1965.

② 林来梵. 论私人财产权的宪法保障. 法学, 1999, 3: 14–21.

自进入现代社会以来，对私有财产的绝对保护已逐步成为历史。第二次世界大战以后，随着西方国家进入了行政国家与福利国家时代，国家干预主义盛行，强调政府对公共福利的关注，倡导财产权应从属于社会的需要；各国宪法都对私有财产权作了相应的限制，均规定国家基于公共利益的需要可以征用私有财产。“即使信奉财产权的概念及其不可剥夺性的制度，也会出现必须限制财产权的情形，因为市场失灵会阻碍社会福利目标的实现。”确认财产权的内在界限和公共福利及社会政策对财产权的制约作用，成为现代财产权宪法保障制度的基本特征。现代宪法在去除了古典自由主义的财产权神圣观念的同时，也绝不容许对财产权任意地限制与剥夺，由此建立起了对财产权既保障又制约的逻辑结构①。

私人财产权的形成和演变在现代民主制度形成过程中起着特殊的作用。私有财产作为个人相对于国家保持独立身份的根本保障、区分社会内部私人与公共领域的界线、市民社会中公民自由的基础，私有财产权作为一项基本的权利一直没有动摇。即使在当前，西方社会的主流观念也还是把财产权看成是个人权利的基础，把建立财产权制度看作是市场经济的前提。

一、美国

（一）宪法产权观的基本特征

美国宪法没有独立的财产权条款，大多数学者认为这是制宪精英“共和主义”向“自由主义”财产观妥协的产物。“共和主义”认为，私有财产的目的是使每个人有基本经济保障，从而能够不依附于他人，平等地参与公众事务。“自由主义”认为，私有财产的目的是划清公私界限，从而能够在私人经济领域不受政府干预，随心所欲。在“共和主义”看来，私有财产从属于一个更高的社会目标，它既为一个平等参与的良序社会而设立，也可在必要时为社会而牺牲；而自由主义则视私有财产权仅为实现个人目标的手段。

1787年的《联邦宪法》构建了一个强有力的联邦政府，对私有财产权的保护蕴含于三权分立、联邦制等宪政体制之中。宪法第1条第10项规定，任何州不得通过损害契约义务的法律，即“合同条款”。在其他诸项宪法权利均未作规定的情况下，在宪法正文中对契约权作出规定，足以见制宪者对财产权的重视。1791年美国国会批准了宪法修正案。其中，第5条规定：未经正当的补偿，不得征用私有财产以供公共使用，被称之为征用条款（Taking Clause）。1866年，美国国会通过了宪法第十四修正案。该修正案规定，各州“不经正当法律程序，不得剥夺任何人的生命、自由或财产”。它的通过，拓展了宪法第五修正案的适用范围，为“正当程序”的

---

① 石佑启. 论私有财产权公法保护之方式演进. 江汉大学学报（人文科学版），Vol. 25. No. 5. 2006，10：73－80.

财产保障功能的发挥，奠定了坚实的基础。自此，私有财产不受侵犯的宪法原则和个人权利最终在美国得以确立。

另一方面，美国法律同样承认政府为维护地方的经济、社会生活的基本秩序和社会福利条件等而拥有普遍的治安权。根据联邦宪法第十修正案，治安权（Police Power）作为州政府的固有权限，被普遍认可。所谓治安权，即为维持市民共同生活和城市正常运营的警察、消防、卫生等功能所必需的权力，是政府为保护公众健康、安全、道德伦理以及福利，而无偿地对任何个人财产施以限制乃至剥夺的权力。这一权力正是美国各级政府制定和实施城市规划的法律基础。治安权的内容具体包括土地区划（Zoning），建筑以及健康法规（Building and Health Code），后退要求（Set-back Requirement），土地分割（Abatement），污染（Pollution）以及出租管制（Rental Control）等。治安权是通过市民代表机构——议会、理事会等行使的权限，这一权力是由全体市民将各人所拥有的权力的一部分集中交与这些机构代为行使的，因此作为交换，市民才能够享受到警察、卫生等公共性服务。在这一定义下，在实施治安权的过程中，即使造成个人财产直接或间接地受到限制，个人也不能得到相应的补偿。

以上可以看出，美国宪法产权观体现了其一贯的自由主义传统、自然法精神以及制宪者财产观的妥协。法律承认财产权并非绝对，可以公共利益加以限制，地方政府拥有普遍的治安权和征用权，但正当程序原则却有力地制约着公权力对财产权的任意侵夺，为个人财产权提供了实质性的保护，从而使得自然法根基并未在根本上动摇。因此，有学者指出，美国财产权的宪法保护制度的核心不在于禁止政府对私人财产权的规制，而在于设定了公正补偿、正当法律程序和公共用途这三个重要的制约条件①。

与此同时，在司法实践中，美国严格区分征用权与治安权这两个概念，尤其对需要补偿的征用行为进行了较为宽泛的定义，以体现对私人产权的法律保护。除了对土地所有权的剥夺可视为征用之外，对财产权的各种形式的规制，包括妨害财产的使用，均有可能被认定为征用。此外，即使是无形财产受到剥夺，也可能构成征用，为此需要对其加以补偿。

从19世纪至今的发展历程中可以看到，随着不同时期经济、社会发展环境与观念认识层面的变化，在制度实践中私人产权保护的理念和实质性内容也在随着时代的潮流而不断演化，这种演化也时时刻刻对城市发展政策的制定以及实施的基本导向产生了鲜明的制度性的影响。以下，我们可以在司法实践历史中，通过分析正当程序原则与公共用途这两个征用权行使的制约条件的实质性内涵的演化，发现其中的演化特征和规律。

---

① 林来梵. 论私人财产权的宪法保障. 法学，1999，3：14 - 21.

（二）产权观的制度实践

1. 正当程序原则的实践演变

在早期，美国联邦最高法院借助宪法中的契约条款，防止了州议会和州政府机关对私人财产权的侵犯，确立了财产权利至高无上、神圣不可侵犯的原则，加强了对私人财产权的宪法保护。但随后，具有私权属性的契约条款的宪法功能逐渐衰落。宪法中征用条款的正当程序原则确立的初期，条款的目的旨在“使政府各机关于行使权力的时候不得以专断、任意、不合理的方式来完成任务[①]”。由于缺乏对该程序实质性内容的界定，因此对财产权的法律保护功能较为有限。为减少法律本身对公民财产权的限制和侵害，寻求正当程序原则从形式到实质的转变成为必须解决的问题，此后一系列诉讼案例中也反映出这一趋势。尤其是1890年，在“芝加哥—密尔沃基—圣保罗铁路公司诉明尼苏达州案”中，联邦最高法院宣布明尼苏达州的一项铁路管理法违宪，法律本身的合理性受到司法的质疑，使得宪法第十四修正案中的“正当法律程序”彻底实现了由“程序性”向“实质性”的转变[②]。联邦法院开始以此为依据对法律内容的正当性进行合宪性审查，以此达到保护私人财产权的目的。在当时占主流的自由放任资本主义理论的影响下，政府对市场行为和经济活动的干预被认为只会阻碍经济增长，在此影响下联邦最高法院采取了维护自由竞争制度的态度。1920年以后，联邦最高法院的态度渐趋积极，开始对政府的经济立法实施严格的“实质性”审查。在1920年之后的10年间，大约有140多个州的经济立法被联邦法院宣布为违宪。

这一状况到了20世纪30年代开始发生变化。为了应对经济危机的大爆发，罗斯福总统推行新政，美国政府采取了一系列干预私人经济活动的政策，最终导致私有财产权神圣不可侵犯的观念和制度发生转向，人们开始承认私有财产的社会义务。在此背景下，具有自由主义倾向的联邦最高法院改弦更张，开始对新政持支持态度，逐步放宽了对政府经济立法的“实质性”审查，“实质性”正当程序在经济领域开始逐渐衰落。从20世纪40年代开始，联邦法院开始改变对限制公民财产的经济立法进行审查的态度，基本上不再对“正当法律程序”注入实质的含义，尽可能尊重立法，放宽乃至废弃对经济立法的“实质性”审查成为联邦法院的基本行为准则。

以上可见，正当法律程序原则在制度实践中的适用经历了一个由形式到实质，进而由积极适用转为逐步放宽，乃至废弃实质性审查的过程。而制度实践中产权观态度的转变和正当法律程序原则适用标准的调整，无一不是对各个时期社会发展潮流的响应。离开与其相伴而生的社会环境，无法对这些演化作出是非优劣的定性。因此，这一变化的好坏标准取决于是否能适应社会发展的环境和治理需求，而非任

---

① 荆知仁. 美国宪法人身自由条款要义. 台北：台湾商务印书馆，1977：9.

② Chicago，Milwaukee and St. Paul Railway Co. v. Minnesota，134 U.S.，1890：418－466.

何一方面社会主体单方面的主观判断。

2. 征用与公共用途原则的实践演变

公共用途是在宪法框架下政府合法性征用行为的前提条件，也是判断政府行为是否是征用、是否需要补偿的重要依据，如何界定行政行为中的公共用途性质，一直以来是一个重要的法律问题。在城市规划的制定和管理实施中，如何合理地界定公共用途的范围，更直接关系到政策本身的合法性、合理性与必要性。

有学者认为，联邦宪法第五修正案的本意并非限制征用的目的，当时普遍认为国会有权代表公民对征用权的行使表达同意，不应受到任何其他限制。因此，为了避免征用权被行政权滥用才对获得补偿的范围进行了限定①。1789 年前后，联邦和各州宪法都没有规定征用限于“公共用途”。当时的实践也表明，政府可以在广泛领域的活动中征用财产，譬如建造工厂或渡口（没有明确宪法授权）和建造邮局（宪法第 1 条第 8 款授权）一样被认为是征用权的正当行使。第五修正案的历史表明，制宪者将这项权力全部委托给了立法机构，因此在当时并没有必要定义什么是“公共用途”②。

到了 19 世纪后期，随着第二次工业革命和城市化建设的迅速发展，美国才开始兴起政府征用的趋势。联邦和各州政府都利用征用权来鼓励地方经济快速发展，包括经济设施的大规模构建。反对者认为广泛的征用将导致寻租行为和立法权的滥用，因而主张法院对财产权的强制性转移进行严格审查。在 19 世纪上半叶，“公用”限制并不排除为了修建工厂、道路和私人土地的排水系统而进行征用。在运河与铁路等新型交通工具开始开发之后，“公用”概念被扩展到私人运营的公司，以允许立法将征用权委托给这些私人拥有的“公用企业”（Public Utility Company），例如煤气、水电、电话与电信服务。这些企业根据州政府授权为社会提供公共服务，为当地人提供因其性质、地点或生产与分配方式而最好由州控制的公共物品。

20 世纪 30 ~ 40 年代，“公共用途”概念在许多州进一步扩充，并被地方政府作为依据制定“拆迁”（Slum Clearance）计划，通过征用贫民窟的地产来建造“公共住房”。到 20 世纪 50 ~ 60 年代，在约翰逊总统（Lydon Johnson）发起的“伟大社会”（Great Society）运动带动下，联邦和各州对穷人的福利给予空前的关注。许多地方都制定了“都市重建”计划，通过地方政府机构征用贫民区的土地，并转卖给私人开发商，由后者代表地方政府为穷人建造公共住房。随着都市重建的兴起，征用权在许多情况下被下放给行政机构，甚至在某些情况下被直接下放给私人，即征用权的私有化问题，因而要求对征用权进行更为严格的审查，是否符合公共用途开始成为征用审查的重要限制条件。

---

① Matthew P. Harrington. Public Use and the Original Understanding of the So-called Takings Clause. 53 Hostings Law Journal 1245.

② 张千帆. “公共利益”的困境与出路——美国公用征收条款的宪法解释及其对中国的启示. 中国法学，2005，5：4 - 13.

多次著名案例的司法解释反映出，为简化和加快征用过程，征用权私有化的合法性在当时得到了法院的肯定。与此同时，对于公共用途的实质性判定则倾向于对于征用是否符合公共用途的立法判断给予高度尊重，最高法院以征用所采取的手段对于实现公共利益的目标是否合理必要为标准，对财产权的征用方式以及补偿是否公正进行审查①。议会的制约作用被认为是防止政府滥用权力的有效保障，因此法院对未经明确立法的行政授权或以协议或合同形式下放征用权的行为予以否定，而且在授权私人征用的过程中，政府不得将“绝对产权”（Fee Simple Title）授予私人，必须对有关产权的用途作出限制性规定，或者政府可以不放弃被征用土地的产权，而只是将地产供私人长期租用，继续租用的条件是私人使用土地的目的符合政府规定。

从美国制度实践历史中对公共用途内涵界定的变化中可以看出，突出的特点首先表现为，在征用的公共用途问题上对立法判断的一贯尊重，强调以立法尊重为原则，由立法机构对公共用途进行判断，而法院仅对行政征用行为的方式和补偿公正性进行审查。这种方式的优点在于，在现有民主制度下由立法机构对社会事务进行判断是最能够代表民意的方式，由议会进行判断也能够较好地适应社会经济发展趋势的变化。但其缺点在制度实践中也同样表现出来，现代议会不可能在所有情况下都有效控制征用权的行使，且即使议会控制也未必能完全杜绝滥用权力的发生，因为议会代表以及普通纳税人并不能感受到财产权的丧失对少数被征用者的影响，这一问题在城市更新项目中由于被拆迁家庭所遭受的物质和精神损失而表现得更为明显。

其次，随着行政国家理念的建立，公共用途的内涵明显扩大，从提供具体的公共服务活动逐渐扩大到改善地方经济、扩大就业等普遍意义上的社会发展和福利水平等范围；伴随着概念内涵的扩大，公共用途的实施主体也进一步延伸，从政府扩大到政府授权下的私人开发商。

尽管如此，征用权的滥用在美国也产生了诸多不良社会后果。20 世纪 50 年代的都市重建计划被普遍认为是一场令人沮丧的失败，由此造成的动迁之苦和社区不稳定使人们对国家补贴项目的效益产生质疑。政府的过度征用行为不仅造成少数人和弱势群体的物质利益被侵害，而且情感成本和不公感觉等主观损失的风险大大提高。因此，有人提出应对政府的征用进行更为仔细的审查。

（三）城市规划管理合法性基础的建立

由于城市规划及其实施涉及城市经济、社会活动的基本秩序与规则的建立，不可避免地会直接影响到对私人财产权，尤其是房屋、土地等有形与无形产权的各种限制，因此，城市规划作为政府管理城市公共事务的重要手段，在制度形成的早期，

---

① Hawaii Housing Authority v. Midkiff. 467 U. S. 229；Cherokee Nation v. South Kansas Railway co. 135 U. S. 641，656 -58（1890）.

城市规划对于私人财产权的限制是否具有合法性就成为制度建设中社会舆论与法律实践的关注焦点；换言之，也可以说，美国近代城市规划制度形成和发展的起点，就是以其合法性的确立为核心而展开的。

在制度形成的早期，英美普通法（Common Law）中被普遍接受的妨害（Nuisance，或称有害性利用）概念，明确界定了“私人产权的行使不能妨害他人”的基本原则[①]，从而为政府的土地利用规制与城市规划合法性的建立打下了基础。与此同时，美国宪法赋予了政府进行社会治理的治安权和征用权，而城市规划及其实施的管理活动中就包含了治安权的内容，如为保证城市建筑的防火、防灾能力、基本安全卫生条件等而设定的各类建筑标准，也涉及了征用权的范畴，如对土地开发的强度、方式、内容等的规定。虽然在传统定义中更强调私有财产的绝对性，并认为只有在有限的情况下才允许使用治安权，征用权的行使也必须遵守有关的法律约束，而这正好为城市规划在制度形成初期获得合法性提供了重要的法律依据。

在美国城市发展的早期，土地利用规制主要局限于作为消极性的规制工具（Negative Governance），例如在早期殖民地时期，有些城市中就曾对建筑材料的类型进行规定以减少火灾的发生和损失。到19世纪末至20世纪初，随着城市化发展和市场经济增长的加快，政府对土地利用规制工具的运用开始更为积极，近代城市规划的制度萌芽开始出现，但是，这种新的政府治理方式在当时也引发了社会的极大关注和争议。例如，1867年旧金山市政府曾出台一个地方条例，禁止在市内一些地区兴建屠宰场、肉类仓库、制革设施等，以减少对城市卫生和居住环境的影响，这项条例在当时引起了极大的争议。此外，在1887年马格勒诉堪萨斯州（The case of Mugler v. Kansas）一案[②]以及在1915年哈德切克诉塞巴斯蒂安（The case of Hadacheck v. Sebastian）一案[③]中，都是因为地方政府出台法律条例禁止在城市内进行某些类型的土地利用与开发（如马格勒案中的酿酒厂，哈德切克案中的制砖厂等）造成私人财产损失而受到合法性的挑战。在这些案件中，法院鉴于土地利用规制对于地方的重要性，换言之，即所禁止的开发行为是对公共利益有害的财产利用，而作出政府行为合法的最终判决。在1926年著名的欧几里德村（The Euclid case）案[④]中，由于村委会制定并实施了一项排他性的区划（Cumulative Zoning），禁止在居住区内开发商业设施而被房地产商诉至法院。但在最终判决中，联邦最高法院判示：新型的城市规划法要求将工商业设施从市民的居住区中排除出去的措施，是相当于依据治安权的规制，因此导致的财产贬值的损失可不予补偿。欧几里得村案反映出，在当时的发展背景下，随着政府治安权的扩大，在严格意义上并未造成有害性利用的土地开发活动（如工商业设施等）的规制，也被纳入治安权的范畴；另一方面，

① Barry Cullingworth. Planning in the USA：Policies，Issues and Processes. London：Routledge，1997：56.

② Mugler v. Kansas. 123 U. S. 623（1887）.

③ Hadacheck v. Sebastian. 239 U. S. 394（1915）.

④ Village of Euclid v. Ambler Realty Company case，272U. S. 365（1926）.

因为最高法院对于区划合法性的肯定，从而结束了对政府是否应当干预私人财产权的争论。作为美国近代城市规划制度发展的重要标志性事件，该案推动了社会公众对城市规划中政府土地利用规制的合法性的普遍认可与接受，进而为区划以及其他形式的城市规划在美国各地的广泛推广和制度实践铺平了道路。

到20世纪中期，美国城市规划制度已基本建立，城市政策的发展使得城市规划实践活动的范围进一步扩展。在20世纪30年代的经济大萧条时期之后，为保证就业和提供廉价住宅，联邦政府扩大了州政府原有的有限治安权。这样，随着城市问题的多样化，在房租限制、广告管制、自然资源保护、历史建筑物保护、城市的发展管理等领域，地方政府在城市政策的制定和实施的过程中，都将治安权作为了政策的法理依据和基础。

进入20世纪50年代，随着都市重建计划的广泛推广，许多地方政府征用土地并授权给私人开发商进行城市改造，这种做法开始引起公众对此项政策合法性的质疑。1954年伯曼诉帕克案件（Berman v. Parker case）① 中，联邦最高法院判决都市重建过程中的征用权并不违反联邦宪法的第五修正案。法院在裁决中指出，国会在此行使的是范围广泛的治安权，法院必须尊重国会对有关征用是否符合公共目的的判断。尽管开发商属于私人营利性质，但国会有理由认为私人机构、而非政府能更好地为公共利益服务，因而法院也不强求都市重建过程中征用的土地属于公共所有。在1981年的一个案例（Poletown neighborhood council v. Detroit case）② 中，底特律市征用了465英亩的土地，并廉价转让给通用汽车公司以建造汽车制造厂。此前，通用汽车曾宣布，如果城市不提供新的厂址，工厂将搬迁至别处。底特律征用计划的“公共利益”包括保留6000多个工作机会、维持税收以及防止城市社会条件的进一步恶化。但是，新厂址所在的住户、商店和教堂需要全部拆迁，这导致了当地居民委员会提起诉讼，挑战“征用不满足公共用途条件”。最终，尽管有两位法官强烈反对，密歇根州最高法院的多数意见还是维持了征用的合宪性，这也就意味着法院认同了底特律市所提出的“公共利益”的合法性。

此外，较新的案例还包括1992年卢卡斯诉南卡罗来纳州海岸委员会（Lucas v. South Carolina Coastal Council case）一案。在该案中，由于1988年新的《沿岸区域管理法》扩大了保护区范围，而导致卢卡斯拥有的两块地产，由于禁止住宅建设的土地利用限制而遭受严重的财产损失。最终，联邦最高法院判定，对具有经济利益的任何利用权的剥夺均构成“征用”；其在经济上的有益利用成为近乎不可能的状态，是相当于财产被征用的情形。以保护土地的自然状态为目的的规制是导致这种结果的典型。这种对自然的保护，也存在支付损失补偿，即在公益征用的程序下进行的事例。而在防止严重公害的名义下，以规制的形式所进行的这种限制，将本

① Berman v. Parker case，348 U. S. 26.

② Poletown neighborhood council v. Detroit case，410 Mich. 616，304 N. W. 2d. 455.

来应由全社会来承受的负担强加给一部分私人的危险颇大①。

从近代以来的一系列司法案例中可以看出，首先，对于规划政策的司法审查一直秉承了尊重规划政策合法性的立法判断这一原则，法院拒绝对规划政策的技术合理性进行判断，而是将这一任务委托给立法机构，而且也很少对议会立法的政策作出违宪的裁决。其二，随着社会的发展和环境的变化，对于规划政策合法性的认识和司法判断已经不再局限于“治安权的行使目的是排除公共的危害”这一早期理论，甚至实施主体并非政府，只要是在立法机构授权下为实现公共福利的增进，也被视为州行使治安权的正当目的，因此，相关的规划政策与实践的合法性也开始得到认可和接受。当然，虽然随着时代环境的变迁，治安权的内涵已经出现了明显的扩展，但从司法审查的角度来看，地方政府行使规划行政权力时仍然必须满足三个基本条件：首先，必须与健康、安全、伦理、福利等公共利益和价值具有合理的相关性；其次，与宪法的原则没有矛盾；第三，必须服从所在州的法律规定。

二、英国

（一）土地制度与产权结构

英国作为一个历史悠久的君主制国家，其土地制度与土地产权结构在很大程度上受到了历史传统的影响。1066 年的诺曼征服使英国的封建化固定下来，英国中世纪的土地关系得以确立。土地在法律上都归国王或国家所有，国王将土地分给功臣和国民，他们仅拥有土地的使用权（或称土地保有权）。它实质上是一种封建的租佃关系，国王是全国最大的地主，领主从国王那里承租土地，农民从领主那里承租土地。在这种土地关系中，包括国王在内的任何人都不享有对土地的绝对所有权，领主或佃农只要履行了自己的封建义务，国王或领主就无权收回土地。这种传统直接体现了来源于罗马法中的私人财产不得侵犯的原则；在英国悠久的封建君主制历史上，这一原则作为对抗王权、保护个人财产权的重要理念，促进了宪政制度的兴起。

由于土地私有权神圣不可侵犯，为了解决税收的困难，国王开始召集国会，并且让国会自订税率。议会是以私有财产为基础，为保证收税而设立，在私有财产不可侵犯的约束下，国王不得不依靠这一民意代表机关来收税。因此，国会成为独立于国王的另一个权力中心。正如有些学者指出的，“私有土地财产神圣不可侵犯是一个国王无法逾越的制度约束，有这个约束，国王财政依靠国会就是对国王最有利的制度安排。因为国会自订税则，收税最有效。②”

在历史上，英国贵族们利用议会，在财产权（税收）问题上与国王进行了长期

---

① Lucas v. South Carolina Coastal Council case，505. U. S. 1003（1992）.

② 杨晓凯. 英国的土地制度与宪政共和. 南方周末，2003.

斗争，终于在1215年的“模范会议”上确立起国王向郡市征税需郡市同意的原则，颁布实施了《自由大宪章》，开启了宪政之门和英国的议会历史。1215年的《自由大宪章》被作为人类历史上第一部宪法性文件，是英国贵族为了保有自己财产而强迫国王签订的“城下之盟”，这些规定体现了王权有限、私有财产不受国王任意侵夺的精神，其核心内容就是关于自由和财产的保障。可以说，《自由大宪章》成为开启近代国家建立个人财产权宪法保护之先河的重要标志。

1925年的《财产法》构成了英国现代土地法的基础。按照《财产法》规定，英国的土地产权简化为两大类，即自由保有（Freehold）和租赁保有（Leasehold）。法律中，这些土地保有权的拥有者称为土地持有人或租借人，土地持有人所保有的土地权利的总和，叫作地产权。自由保有的地产权（Freehold Estates）又称永业权，主要有三类，即无限制的单纯地产权、限制继承的地产权和终身地产权。自由保有权为保有权人永久所有，一般以契约或居住、耕作使用等形式为基础确定，在他人土地上居住或使用12年，土地视为使用者保有。租赁保有地产权（Leasehold Estates）也称为租业权，是有一定期限的地产权，大部分依协议而产生。租赁保有权有125年、40年、20年、10年等，并通过合同或协议确定土地权利和内容，而且在租赁期内，确定的土地权利和内容不能随意更改，自由保有权人不能随意干涉。

虽然从英国法学理论角度上讲，英国的所有土地都属国家所有，而实际上现在全英国90%左右的土地为私人所有，土地所有者对土地享有永久业权。因此，英国仍然是一个土地私有制的国家，土地权利受法律保护且可以自由交易。与此同时，其所有权结构具有多样化的特征，除个人所有之外，还有多个个人共同所有、机构（教会、金融机构、大学等）所有、公私合营的股份制开发公司所有、集体所有、中央与地方各级政府所有等各种所有权形式。其中，尤其是公有土地仍占有相当的比例，主要为保护区和绿地等，像伦敦这样高价值的土地就有25%为政府所有。与其他土地私有制国家相比，英国公有土地面积占有很大的比例，政府拥有大量的公有土地，这也为政府干预土地市场、引导城市开发活动提供了有效的渠道和途径。

有人认为，英国在法律意义上从未建立起绝对的土地私有，而是一种相对的所有权或者是分割式所有权。由于土地租借关系长期普遍存在，使得土地保有权或称使用权成为独立于所有权，并与所有权平等的重要权利形式，它与所有权一样也是可以自由交易并受保护的自由产权。英国法律以抽象的土地利益代替了实物性质的土地，所有对土地的权利只有时间和内容上的差异，但没有效力或法律地位上的差异，土地产权的抽象性使产权体系呈现“平等”特征①。

综上可见，从土地制度与产权结构的主要特征来看，英国与美国等其他土地私有制国家有着显著的区别。总的来看，英国土地产权制度的基本属性是：以利用定

① 孙一铭，严金明. 英伦之域莫非王土——以使用权为核心的英国土地产权制度的启示. 中国土地，2008，4：55-59.

归属，从归属转向利用，重视保护土地的动态利用。其保护土地权益的次序为租用保有权—自由保有权—土地所有权，即侧重保护使用土地者。因此，保护个人财产权在英国就不仅仅体现为对土地所有权的保护，也同时体现在对土地使用权的严格保护。

（二）土地产权的法律保护

虽然英国实行土地私有制，但因公共利益需要，如基础设施建设，可通过行使强制购买权来征用土地。享有这项权力的有政府和其他机构，包括中央政府各部、地方政府、高速公路局、城市发展公司，以及自来水和电力公司等。而何种用地功能属于公共利益范畴则由议会决定，并以法律形式确定下来。

英国土地征用并没有一部统一的法律确定征用的条件和土地强制征用权，而是由不同的法律规定分别相应的情形。最常见的是1992年《交通和工程法》和基于某项议会特别法案颁发的《强制购买令》。《强制购买令》一般由地方政府颁发。在未获得《强制购买令》前，征地机构并没有权力采取强制购买方式，但可以通过协议方式收购土地。

当征地机构决定使用强制购买权后，必须遵循以下步骤：

（1）提出强制购买方案；

（2）强制购买决议；

（3）土地权益信息收集；

（4）制作强制购买令；

（5）公告和公示，包括在地方报纸刊登和现场张贴；

（6）被征地人书面提出反对；

（7）公开质询；

（8）重申、修改或取消强制购买令；

（9）征地机构取得土地（如强制购买令继续有效）；

（10）作出补偿①。

被征地人如对公开质询的结果仍有异议，还可向最高法院上诉。对于收入在一定范围内的被征地人，还可在法律费用方面获得经济资助。由于行使强制购买权程序复杂、耗时长，这种权力并不经常使用。征地机构通常先与被征地人就土地的补偿事宜进行协商，只有协商不成或无法采用协商方式时，才行使强制购买权；一旦在征地过程中出现争议，可以根据双方的意愿，自由选择地方法院、土地裁判所或其他司法机构进行申诉和裁决。

由于对土地强制购买程序进行了较为复杂的制度设计，保证了公共部门对于强制购买权的使用能采取慎重的态度，土地征用中的平等协商和合理补偿使得被征地

① 陈勇. 英国土地制度及其实践. 山东国土资源，2007，2：5－8.

人的合法权益能够得到有效保障，完备的争议解决机制也使得征地纠纷的升级和蔓延得到有效缓解。

（三）土地产权的公共限制

英国是世界上最早立法保护私人土地产权的国家，同时也是最早通过规划立法限制土地开发的国家。在英国，土地所有者并不能随意对土地进行开发。其最初的制度实践始于1942年“土地开发权国有化”理念的提出。

第二次世界大战后英国推行了一系列的福利国家政策，随着社会经济的发展，国家对经济生活的干预不断增强。针对城市化发展中内城地价高昂、土地所有权零散等问题，1942年出台的《尤斯沃特报告》（Uthwatt Report）中提出了一个解决方案：由政府向现有的土地业主支付补偿金额后统一征用土地的开发权，补偿金额由政府制定，即所谓的“土地开发权国有化”①。这一建议被纳入1947年的《城乡规划法》中。这一报告的出发点是以土地开发权国有化来实现土地增值收益的管理和补偿，控制土地投机，减少政府与公众之间的利益冲突，控制城市的发展。为了推行土地开发权国有化，英国先后颁布了《城乡规划法》（1947年）、《土地委员会法》（1967年）、《城市农村计划法》（1968年）、《土地公有化法》（1975年）、《土地开发税法》（1986年）等一系列法律法规。

1947年通过的《城乡规划法》规定：一切私有土地的开发权，即变更土地用途的权利归国家所有，土地所有人或其他人如欲变更土地用途，在进行建设用地开发前，必须先以缴纳发展税的形式，向政府购买发展权。这样，英国通过城市规划和开发许可制度的建立，强化了对土地实施公共管理的权限，地方计划局还被授权强制收买土地。1967年公布的《土地委员会法》中，赋予由住宅、行政大臣任命组成的九人委员会以广泛权力：对被认为与国计民生有重要关系的一切土地，可以通过收买或强制收买等任何一种方法取得；建立土地增值课征金制度，并规定这种增值税款原则上不许转嫁给买主。1975年公布的《土地公有化法》则提出：①地方政府和社区应按土地开发规划的需要，依优先顺序控制土地的利用；②对必要的开发用地全面实现公有化；③为将来实现全部土地公有，在过渡时期应降低公共用地的取得价格，并对土地增值收益开征土地开发税。土地开发国有化作为英国工党的土地政策，保守党并不完全同意，因此，每次政权交替后，保守党都会提出新的政策。1980年公布的《地方行政、城市规划及土地的法律》已不再完全实施《土地公有化法》，但也不是完全废止，依然保留了其中的一部分，土地开发税的税率则由80%降到60%。

虽然由于政治阻力、社会反对和经济状况恶化等多种原因，土地开发权国有化的实施差强人意；但是，作为一项重要的土地权利，开发权理念的提出对西方国家

① J. B. Cullingworth, Vincent Nadin. Town and Country Planning in the UK. London: Routledge, 2001: 160.

城市规划制度和土地开发规制的政策制定产生了巨大的影响，代表了西方发达国家从限制土地开发权上入手，把土地利用放在社会义务轨道上的制度理念和制度工具的发展。这一制度理念在第二次世界大战后的英国出现，同时也深刻反映了英国不同于其他土地私有制国家的产权观念及其社会环境基础。

（四）产权观的基本特征

通过以上分析可以看出，与美国自由主义的产权观所不同，英国现代产权观的突出特点，在于强调私人产权保护、避免公权侵犯私权的同时，更强调其社会责任义务的共同承担与经济利益的共同分享。这一特点在前述的土地制度和产权结构、对于土地开发的公共政策等方面，都留下了明显的烙印。另一方面，这一产权观的形成，也是其悠久的历史传统、人文环境、社会观念和时代背景等多重因素共同影响的结果。

英国现代产权观的形成，首先与英国社会长久以来重视社会公共权利的传统，有着密不可分的联系。例如，英国长久以来就具有公地与公权的土地使用传统，中世纪以来，英国农村建立在公地基础上的公共权利（即公权）便已普遍存在，英国18世纪的公地主要包括了三种类型的土地，即公共可耕地，公共牧地，公用草地或荒地，这些土地可以属于不同的所有者，经过协商采用统一方式进行播种、收获、放牧。公权是指农民在教区的公共草地、荒地、森林和沼泽中所共同享有的权利。例如，农民可以在一小块荒地上种庄稼，在公地上放牧；从当地贵族的森林里拾一些柴禾；在条田收割后可以拾一些剩余的谷穗；在公共池塘和小溪里捕鱼；在大面积的沼泽地里挖泥煤。英国习惯法允许无地农民、小土地持有者和垦荒者等几乎全体英国农民都能利用公地。各种各样的公共权利和很多个体化的约定共存，为普通农民提供了一种生计，使他们在经济上的独立性增强。事实上，公权源于早期日耳曼村镇的公共财产制度，它自中世纪以来就已普遍存在。《圣经》中关于“收割庄稼时要为不幸的人留下一部分”的记载，更为这一制度的推行建立了有力的道德支持和广泛的社会基础。公权的广泛存在，使村民在经济上享有很大程度的独立，也是传统农村社会关系的重要组成部分，促进了人们共同管理社区意识的形成和发展，具有重要的经济与社会意义①。虽然19世纪圈地运动之后，公地大量消失，以此为依托的公权也受到侵害，但这一传统并未从英国社会消失，而是深深地根植于其特有的人文意识和观念之中，并随着社会经济环境的改变而不断演化、发展。

进入19世纪之后，在自由资本主义向垄断资本主义转型的过程中，随着各类经济、社会矛盾日益严重，社会改良运动逐渐兴起。1870年英国著名的经济学家和哲学家约翰·穆勒意识到土地私有制中的种种不平等现象，倡导应由政府拥有土地未来增值的效益。阿尔弗雷德·华莱士进一步发展了穆勒的思想。他分别于1882年和

① 爱德华·汤普森. 共有的习惯，沈汉等译. 上海：上海人民出版社，2002：110.

1883 年出版了两本关于土地国有化的著作，即《土地国有论》和《为什么并如何实现土地国有》。在《土地国有论》一书中，他设计了土地国有制度的框架：政府在补偿所有业主后征用所有土地，征用后的土地属政府所有，然后政府将这些土地批租给土地使用者收取租金，租金的评估建立在土地“内在价值”（Inherent Value）的基础上，土地使用者只能自己占有和使用土地，不能出售、遗赠和出租。在日益兴盛的城市规划思潮之中，以霍华德为代表的英国学者建立了现代城市规划的早期理论，他在 1898 年的《明日的田园城市》中提出，为解决工业化城市中环境恶化、贫困严重、贫民区泛滥等问题，应建立具有公共性质的城市开发机构，并使其拥有土地的所有权和经营权，不应承认土地私有。与此同时，诸多社会改良主义者以此为理论依据，在英国各地以及北美进行了理想村和理想城市建设的各项实践。可以说，这一时期社会改良运动的理论探索和实践经验积累，为后期土地开发规制的制度理念和制度工具的发展奠定了扎实的基础。

进入 20 世纪后，随着现代行政国家的兴起，政府对社会经济活动的干预进一步加强。尤其在第二次世界大战之后，英国首先提出了建设“福利国家”的口号和理念，对西方国家战后[①]公共政策和政府管理转型产生了深远的影响。从当时的时代背景来看，“福利国家”理念在英国的出现，不仅是经济、社会发展和政治制度转型的产物，也是社会意识重要转变的结果。“福利国家”采取的各种福利措施，是建立在危险由社会分担的基本原则上，社会不是以个人为单位，而是以群体为依托来构成；个人所承受的危险并不应看作是个人的危险，而是一种社会的危险，必须检讨社会的过失和社会责任。尤其是第二次世界大战中政府与各界合作、全民抗敌的经验，使得英国人进一步充分意识到，解决经济、社会问题是社会的共同责任。这一观念的形成标志着社会意识的重大变革。“福利国家”政策理念的出现和推行，使这一社会意识的转变得以真正实现。1947 年提出并开始推行的土地国有化制度，作为建设“福利型国家”的基础性制度工具，不仅标志着英国社会现代产权观的建立，也集中体现了以强调社会公共权利为核心的英国现代产权观的基本特征。

三、日本

（一）近代土地制度的形成与发展

近代之前，日本的土地制度极为复杂，有限制的土地所有权和较完全的土地所有权交织，封建庄园主和封建领主并存，农村中的土豪、自耕农、各种名称的依附农民，还有许多中间剥削者交错相依。为了维护封建领主的统治权和经济利益，土地的自由买卖被严格禁止。1872 年的“明治维新”中，明治政权正式废除旧有的领

① 文中“战后”、“战前”若无特别指定，均为第二次世界大战之后或之前。

主土地制度，把所有权与永佃权分开，规定新兴地主保留对土地的所有权，农民对土地享有永久耕种的权利（永佃权），确认土地私有。新的制度还将封建贡赋改为货币地税；允许土地自由买卖；农民可以自由耕种或者离开土地。1898 年颁布实施的日本民法典以德国民法典草案为蓝本，依据日本社会实际情况而制定，又称“明治民法”。法典规定的“所有人于法令限制的范围内，有自由使用、收益、处分所有物的权利”（第 206 条）和“土地所有权于法令限制的范围内及于土地的上下”（第 207 条），体现了私有财产无限制的原则。自此，日本基本上确立了适应资本主义发展的土地制度，近代土地所有权神圣不可侵犯的观念由此建立。值得注意的是，“明治宪法”中没有使用近代宪法通用的“公民”一词，而采用“臣民”，这意味着臣民必须服从天皇，尽义务是为了天皇，享受的权利来自天皇的恩赐。因此，该宪法中规定的自由权利范围较狭窄，种类较少，而且随时可以加以限制和剥夺。这正是日本近代宪法与其他西方国家近代宪法中建立的“人民主权、民主平等”的理念之间存在的显著区别。

可以看出，作为维新运动的成果以及国家发展的重要制度基础，“明治宪法”仍具有明显的封建色彩，对于公民权利的定义及其保护仍具有浓厚的封建烙印；而它所建立的私人财产权神圣不可侵犯的理念，作为日本土地利用规制和城市规划政策的导向和基本原则，在后来的发展历程中一直发挥着重要的作用。由此，明治维新运动推动了日本近代资本主义国家制度的建设与发展历程。

进入 20 世纪，随着国内资产阶级民主运动的兴起，日本开始对带有封建色彩的“明治宪法”进行修改。在国家对经济、社会活动的干预日益扩大和加强的背景下，日本引进了“魏玛宪法”中土地所有权的概念，对无限私有制原则和契约自由原则进行了一些限制。其内容主要包括：①所有权受宪法保障，其内容及界限由法律决定；②为公共福利并有法律依据的条件下，可征用土地但得付给相当的补偿；③所有权伴随义务，其权利行使应对公共福利作出贡献。这一理念的变化在 1919 年颁布实施的第一部《城市规划法》中得到了集中的反映。

日本国家制度与法律的另一个重要发展阶段是在第二次世界大战之后。盟军占领时期，在盟军司令部的主持下对日本战前的主要法律体系进行了全面的修改。1946 年 11 月 3 日正式颁布了《日本国宪法》。与“明治宪法”相比，战后宪法中“国民的权利和义务”一章的条文数显著增加，新宪法赋予了公民较为广泛的民主自由权利，并规定国民的权利是现在和将来都不可侵犯剥夺的永久权利；并在形式上确认了“国民主权”原则。根据《日本国宪法》的精神，1948 年颁布实施了修改后的民法典，其中新增加了第 1 条，即“私有权应尊重公共福祉，行使权利及履行义务时，应恪守信义，诚实进行。不许滥用权利”。正因为如此，有些学者认为，修改后的日本民法典确立了“公共福祉原则”。

日本从 1946 年开始进行了资本主义诸国中最为彻底的土地改革。日本农地法律规定，不住在农村地主的出租地和住在农村但超过 3 公顷的土地必须全部出售。

1947～1950年，先后有191万亩的土地转卖给农户，转卖的土地相当于租佃土地的80%，在全国617.6万户中，自耕农民已占到61.8%。纯佃农减少到5%。1946～1952年之间，日本推行了土地改革，基本消灭了农村的土地集中所有，建立了以自耕农为主的土地私有产权结构。日本目前的土地所有结构以土地私有为主。在全国土地中，个人所有土地约占57%，法人所有土地约占8%，国家和地方公共团体所有的土地约占35%，其中国家和地方公共团体占有的土地多为不能用于农业、工业或住宅的森林和原野。因此在可以利用的土地中，私有土地还是占有较高的比重。

在战后现代资本主义国家制度和法律体系建设的基础之上，日本很快就进入了经济、社会高速发展的时期。在20世纪50年代以后的高速增长过程中，为适应现代资本主义经济发展的需要，日本颁布实施了一系列的建筑、土地和城市开发的法律条例，其中如《建筑物区分所有法》、《城市再开发法》、《住宅建设规划法》是其中较为重要的内容。但由于长久以来土地所有权神圣不可侵犯的观念影响，城市土地不能完全按城市规划合理利用，地价不断上涨，助长了土地投机，严重危害了社会的生活秩序和经济秩序。在土地投机引发的“泡沫经济”后期，日本社会开始认识到，在土地开发中需要更强调用政府公权限制土地私权，对城市发展方向进行宏观的政策协调和引导。因此，1989年颁布实施了《土地基本法》。全法共20条，主要建立了以下五项原则：①土地所有必须伴随义务；②土地利用必须公益优先；③土地必须有计划地使用；④开发利益的一部分返还给社会，确保社会公平；⑤根据土地的利用和受益，公平负担社会费用。

（二）土地产权的法律保护

日本《宪法》在第29条规定“财产权不受侵犯”，受到了美国宪法第五修正案（1791年）的影响。在此基础上，在第2、3款分别规定，“财产权之内容，应适合于公共福利，由法律规定之”，“私有财产在正当补偿的条件下可以用于公共使用”。由此，起码从法定内容来看，现行宪法明确了日本对于私人产权进行相对保护的基本原则。

在日本通常都认为，地方立法机关所通过的地方法规也可以根据地方公共利益的需要，对特定的财产权的内容进行规范和制约。日本学者一般认为对于财产权的制约存在内在制约论和（公共）政策制约论这两个主要概念，宪法对财产权的限制，存在财产权自身的内在制约和外在的公共政策上的制约这两个方面①。前者是基于自由国家性质的公共福利的制约，又谓“消极规制”，如为了防止对人的生命、健康的危害或灾害所施行的那种最小限度的制约，或出于对诸如土地邻接关系中的土地所有权相互之间的利害关系以及防止权利滥用等需要所施行的各种规制；后者则是基于社会国家性质的公共福利的制约，又谓“积极规制”，其中包括反垄断法

① 林来梵．论私人财产权的宪法保障．法学，1999，3：14－21．

中的对私人垄断的排除、农地法中的以保护耕作者为目的的限制、城市规划中的土地利用限制、文物保护法中的以文物保护为目的的各种限制以及各种环境保护法中的以环境保护为目的的限制等各种情形。

在日本，土地征用也被认为是公共征用的代表性制度。在宪法和法律制度上，战前的“明治宪法”有保障财产权的规定，但没有相关的损失补偿条款，然而在当时的法律制度中，1901年的《土地征用法》却确立了土地征用的损失补偿制度。战后的《日本国宪法》明确规定了公用征用的损失补偿条款，1951年颁布实施的《土地征用法》也对相关规定进行了进一步的调整和修改。这样，在现行宪法之下，日本建立了以尊重私有财产制为前提，以土地征用法为核心的公共征用法律制度。

在征用程序方面，现在日本《土地征用法》建立的是“无补偿即无征用”为内容的事前补偿原则，即通过土地征用程序，在公益方面确定征用以土地、房屋等对象，在私益方面确定征用补偿金额。法律意义上的程序包括了项目认定程序和征用裁定程序这两个部分，具体步骤主要包括项目设立人提出项目认定申请、项目认定要件（即项目的公共性）审查、项目认定的告示发布、项目设立人启动征用程序或申请征用委员会的裁定、让地裁定、支付赔偿金完成征用等。这里所谓的补偿中，单纯财产权的保障已经不是公共征用制度内容中的决定性因素，负担平等、生活保障、精神损失等等生活权保障的内容已经构成补偿内容的重要组成部分。与此同时，《土地征用法》还在“特则部分”部分设定了另一种协商性的征用程序，其中包括了调解程序、协议确认程序等。在实际情况中，绝大多数的政府土地征用活动都是通过这种程序，经政府部门与地权人协商或是自愿收购途径实现的。只有极少数难以采用自愿收购方式、不得不作出行政行为的情况，才通过项目认定和征用裁定程序，采取强制性行政行为进行征用。

日本作为一个具有较长的封建专制历史的国家，国家权力干预社会经济的传统源远流长。在日本固有的精神中保留的“灭私奉公”的观念意识，使得强调集体和社会公共利益的社会传统得以延续。在以上分析中可以看出，在其现代产权观的形成和国家制度建设中，这一传统理念都留下了明显的烙印。在近代国家制度和法律体系建立的初期，国家体制转型模式的选择就表现出其特点。“明治宪法”制定的思想模式，从最初的英、法、美模式转向普鲁士德意志模式的实质，其实是借天皇君权至上之名，行立宪政治之实，可以说是专制内核与立宪外壳的巧妙嫁接。20世纪初期到第二次世界大战之前的制度建设中，也表现出对强调国家干预的德国法系这一更符合本国需要和传统观念的模式的明显偏好。第二次世界大战初期，日本基本法律制度的形成，较大程度上受到了美国模式的影响，引入了西方现代民主制度的核心理念；虽然从制度的法定功能和运行效果来看，实际上存在着较大的差别，尤其是在规划管理制度的实际运行中这一问题表现得尤为突出（详见第五章）；但从形式和法定内容来看，基本体现了保护个人财产权与维护公共利益的原则。正是在此基础上，在经济高速增长的时期，日本以完善和高度发达的法律制度建设为基础，充分利用法律手段实现了对经济、社会活动的强有力的国家干预和宏观控制。由此，在国家与社会的关系、国家社会管理职能的作用力度和行使方式等方面，日本模式表现出与英美国家模式的显著不同。

第二节　地方行政制度

一、美国

（一）地方自治的传统与分权的特征

地方行政制度反映了一个国家基层政权的组织状况及其与公民之间的关系，与公民的日常生活有着密切的联系，公民们往往是通过地方行政制度来理解一国的法律与政治制度的。另一方面，各个地方政府组织作为国家政权的细胞，也直接影响着一国的各项宏观制度。

美国地方行政制度的一大特点是高度的地方自治。地方自治的传统最早形成于12世纪的英国，在17世纪英国移民渡海前往北美建立殖民地时就被带到了北美。“人民是权力的唯一合法泉源，政府各部门据以掌权的宪法来自人民。”[①] 坚持每个公民有权参与公共治理，坚持地方事务不受任何外来权力羁束等观念和人民主权原则，“一开始就是美洲的大多数英国殖民地的基本原则”[②]。人民主权至上的主要表现就是地方民众自我管理地方公共事务，地方的权力是先天、自主的，而州和联邦的权力则是地方让渡的，这种地方“自主”，被视为美国自由的原则和生命。如托克维尔所言：“乡镇成立于县之前，县成立于州之前，州又成立于联邦之前，而这些地方政府一开始就享有高度的自治，其中的居民享受真正的、积极的、完全民主和共和的政治生活”[③]。与此同时，美国的地方自治又以直接选举为基础，选民直接参与并监督政府决策，民选官员必须对选民负责，必须接受来自民间各种机构的监督。

美国作为联邦国家的行政层次分联邦、州和地方政府三级，州以下的政府统称地方政府（Local Government）。地方政府包括县（County）、市（Municipality）、镇（Town，Township）、学区（School District）和特别区（Special District）。以2003年的统计数据为例，美国有50个州，共计87849个地方政府，其中3034个县，19431个市，16506个镇，13522个学区，35356个特别区[④]。各地方政府作为地方自治体或准地方自治体，拥有立法、行政方面独立的自治权，各地方政府基本上都由作为

---

① 托克维尔．论美国的民主．北京：商务印书馆，1988：257.

② 托克维尔．论美国的民主．北京：商务印书馆，1988：61.

③ 托克维尔．论美国的民主．北京：商务印书馆，1988：45.

④ U. S. Census Bureau. 2003 Census of Governments. http：//www. census. gov.

立法机构的议会或理事会和作为执行机构的行政部门所组成，并拥有自己的固定资产，是拥有征税权和发行债券权的公共法人。

（1）县的主要功能是：一方面，作为州的行政管理的分支和延伸，如出生、死亡、婚姻登记和组织选举、法院设置、法律执行等；另一方面是满足地方公民的公共需求，如大部分县设立自己的治安、交通、文化、环卫等服务部门。镇是基本的地方政府单位，除司法功能以外的一切公共服务都由它提供。但是在中西部地区，有些镇是县内部的次级单位，提供的公共服务和行政管理职能很有限。县和镇这一类传统形式的地方政府，形成的历史较长，而且先于各州政府和联邦政府存在，是一定区域内居民自我治理的基本单位，也是选区划分、司法机构设置以及联邦与州政府行政管理活动延伸的基本单位。

（2）市“通常是为服务于其居民的特殊需求而设计的自主治理机构，并且，通常是由那些有意合并成为自治市的部分当地人发起创立的①”。因此，市的规模不一，功能也各异；除了提供县和镇政府提供的服务外，主要为集中的人口创造和提供城市类型的特殊服务。

（3）学区或学校法人机构是一种有限目的的自治机构，具有准政府性质，因在一定区域内面向特定人群提供公共教育服务而形成，主要负责辖区内的公共义务教育，为本区内的基础教育筹集资金，维持公立学校系统的正常运转。特别区是承担特定功能的准自治机构，往往是一部分团体和居民因某种共同利益而发起组建，如某些公共设施和公共服务的共享和建设。因其设立目的不同，分别主要承担诸如消防、城市供水、排污、自然资源开发、机场或高速公路建设、医院、图书馆、住房与社区发展等等方面的单一性功能，但越来越多的特别区也依法向辖区居民提供原来由一般政府提供的公共物品和综合性公共服务。

从地方政府的行政区划和行政单位的角度来看，美国主要有“自上而下”和“自下而上”这两种类型。所谓“自上而下”的行政区划是，按照州—县—镇的顺序，将上一级行政单位的区域逐层划分为下一级行政单位；而所谓“自下而上”的形式是按照居民的意愿（经州政府许可）设定地方自治体的单位，这一类地方自治体包括市（Municipality）、特别区（Special District）、学区（School District），这三种地方政府并不受市、镇、村等已有的行政区划的局限，可以在任意的地区设立，同时拥有征税权等地方政府的固有权限。因此，在一个州里，就会出现各种行政区划和行政单位相互重叠的现象，即所谓“百衲被模式”的美国特有的地方行政体系。

在美国，地方政府的设置和权限，只要在不违反联邦宪法的条件下，完全由各州自行决定。地方政府的一切权力，包括地方自治，悉数来自于州政府的授权。各州政府的授权方式和范围尽管不尽相同，但有如下两点重要的一致性。其一，各州

---

① 文森特·奥斯特罗姆等. 美国地方政府. 井敏等译. 北京：北京大学出版社，2004：6.

均在其宪法中，规定州政府对地方政府的基本授权方式和范围。其二，绝大多数州，都给予市（Municipality）这一地方政府建制以最大的授权，即地方自治。具体地说，地方自治指的是州政府把制定特许章程的权力赋予地方政府，允许后者可以在同州法不相冲突的前提下，因地制宜制定适合本地情况的地方政府宪章。

在美国的地方政府中，无论是县、市、镇、学区还是特别区，不分大小，在法律上一律平等，不存在领导与被领导的行政等级关系。美国联邦政府与州政府、地方政府的关系，主要靠立法和财政两种方式进行控制和合作。出于双方利益与需要，联邦政府主要规范地方政府权限行使法律，并监督地方政府立法，要求地方政府遵守。在财税政策上进行合作与共享，主要是联邦和州政府对地方政府进行财政补助。这种政治模式为美国地方自治奠定了坚实的基础。

可以看出，在人民主权原则和地方自治原则的理念支配下，美国地方行政制度具有高度分权的突出特色。地方自治的政治理念对美国地方政府"百衲被"模式的形成更是起着关键作用，而且在地方政府同州政府、联邦政府的权力博弈和冲突中，也正是根深蒂固、源远流长的自主治理理念，才使得美国地方政府同其他政府之间始终没有层级节制关系，从而在城市政策和规划的制定中较少受到来自上级的直接干预和指挥，可以更多地关注于本地方的发展利益和为本地方服务。当然，在制度的实际运行中，这既是高度分权的优点，也成为其缺点所在和问题之源。

（二）大都市区地方行政问题

自1940年以来，美国大都市区人口接近全国总人口的一半，大都市区在美国社会经济生活中占据了主导地位。到目前为止，美国已有268个大都市区，其人口占全国总人口的80%。所以，大都市区的治理和行政问题在很大程度上代表了当代美国的城市治理问题。

第二次世界大战以后，美国大都市区内地方行政单位增加迅速、地方治理分裂的现象十分突出，其中尤其以特别区政府数量的增加为最。根据美国商业部人口普查局的统计，在1962~1982年间，美国大都市区内政府机构的数目从2.18万个增加到2.98万个，增加了36.8%①。其中，尤其是特别区单位数量，自1952年以来一直呈增长趋势，到2002年已经由当时的12340个增加到35356个，其中91%的特别区属于单一功能区，仅有9%的特别区属于多功能区②。就某些大都市区而言，其政治实体的数量更是令人瞠目。1972年，纽约大都市区的政府单位增加到1465个，芝加哥大都市区954个，费城大都市区705个，匹兹堡大都市区712个，旧金山—奥克兰大都市区414个，圣路易斯大都市区400个③。这些众多的地方政府单位互相

① 理查德·D·宾厄姆等．美国地方政府的管理——实践中的公共行政，北京：北京大学出版社，1997：21.

② U. S. Census Bureau. 2002 Census of Governments. http：//www. census. gov.

③ Bryan T. Downes. Politics，Change，and the Urban Crisis. North Scituate. Massachusetts：Duxbury Press，1976：42.

重叠，互不隶属，矛盾重重，就像巴尔干半岛上的小国林立一般，因而被称为“巴尔干化”（Balkanization）或“碎片化”（Fragmentation）现象。

这一现象的出现与第二次世界大战以来美国郊区化进程中社会经济问题的形成以及高度的地方分权体制有着密切的关系。第二次世界大战以后至20世纪70年代，美国城市郊区化发展是以多中心和分散化为基本特征的。在郊区化过程中，大量居住人口，尤其是中产阶级从城市中心向郊区迁移，郊区市镇发展迅速；但是当许多劳工阶级和低收入家庭也纷纷试图迁往郊区时，郊区居民则通过成立自治市，防止被中心城市兼并，并以此把低收入移民排除在外。与此同时，大量的郊区城市还通过成立特别区来解决公共服务的提供，这样就在很大程度上减小了对中心城市的依赖，从而达到抵制中心城市的兼并与城郊融合的目的，保持了自身的独立性、排他性。

郊区市镇之所以对中心城区兼并采取了普遍的抵制态度，主要原因在于与中心城市的合并以及中低收入阶层的迁入，对于富裕的郊区市镇来说，不仅意味着税率的提高和公共服务水平的降低，而且更可能带来社区房地产价值的下降，从而直接影响到富裕社区居民的经济利益。但是，各个社区的这种利己性和自我保护性做法却同时造成了更多宏观层面的问题。

首先，大都市区内地方政府众多必然导致地方治理的割裂。由于特别区不是按地域划分，而是按服务需求和政府职能划分，不同的特别区提供不同的服务，常常在地域上相互交叉，并且与州以及一般地方政府的部分职能发生重叠，从而造成社会资源的浪费和行政成本的提高。其次，在郊区化过程中，居住的社会分化现象也明显加剧。中心城市与郊区之间、郊区与郊区之间的界限及差别，由于州与地方的法律制度，而变得无法逾越；郊区的繁荣往往以中心城区的衰败为代价。以中高收入阶层的白人市民为主的郊区和以低收入阶层、黑人等少数民族为主的城市中心，成为两个迥然不同的世界，不同种族、不同阶层之间的社会矛盾日益深化。

（三）对城市规划管理的影响

由于各州各不相同的地方行政制度，各地方政府在城市规划管理中拥有的权限是由州宪法、授权法等决定的，因此各地方政府所拥有的城市规划的权限和内容也千差万别。有些镇或村仅是作为一种行政区划，并不具有或完全具有作为一级地方政府所拥有的土地规划和区划的权限。例如，在纽约州和新泽西州，镇政府拥有与地方政府相同的权限。在新泽西州，市、镇、村政府被授予了制定规划和区划的权限。在纽约州，严格来说地方政府只有市和村，村属于作为准地方政府的镇；县的决策立法机构是由选举产生的镇长组成，因此，县内的镇比县在规划决策和管理中起着更重要的作用。在此基础上，纽约州的区划等规划管理权限是被授予市、镇和村的。在新泽西州和纽约州，县政府都被授予了县一级的土地规划的权限，但县政府并不拥有区划的权限。而在加利福尼亚州和佛罗里达州，县、市、镇、村作为基本的地方政府，在土地规划的权限方面大致相同。

地方自治的制度传统给城市规划带来的另一个影响是，由于地方治理的分裂而使得区域性发展规划的协调难以进行。一个十分明显的现象是，与区划相比，具有区域性、整体性发展协调功能的区域性规划和城市总体规划在地方政府层面普遍被忽视，有大量城市在很长一段时期内从未制定过城市总体规划；如果没有联邦政府资金扶持的激励，区域性规划的制定也往往难以起步。由于地方政府的权限被局限于一个规模较小的特定区域（一般地方政府）或功能（如特别区政府）范围之内，各自固守自身的利益，整个区域难以进行合理的规划与协调发展，这也成为解决大都市地区诸多经济、社会问题的主要障碍①。

以上地方行政制度的特征给城市规划管理带来的重要影响就在于，规划的地方性和实用性的特征十分突出，其应有的协调土地开发、引导城市发展方向与远期目标的功能难以实现。英国学者肯尼思·牛顿在1975年的一篇论文中指出，美国郊区的政府极力使用诸如区划、税收等工具来稳固其税基，逃避其对于自身界限之外的大都市区问题所应承担的责任，追求社区的同质性，排斥贫困人口和少数族裔人群②。著名的区域主义政治家和学者奥菲尔德从城郊发展失衡的角度，对地方政府碎片化的消极后果进行了抨击。他认为，在土地利用和规划上，外围的郊区政府为了吸引富裕居民，争夺税基，追求浪费土地和环境资源的低密度增长方式，让整个大都市区承担郊区蔓延所需的基础设施建设费用，提升了旧城地区的税收水平，进一步加剧了中心城市与新郊区之间的经济和社会不公③。

二、英国

（一）地方自治的传统与地方行政制度

早在撒克逊时代，英国的郡就有各自的议会，相互之间保持较高程度的独立性。诺曼征服以后，国王虽然从税收和司法方面加强了对地方的控制，但地方区划未曾改变，教会特别自治区发展起来，城市自治特权以特许状的形式得以保留。13世纪时，英国大城市基本上都享有国王颁发的特许状，称自治市。城市争取来的自治权包括行政、财政、司法和军事大权，它们自行组织市政机构、征用租税、铸造货币以及决定战争与媾和。1215年的大宪章规定，国王无自由决定臣民的权力。因此，英国中央对地方的控制也只是在司法方面监督地方政府的实施，而不是从行政上干

① 张光. 美国地方政府的设置. 政治学研究，2004，1：92－102；罗思东. 美国地方政府体制的“碎片化”评析，经济社会体制比较. 2005，4：106－110；孙群郎. 美国大都市区政治的巴尔干化与政府体制改革. 史学月刊. 2006，6：112－119.

② J. J. Harrigan & Vogel R. K. . Political Changes in the Metrolis. New York：Longman，2000：54.

③ M. Orfield. Metropolitics：A Regional Agenda for Community and Stability. Washington D. C. ：The Brookings Institution and Cambridge，Mass. ：The Lincoln Institute of Land Policy，1997：101.

涉、包办、取代地方政府；其基本原则，就是“法律主权归于议会，最终的主权存诸人民”。19世纪资产阶级革命胜利后，地方自治精神在民族国家政治体制中不断得到扩张和普及。最为明显的是，1835年，英国通过市制案（Municipal Corporations），各市设立市议会（Borough Council）。这年英国还颁布了《城市团体法》（Municipal Corporation Act），1888年通过《地方政府法》（Local Government Act），各郡设立郡议会（County Council），议员的社会基础更加广泛。英国近代地方自治制度得以确立并得以逐步完善。

可以看出，英国历史上从未形成控制严密、上下统一的中央集权的独裁政府。在英国，王权、教权、贵族权和市民之间始终处于多元对抗和妥协。中央政权和民间社会，地方政府和公共组织任务范围的划分，给地方精英提供了自治的空间。权力资源的分散，为权利的生长提供了天然的机会，为城市兴起及城市自治权的发展创造了优越条件，为市民社会生长提供了良好空间。在悠久的地方自治传统下，英国的地方自治机关行使由法律确认的自治权时，中央政府一般不能加以过问。地方自治机关形式上独立于中央政府之外，其成员直接或间接由当地居民选举产生，只具有地方官员的身份，中央政府不得撤换他们。

但是在另一方面我们也可以看到，在英国特有的尊重权威的观念和保守传统的社会环境等背景下，为了维护国家行政统一和中央的权威，保证全国的整体利益和平衡协调发展，在地方自治的基础上，英国中央政府仍保留着对地方政府一定程度的控制，这就使得英国地方行政制度与同样具有地方自治传统的美国有了明显的区别。

英国地方政府的基本结构如图2－1所示。在苏格兰、威尔士和北爱尔兰，实行单一的（Unitary）、一级制的（Single-tier）的地方政府体制；而在英格兰，则实行下列混合体制中的一种：①一级制的地方政府：主要包括若干大都市地区，如单一的地方政府、伦敦自治市和都市区议会；②二级制的（two-tier）地方政府：主要包括非大都市地区的郡议会、区议会和自治市议会。第一级政府（除伦敦市政府外）拥有包括教育、福利、经济发展、交通规划等广泛功能。伦敦各区尽管是第二级政府，但功能和第一级一样，并且拥有更多的财政预算。在伦敦以外的第二级政府预算和权力都要少一些。教区的议会也只有较少的预算和权力，但却是公众参与的重要层级。除了这些正式的政府实体，还有大量的联合团体、准政府实体和特殊机构，它们共同构成了复杂的地方政府体制①。

长期以来，在议会至上的传统下，英国地方政府采用权力一元制，地方政府的核心就是选举产生的地方议会，具有法人资格，郡议会和区议会为主要的地方政府。各级地方议会由选举产生的议员组成。除了少数重要问题由地方议会全体成员会议

---

① D. J. Wilson，C. Game，S. Leach，G. Stock etc. Local Government in the UK（4th Edition）. London：Macmillan，2004：98.

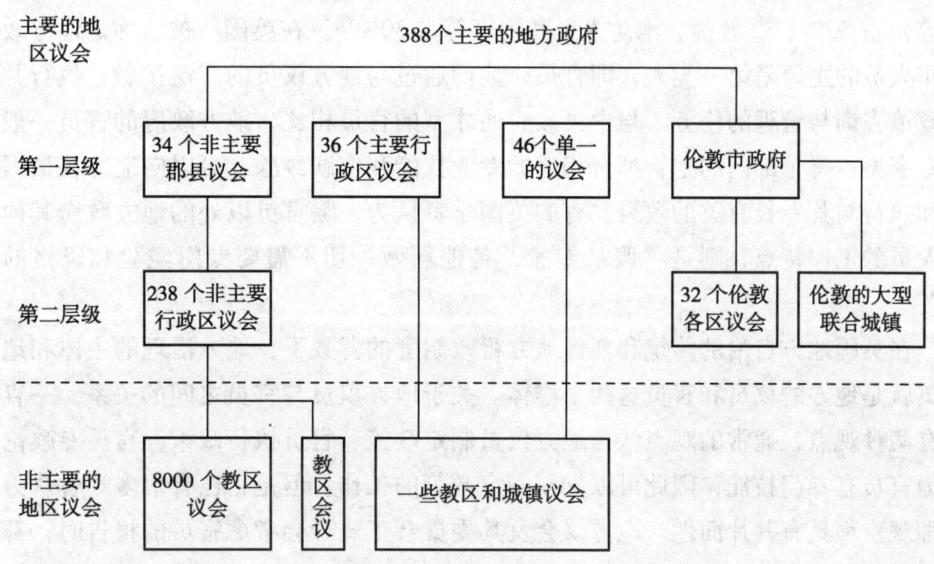

图 2－1　2005 年选举后产生的地方政府

出处：D. J. Wilson，C. Game，S. Leach，G. Stock etc. Local Government in the UK（4th Edition）.

讨论外，几乎所有的有关事务都交由地方议会内部的有关各种委员会去处理和决定。委员会按设立的条件分为法定必设和自行选择两大类。地方议会的委员会制可以说是英国地方制度的一大特色。

从中央与地方的关系来看，英国至今仍秉承由议会进行权力分配的传统，按法律规定划分。中央政府虽然能够变更地方政府的各种职权，但必须征得议会同意才能实现，即必须通过立法的手段。中央对地方授权的立法方式，通常出自各种通用法律、私法律、部门命令和规章或临时命令、特别命令。通过这些方式，地方政府拥有了相当的自治权，中央政府不得随意干涉地方政府权力范围内的事务。在行政领域，地方政府则享有较大的自治权，拥有十分广泛的行政权力。

从立法与行政的关系来看，英国不同于美国式的立法与行政的严格分权，而是采取了议会为主、行政为辅、议会与行政密切合作的模式。在英国的地方制度之下，地方政府的存在完全要靠议会同意，议会有权决定和改变地方政府的权限和职责，任何地方政府做了议会没有明确许可的事，就是违法或者越权的行为。这也产生了另一个结果，代表着英国地方行政制度的另一大特点，就是其不同于其他国家的地方公务员制度。在英国，地方政府工作人员大多是作为议会的雇员，是为议会提供服务而存在的。地方政府的雇员又与中央政府的文官不同，他们不是统一的行政部门的组成部分，每个地方议会都会雇佣一批工作人员，从建筑师、会计师等专业人员到园林工人等都有。地方政府在配备工作人员问题上有很大的自由处理权，但如非大都市区的郡和大都市辖区的教育及社会福利工作的主管，都必须按照法律规定进行任命。地方政府的雇员按习惯可以分为三类：①官员约占全体的 20%；②专业工作人员（建筑师、会计师等）与服务人员（主要是体力劳动者，如清洁工、修路工等）占50%；③教师、消防人员和警察等占30%①。在英国，被认为是地方政府工作人员的主要是第一类人，即官员；他们通过与地方议员的广泛接触，执行并完成政策咨询与管理的任务。与中央政府通才型的官员相比，地方政府的官员一般都是专家型，每个部门的主管都有相应的专业技能和实践经验，可以向地方议员提建议和执行与其专长有关的政策。有的英国学者认为，除官员以外的地方政府其他工作人员的工作特点，则是“服从专家，替他们做一切不需要专门经验和资格的工作”②。

在英国地方自治的传统和现代地方行政制度的背景下，地方治理的主体和地方精英就是地方的议员和官员这两个群体。关于地方议员与官员之间的关系，一直以来有两种观点，通常的观点认为地方议员制定政策、官员执行政策，官员专政论则认为官员有专门技能，因此可以支配制定政策的工作。但是，也有很多学者认为这两种观点都具有其片面性。地方议会及其委员会正式开会考虑官员的报告时，都有官员参加，通常是把各种建议结合起来付诸实行。但是，也有人认为在控制信息和执行议会的政策方面，官员们有很大的影响力，议员不太可能全程监督或了解全面情况，所以官员可能会出于专业的偏见等原因，过滤他们提供给议员们的信息，有意修改或搁置他们不喜欢的决议。从以上可以看出，这些观点实际上为我们描绘出英国地方行政运行的现实环境，无论是议员主导还是官员专政，其间主要是程度的差异，而其本质和共同特征则是议会与行政的密切合作关系，这可以说是英国地方行政与别国不同的、最重要的突出特征之一。

（二）对城市规划管理的影响

由于其特有的地方自治的历史传统、人文环境与法律制度，英国地方行政制度对于城市规划管理的制度和实践形成了独特的影响。

从中央政府与地方政府的关系来看，在地方自治的前提下，中央政府对地方政府仍具有较强的影响。在英国，在中央政府一级，环境部是城市规划管理的主管职能部门，另外交通部、通商产业部、历史遗产部，农业水产部等部门也同时参与地方规划制定的指导监督。各级地方政府都设有相关的区域及城市规划部门进行规划管理及开发控制。地方政府拥有城市规划的决定权，而中央政府可通过修改城市规划法、发布规划行政文书、规划审查结果上诉重审、（特殊情况下的）自治权限的强行介入、自治权限外特定区域的设定、补助金制度的设立等途径，对地方的规划管理审查权限进行干预。而且，从中央主管部门发布相关指导性的行政文件的频率和内容范围等实际情况来看，中央主管部门对地方规划制定和实施进行的政策与技术的指导是全面而又具体的。

---

① 约翰·格林伍德，戴维·威尔逊．英国行政管理．北京：商务印书馆，1991：122.

② 约翰·格林伍德，戴维·威尔逊．英国行政管理．北京：商务印书馆，1991：125.

从地方行政区划的设定来看，由于不同地区的地方行政体系和自治权限有所不同，从而造成了大都市圈与非大都市圈在城市规划体系的结构与内容上的差别。这方面的具体内容在第五章中有详细分析，这里不再详述。

从地方层面的规划管理活动中，在议会至上的传统之下，议会与议员不仅仅在决策阶段才发挥重要的作用，而且直接参与到实际的规划管理之中，这使得规划权力在地方层面进一步分散，形成了各类地方精英权力制衡的治理格局。

三、日本

（一）地方自治的历史与特征

在日本这样一个有着长久的中央集权历史的国家，中央政府对地方政府的权力下放、地方自治体制的建立经历了漫长过程。

1890 年明治维新之后，市制和町村制开始推行，之后一年开始实行府县制，并且在各级地方政府设立了议会，其议员由“公民”选举产生。这被认为是日本地方自治历史的开始。这次改革缩小了日本和西方城市制度的差距，但其依然具有明显的中央集权性质。1890 年市制初行时，三个大城市由国家委派官吏任市长；其余城市进行的市长选举需从天皇推荐的三名候选人中选出，选举结果还需天皇裁决；另外，选举者必须是缴纳一定税额的公民而非普遍意义上的城市居民（市民），这些都反映了当时的城市自治实际上是十分有限的。可以说，第二次世界大战前日本城市的地方自治都是在中央政府的直接控制之下，带有明显的中央集权性质，并非真正意义上的建立在市民社会基础上的地方自治。

第二次世界大战之后，随着 1947 年《日本国宪法》与《地方自治法》的颁布和实施，地方自治制度得以重新确立。该宪法对地方自治专列一章明确规定：“关于地方公共团体的组织及运营事项，根据地方自治的宗旨由法律规定之”，“地方公共团体的长官、议会议员以及法律规定的其他官吏，由该地方公共团体的居民直接选举之”。另外，还明确规定了地方公共团体的自治立法权、自治行政权和地方财政权，从而把地方自治建立在国家法律的基础上，以宪法和自治特别法予以保障。可以说，至少在法律意义上，1947 年的《地方自治法》使得日本持续半个世纪的中央集权制度得到很大改观。但是，由于府县作为中央政府派出机关的制度惯性一直延续到战后，加之中央集权根深蒂固以及地方自治改革得不彻底，导致了战后日本仍有把地方政府作为其派出机关，处理中央政府部门行政事务的倾向。因此，在这一意义上，战后日本的法律制度和社会环境中逐渐孕育发展出的地方自治具有明显的“有限自治”的特征。

1999 年 7 月 8 日，日本国会通过了《有关推动地方分权相关法律建设的法律》即《地方分权一览法》，并从 2000 年 4 月 1 日开始实施。《地方分权一览法》全面废止了明治宪法时代实行市制町村制以来的机关委任事务制度，大部分划分为法定受托事务或自治事务。地方政府不再作为国家的下属机构执行“国家的事务”。而且，借此机会废除了中央政府下发的无以计数的通达通知的一部分，其他的通达通知此后全部改为“技术性的建议”，因而自治体不必再受这些通达通知的约束。自治体的法令解释权得到了大幅度扩大。根据《地方分权一览法》，日本对地方财政制度也进行了改革和调整，如对地方交付税和国库补助金制度进行改革，扩大地方财政权。从2005年4月起，地方债的发行将从原来的审批制改为协议制。可以看到，20世纪90年代末期开始，日本的地方自治才开始出现了一些较为明显的变化和改进。

（二）地方行政制度的结构与特征

日本作为单一制国家，建立了以国家、广域地方自治单位、基础地方自治单位等为主的三级行政体系，具体来看，与国家、都道府县、市町村三级的行政区划相对应。

在日本，地方公共团体是自主并综合地管理地区行政事务的职能机构，地方公共团体依照人口规模、住宅密度、产业结构、城市基础设施状况等被划分成两种类型。一种是普通地方公共团体，其中包括都道府县和市町村，另一种是特别地方公共团体，其中包括特别区、地方公共团体组合、财产区和地方开发事业团等四种类型。在法律意义上，地方公共团体的自治权主要包括立法权、行政权、财政权。目前，大部分与人们日常生活密切相关的公共事务，都是由都道府县及市町村地方政府负责管理的，如公共设施建设、公共福利等内政事务基本上通过地方公共团体来实施。

都道府县，作为广域地方自治单位，实际是日本47个省级地方政府的统称。其中，东京称作“都”，北海道称作“道”，大阪和京都称作“府”，其余43个省级地方政府称作“县”。这种称谓自明治中期到现在一直没有变化。都府道县是建立在中央政府与市町村之间的一级行政区域组织，主要职责是根据民主原则，按照居民意愿，在其行政区域内处理市町村所不能承担的较大的工作任务和行政管理事务，起着联络、协调中央政府和市町村之间的作用，负责管理和协调社会公共事务，并在其行政区域内实施司法权。

市町村，作为基础地方自治单位，是与居民关系最密切的基层地方公共团体，拥有最贴近民众利益的政府机构的作用和功能。在日本，“市”、“村”相当于我国的“城市”、“乡”这一类地方政府的简称。“市”还可以进一步区分为指定市、核心市、特别市和普通市四种。“町”相当于我国的“镇”。截至2002年，日本全国共有654个市、2000个町、591个村。

在一般的城市，往往设有市区两级政府机构，而对于一些大城市，《地方自治法》中又有“指定城市”和“特别区”的制度。所谓的“指定城市”就是指，对于一些规模较大的特定城市，赋予了都道府县一级政府的权限。例如，神户、大阪、京都、千叶、福冈、横滨、名古屋、福冈、仙台、北九州、神户、札幌、川崎等11个100万人口以上的城市叫作“指定城市”，指定城市的市长具有相当于县知事的权限。“特别区”则是指对于大城市中的各区，赋予市级政府的权限。例如，作为日本最大的城市和首都，东京由市改为都之后，在20世纪60年代采取了与其他大城市不同的“都区制度”，23个城区为“特别区”，也就是由都政府和特别区政府共同分担、执行大都市行政管理的制度。

地方公共团体组合通常由数个普通地方公共团体设立，具有法人资格，有议决机构和执行机构。根据所涉及事务的量、区域、性质等，通常分为一部事务组合、广域联合、全部事务组合和市町村政府事务组合等四种。所谓一部事务组合，即若干个普通地方公共团体（如市町村）通过建立组合的方式，共同来办一件由单个市町村所难以办好（或不适宜办）的事。在现实生活中，日本地方公共团体组合基本上都是一部事务组合，主要存在于市町村。

地方开发事业团通常是两个以上的普通地方公共团体，为了在更广泛的区域内着手开发事业，如修建住宅、港湾、道路等而联手设立的团体，是具有法人资格的组织，一般设理事会。

根据日本各级政府职责的划分，中央政府主要负责国防、外交和公安等事务；地方政府主要负责消防、港湾、城市规划、公共卫生和住宅等事务。其中，都道府县政府负责港湾等事务；市町村政府负责消防、城市规划、公共卫生、住宅等与居民日常生活密切相关的事务；中央政府与地方政府共同负责公路、河流、教育、社会福利、劳动、卫生、工商农林行政等大多数行政事务。其中，在基础设施建设方面的具体划分为，中央政府负责高速公路、指定区间的国道、一级河流，都道府县政府负责国道、指定区间的一级河流、二级河流、港湾、公营住宅，区市町村政府负责城市规划项目、市町村道、准用河道、港湾、公营住宅和下水道①。

根据《地方自治法》的规定，区市町村作为基层地方公共团体，主要管理与市民日常生活密切相关的一般事务，即自治事务，以及中央政府委托的事务，即法定受托事务（或称机关委托事务）。都道府县政府作为区域性地方公共团体，它的管理职能包括了区域性事务、市町村之间的联系和协调等事务、从规模和性质上不适于市町村级政府处理和管辖的事务，以及中央政府部门的机关委托事务。

从实物性质来看，各级地方政府负责的事务主要可分为地方固有事务和机关委任事务这两种，但据统计，机关委任事务实际上占到地方自治体事务总量的70%以上。由于机关委任事务是基于法律法令、由地方公共团体行政首长及其他机关委托管理的、国家和其他地方公共团体的事务，对于机关委任事务，中央政府具有监督指导权和执行命令权，因此可以说，中央政府对地方行政的干预仍然是普遍存在的。

---

① 崛江湛等编．现代地方自治的基础知识．东京：行政株式会社，1994：63.

为了确保任务完成，中央政府经常召开各种联络协调会议，互通信息和加强调研；主管大臣和都道府县知事有权监督执行情况，必要时可以敦促甚至起诉市长。中央各省厅普遍在地方设有本部门的派出机关，加强指导和监督。例如，在城市规划、大型开发项目规划等决策方面，作为中央一级主要的行政事务管理部门，国土交通省（1999 年之前为建设省）对地方的城市规划、项目开发具有最终的审批权。正因为机关委任事务实质上作为中央控制地方政府、进行行政干预的主要手段之一发挥着极为重要的作用，因此，机关委任事务被认为是日本中央集权型行政体系的核心部分，虽然在法律意义上，中央政府与地方政府是对等的行政实体，但在实际上仍然是上下级关系。

在日本行政体系中，中央对地方的掌控和干预还突出表现在财政上的控制。中央政府对地方预算有着严格的控制，地方政府必须根据中央的预算比例，并且受自治大臣的监督；中央政府对地方执行其事务支付一定的国库支出金；中央政府掌握公债发放许可权，地方政府入不敷出时可发行公债，但公债的发行、回收方法、数量等均要得到自治大臣的许可。根据自治省的估算，1997 年度全国 3300 个地方自治体的总支出为 87 万亿日元，但地方自治体征收的地方税只有 37 万亿日元，不到其财政开支的 40%，这两者之间的差额主要是依靠中央政府的各种拨款和补助来填补的。中央政府还控制地方税收，中央与地方实行分税制，地方无权支配国税，地税成为地方财政来源的主要部分；地方税制被严格置于中央政府的规制和监督之下，这不仅从财政上强化了中央对地方自治的干预，同时也使战后地方政府自主的财政来源未能得以充实和发展，因而加大了地方对中央财政的依赖程度，使日本的地方自治有名无实。

可以看出，日本有限的地方自治和分权是长期以来日本的社会观念、文化传统、经济发展和政治制度综合影响的结果。日本社会根深蒂固的精英治理、等级制等传统观念和文化环境，对于中央集权型体制下有限的地方自治模式的形成有着密切的关系。有人认为，日本一直以来实行的是一种“精英式的官僚制度”①。它通过英才教育取士，在普鲁士理性化的、非政治化的行政管理模式的影响下，日本的领导人让行政集团在社会经济的发展中扮演了主要的角色，并使其超越政治压力之上。在日本经济赶超和高速增长时期，中央集权型体制与官僚主导的结合，发挥了极大的行政效率，对于集中有限的资源促进重工业的迅速发展起到了积极的作用，这也是中央集权型体制得以进一步延续和发展的重要原因。但是，进入成熟化阶段之后，中央与地方之间权力分配的不合理性逐渐暴露出来。中央政府过度的经济干预不仅抑制了地方政府积极性的发挥，而且导致了大量的资源配置的低效率和浪费现象。这种状况不仅限制了各级地方自治体的主观能动性及其活力，也难以适应国际社会的变化和多元化社会的管理需要。

①② 李路曲. 日美两国行政运作的政治环境与行政文化的比较分析. 政治学研究，2002，1：40－49.

第三节　地方财政税收制度

一、美国

美国地方财政体制的最大特点就在于地方财政的独立性。虽然战后一段时期内，联邦以及州政府对于地方政府提供的补助金的比例较高，但地方财源在地方财政总收入的比例仍高达60%以上。美国的联邦和州向下级政府的拨款分别占州和地方政府财政收入的25%和34%，而且大部分是有条件拨款（20世纪90年代初占90%以上）；联邦向地方政府的转移支付主要用于卫生、社会保障、教育培训、交通、教育、住房、社区发展、废物处理设施和机场建设等领域，在补助方式上最常用的是有限额的配套补助，即一般情况下，地方政府需要先完成项目规划和立项以及部分资金的配套，在项目规划符合联邦政府政策要求的条件下，才可获得相应的联邦基金的资助。通过这种有条件拨款形式，联邦政府可以有效地介入地方事务，解决美国特有的城市内部问题。例如在20世纪50年代，联邦政府设立巨额城市开发补助金制度，对促进区域性开发协调的城市开发项目提供联邦资助；作为申请联邦补助金的条件之一，地方政府必须制定并实施总体规划，而且总体规划的编制工作本身也成为联邦补助的对象之一。但是，20世纪80年代联邦补助骤减之后，地方政府财政转移支付更多地来自于州政府，同时对于地方财源的依赖性也更高。即使是地方财政陷入窘境，也不可能依靠联邦或州政府的帮助，而只能在地方内部自己解决，而地方政府摆脱财政困境的主要手段就是通过提高固定资产税率以及降低或减少公共服务的数量和质量，以减轻财政投资的压力。

美国的地方税收制度采取了税种同源共享、税权分散的模式，实行联邦、州和地方的三级管理。各级政府都有明确的事权与独立的征税权。其基本特点是：①税种划分为联邦税、州税和地方税，自成体系，都有自己的主体税种，同源共享，即三级政府都可对同一税源征税，采用税率分享办法划分收入。②税权高度分散，地方政府独立行使归属于本级政府的税收立法权和管理权。联邦、州和地方三级议会都可以在联邦宪法规定的范围内，确立自己的税收制度。具体来看，各级政府税收收入构成基本如下（表2-1）：联邦政府主要征各种所得税，包括个人所得税、公司所得税和社会保险（工薪）税；州政府主要征销售税；地方政府主要征固定资产税。三级政府以税率分享形式征收个人所得税、公司所得税、销售税。这种划分方式考虑了税种自身的性质特点，也考虑到了各级政府自身的职能。地方政府以固定资产税为主体，是考虑了固定资产税税基的流动性弱、方便地方政府征管的结果。有关研究显示，美国地方政府财政收入的最主要部分是固定资产税和服务性收费，其次是销售税和所得税；其中城市政府的收入主要靠固定资产税，而特别区则更依赖于服务性收费。因此，在美国现有的地方财税制度之下，地方政府的财政状况以及公共服务水平，首先取决于辖区范围内居民所拥有的土地与房产的价值。

美国各级政府税收收入比重（%）　　表2-1

税种	联邦政府	州政府	地方政府
个人所得税	45	28	5
公司所得税	9	6	1
社会保险税	38	11	0
国内消费税	6	16	5
一般销售税	0	0	76
财产税	1	1	0
遗产税和赠与税	1	1	0
其他税	1	9	3
合计	100	100	100

出处：丹坎·迈克鲁尔. 美国的税务管理：分权制度. 税收译丛，1997，4.

从以上分析可以看出，美国地方政府财政税收制度的特点主要在于地方财政的独立性和对固定资产税的依赖。作为地方政府的主要财源，固定资产税发挥着保障地方财政收入、改善地方公共服务水平的重要作用。因此，对于地方政府来说，土地利用的形态不仅对城市的发展及其所需的公共服务的成本费用起着决定性的影响，而且通过其对土地经济价值的影响和固定资产税的涨落左右着地方财政收入的多少。而通过城市规划对土地利用进行一定的限制，则是地方政府能够最大限度地行使其权限、保障财政来源的领域。

土地利用的形态在很大程度上影响乃至决定了地方政府的财政收入和支出，也正是出于这样的体制性因素，地方政府往往倾向于吸引有利于增加税收，而公共服务需求的增加又不太明显的开发项目。在制定总体规划以及审查开发项目时，一个新开发项目可能带来的税收是否能够与该项目相关的道路交通、公园、警察、消防等公共服务的管理运营成本相平衡，往往成为地方政府考量的一个重要指标。在规划的制定和实施中，对于用途和规模的控制往往成为达成地方财政平衡的主要手段。

在用途控制方面，如郊区的商务办公设施、科研设施、大型工业区等，低密度、环保型、高附加值的产业设施所需要的公共服务较少，而又能给地方带来较多税收的项目往往会较受欢迎。而相反的是，诸如非征税对象的公园设施、学龄儿童较多的集合住宅、低收入阶层聚集的租赁式住宅，由于对这些类别的设施政府需要投入的学校教育费和社会福利费等财政支出较多，则成为不受欢迎的土地利用形式。从规模的角度来看，高档住宅和低密度的开发项目较受欢迎。因此，在郊区的住宅区划中，往往会采取将住宅基地面积的最小规模大型化的方法，这样不仅固定资产税和管理费较高，非高收入阶层难以入住，而且经济型住宅等固定资产税收较低的项目也难以获得许可。郊区住宅的基地面积一般是在500~1000平方米的范围内，而如果采取以上的方法，有的地区会将住宅的最小规模限定在0.4~1.6公顷之间①。这样，作为地方自治最重要的权力之一，制定实际上具有社会阶层排斥性质的城市规划也就成为城市政府某种名正言顺的权力。正因为如此，在地方自治的名义下，城市规划和土地利用规制实际上就成为城市政府保护中高收入阶层利益的工具。

以上可以看出，地方自治的制度基础、地方财政税收制度的结构特征与以土地利用规划和管理为中心的城市规划管理制度的形成，有着密不可分的联系。地方财政收入的来源和数量是影响并制约城市规划制定和实施的一个重要因素。显然，地方政府对于土地利用的关注，在很大程度上来源于对固定资产税的关心。对于地方政府来说，不动产的重要性不仅在于它是主要的征税对象，而且因为不动产或者说土地利用的形态，在很大程度上影响着该地区对各类公共服务的需求，同时也就决定着地方财政支出的内容和数额（表2-2）。

城市规划财政化（Fiscalization）的主要手法　　**表2-2**

手　法	效　果
城市再开发与市域范围的扩大	固定资产税的增收
商业设施（汽车销售与大型超市等）的引入	零售税的增收
开发商的开发负担（Exaction） 1. 道路、公园、学校、图书馆 2. 低收入者住宅、保育所 3. 社区建设支援	支出的减少
公有土地的运用	地价与收益回收

出处：根据William，Fulton. Guide to California Planning，Solano Press Books，1991的内容整理。

二、英国

在英国，税收管理权高度集中于中央政府；不仅主要税源或税种掌握在中央政府手中，而且绝大部分税收收入也都归中央政府支配和使用。根据经济合作与发展组织的统计资料，1955~1980年英国的中央政府税收总额相当于其全国各级政府税收总额的99%，是该比例最高的国家之一。除北爱尔兰以外的英国地方政府，财政经费的一半左右依靠中央政府各种补助金的拨付，税收收入在其中所占的比例较低。不仅如此，英国地方政府基本上没有独立的征税权，地方政府所征收的税种完全由中央政府决定。

① 张光. 美国地方政府的设置. 政治学研究，2004，1：94.

1988年以前，英国地方政府主要对住宅与非住宅建筑物课征财产税（英国习惯上称之为“Rates”），其税率由各个地方政府自行确定。1991年后调整为市政税（Council Tax），凡是年满18岁的住房所有者或住房出租者（包括完全保有地产者、住房租借者、法定的房客、领有住房许可证者等四类），都要按住房（包括楼房、平房、公寓、活动房屋及可供居住的船只等）的估价缴纳市政税。住房的纳税估价分为8个档次，其税率实行累进制。中央政府并不规定具体的市政税税率，而是规定此项税率由各地方议会根据地方政府的开支、税源及其他收入的数量等因素来确定。市政税是英国最大的地方税种，在地方财政收入体系中的地位非常重要。以英格兰地区为例，市政税在地方税收收入中的比重高达45%左右，在地方财政总收入（含中央转移支付资金）中的比重也稳定在15%左右①。

另一种重要的地方税种是营业税（Business Rates），其课税对象为营业性的房地产，如商店、写字楼、仓库、工厂或其他非住宅性的房地产。英国的营业税从1990年开始被划为中央税种。地方征缴的营业税收入上交中央财政后，汇入专项基金，然后由中央财政依据各地的人口基数，将这一基金作为支付转移资金，以一定的比例在各地区之间进行分配。返还后的营业税收入约占中央向地方支付转移资金的1/4左右，占地方财政总收入中的比重也在15%以上，在地方财政收入体系中的地位非常重要②。

市政税与营业税都采取累进税率，体现了英国税负向富人倾斜的一贯传统，还规定了若干减免的规则，体现了社会公平和对弱势群体的政策扶持。例如，市政税对于多子女家庭、残疾人、宗教人士、空置房屋、家庭第二套住房等，营业税对于农田与农舍、渔场、教堂及其他宗教场所、慈善用途、公园、为残疾人使用的特定房产、空置房屋等征税对象，都有程度不等的减税或免税的优惠。来自于封建的税收起源，决定了英国税收总的倾向是向富裕者征税，向富人征税已经成了英国的传统，其税收的对象和种类都是如此。国家的税负落在有产者身上，而不是落在普通百姓身上，这与东方专制国家的税收有着天壤之别。

市政税和营业房产税这两种房地产税是地方财政重要的收入来源，以英格兰地区为例，两项税收之和在地方财政总收入中所占比重达到30%左右，是最大的收入项目。市政税和营业税所征集的税款一般专项用于地方基础设施建设和教育事业，在地方经济中发挥着极其重要的作用。通过市政税和营业房产税两个税种的分工与配合，保证了各地方财政直接和间接的财源需要。如前所述，市政税的收入可直接用于满足地方预算支出的需要，因此地方政府会从本地区的利益出发，提高征收管理的积极性。营业房产税的收入先上交中央，再按人口基数比例下拨给地方的做法，有利于中央政府加强对地方财力的统筹安排，同时也使地方政府不会因增加地方预算规模的理由而任意增加地方税负。

---

①② Local Government Financial Statistics（England）2003. Office of the Deputy Prime Minister. UK.

另一方面，从以上分析可以看出，与美国相同，英国也采取了将固定资产税作为地方主要税种的做法。从理论上讲，由于各种财产税是以各种不动产为征税对象，而各个地区当地的税务工作人员更容易掌握当地居民财产的自然状况及财产的价格，所以把固定资产税划归为地方财政的收入来源，是一种符合效率原则的合理选择。实际上这种制度安排的合理性还不止于此。众所周知，与所得税、增值税、营业税等税种相比，固定资产税的税基具有更高的稳定性，即经济景气的变化对固定资产税的征收影响较小。把固定资产税划归为层级较低的地方政府财政收入来源，可以在一定程度上减少经济周期性变动对地方政府财政收入的影响，从而有利于保证地方政府平稳地提供与当地居民生活密切相关的公共服务。

从整体来看，在英国，地方税制的调整实际上一直以来就是调节中央和地方政府关系的重要工具，从20世纪70年代以来税制改革的趋势来看，尤其是财产税改为市政税，加强了中央对地方税收的控制，使得地方政府的财政权限大大缩小，这已经成为近年来行政改革的主要内容之一。这一趋势不仅对于地方自治的运行体制造成影响，同时也必然使得地方政府在公共投资建设、开发控制等政策导向，以及管理行为方面发生变化。

三、日本

（一）地方财政税收制度的概况

日本财政税收制度受到中央集权体制的影响，财政立法权都属国会，财政法和地方各税种法均由国会制定，地方政府对地方税种管理权较小，只对少数几个地方税种有税率调整、税法解释和税收减免的权力。

与三级地方行政体系相对应，日本税收制度也采取了三级分税制，即国税、都道府县税和市町村税。中央和地方的税源划分主要遵循三个原则：

（1）税源划分以事权划分为基础，“各级政府事务所需经费原则上由本级财政负担”；

（2）便于全国统一税率和征收的大宗税源归中央，征收工作复杂的小宗税源划归地方。例如土地房屋税，税额与当地的地价密切相关，不可能统一按面积征税，因而划归最基层的市町村；

（3）涉及收入公平、宏观政策的税种划归中央，地方税以受益原则为依据，主要实行比例税率或轻度累进税率。

从日本中央和地方的税收结构来看，中央政府的国税税收主要包括个人所得税、法人税、遗产税、赠与税、消费税、消费让与税、酒税、砂糖消费税、物品税、彩票类税、通行税、入场税、燃油税、石油煤气税、飞机燃料税、石油税、关税、专卖收益、有价证券交易税、注册牌照税、印花税、交易所税、汽车重量税、日本银行券发行税、吨位税、特别吨位税（地方让与税）、地方道路税（地方让与税）、电力开发促进税等；其中以个人所得税和法人税为主，个人所得税约占40%左右。

都道府县税主要包括都道府县民税、事业税、法定外普通税、固定资产税（特例部分）、汽车税、矿区税、狩猎牌照税、地方消费税、道府县卷烟消费税、娱乐设施利用税、餐饮消费税、法定外普通税、不动产取得税、法定外普通税、土地水利收益税、汽车取得税、汽油交易税、狩猎入场税、所得税、法人税、酒税和消费税的一部分、地方道路税的64%、消费让与税等；其中以事业税和都道府县民税为主，共占其税收总额的90%。

市町村税主要包括市町村民税、法定外普通税、固定资产税、轻型汽车税、矿产税、特别土地所有税、市町村卷烟消费税、电税、煤气税、法定外普通税、木材交易税、法定外普通税、土地水利收益税、公共设施税、国民健康保险税、城市规划税、浴池税、宅基地开发税、事业所税、所得税、法人税、酒税和消费税的一部分、地方道路税的36%、特别吨位税、消费让与税等；其中市町村民税和固定资产税是最主要的税种，约占其税收总额的95%左右。

从税收收入的分配结构来看，据统计，20世纪50年代以来，作为中央财政主要收入来源的国税占总税额的60% ~75%，而地方税仅占30% ~40%左右。因此，财源分配以中央为主的结构特征十分明显。作为地方财政收入的另一个主要部分，中央财政对地方财政实行补助，补助方式有地方交付税、地方让与税、国库支出金三种，这三部分占地方财政收入的比重达到30%左右。地方交付税和地方让与税属于规范的转移支付资金，是对地方政府履行本身职责的资金不足进行的补充；国库支出金是中央政府指定支出方向和附加支出条件的资金，它是通过地方政府来实现的中央支出。

从财政支出结构来看，与各级政府事权划分状况基本一致。中央财政支出的重点是社会保障关系费、国债费和地方财政费，这三项支出占其支出总额的一半以上，例如2004年为67.3%。而地方财政支出的重点主要是土木费、教育费、民生费，这三项支出占其支出总额的一半以上，例如2002年为52%，突出反映了地方财政以民生方面支出为主的特点。都道府县的支出重点是教育、基础设施建设和农林水利事业，这三项支出占支出总额的57.7%；市町村的支出重点是基础设施建设、义务教育及社会福利支出，三项支出占支出总额的53.6%①。这反映出，位于中间层次的都道府县和位于基层的市町村，同时担负着发展教育和基础设施建设的职能，此外，都道府县政府侧重于为地方经济发展提供服务，而市町村政府则侧重于为居民生活提供服务。

① 财务省主计局调查课编. 财政统计. 2004.

（二）财政税收制度与城市开发建设

与日本地方行政制度相对应而建立的地方财政税收制度，同样有着中央集权的突出特点。地方财政税收制度的这一基本特征深深影响着区域与城市建设、土地开发的内在机制的形成，从而成为城市规划与管理制度形成与实践的重要约束因素。

从日本地方财政税收制的基本特征来看，他们采取了与英国类似的中央严格控制地方的做法。由于中央对地方财政的严格控制，这一方面使得区域开发与基础设施建设的宏观调控能力大大提高，提升了财政资金的使用和分配效率，在经济高速增长时期，避免了严重的财政投资区域分配的不公和公共服务的不均衡现象，没有出现区域发展差距过大的问题。中央的税收中大约有一半左右向地方进行再分配，其中主要包括地方交付税、地方让与税、国库负担金等形式。地方交付税的主要作用是调节地方政府之间的财源差距，使各级地方政府能够维持大体相同的财政水平，促进地区之间平衡发展；一般来说，落后地区得到的数额高于发达地区。地方让与税的主要作用是支持地方政府的基础设施建设，保证中央将一部分税收稳定地用于道路等基础设施建设，诱导地方政府增加道路等基础设施建设投资，因此，地方让与税中大部分是限定用途，分配也是根据各地基础设施建设需要来进行。国库负担金是中央对地方政府的特定项目所分担的费用，其中40%用于分担地方政府投资性建设工程，包括道路、桥梁、港湾、河道、公园、住宅、下水道和学校等公共设施的建设，以及土地改良、造林等农业基本建设和抗灾工程建设。国库负担金起着引导地方财政投资方向的作用，通过提高或降低国库负担金比率，可鼓励或抑制某些方面的地方性建设项目。

但是从另一方面来看，中央对于财政税收的严格控制，使得地方财政明显依赖于中央财政，自身的独立性较低，从而直接影响了地方在城市开发与基础设施建设等公共投资项目的决策与实施中的自主性。由于中央掌握着主要的财政资源，所以，地方的大中型公共投资项目规划基本都需要中央主管部门审批并提供资金补助。

从地方税收制度的基本结构来看，由于从制度建设初期，就考虑到针对经济高速发展期基础设施建设中公共投资财源的需求而设立相应的税种，因此，有效地解决了经济高速增长时期区域与城市基础设施建设的财政投资问题；这主要表现为目的税制度、财政投融资制度这两个方面。由于制定了一系列针对基础设施建设服务的财政税收制度，日本战后用于基础设施建设的资金一直保持在国民生产总值（GNP）7%～8%的高水准，保证了国家用于基础设施建设的投资能够不受经济景气变化的影响，保持持续和安定。

日本为解决基础设施建设所需的公共投资财源问题，早在20世纪50年代就建立了道路特定财源制度，开始对于道路和机动车的使用者征收以道路建设为特定征税目的的“目的税”，其中具体包括了汽油税、天然气税、地方道路让与税、轻油交易税、小汽车购买税、汽车转让税。目的税除一部分上缴国库、作为国家级道路建设资金之外，其余的部分都将返还给地方政府，用于地方性道路和轻轨项目的建设投资。国家出资建设的道路投资中的大半以及地方政府出资建设的道路投资的一定部分，都是来自于道路特定财源。其后，目的税的内容从道路建设进一步拓展到电力开发税、公共设施税、城市规划税、居住用地开发税等领域，为解决地方政府兴建各类公共基础设施的资金问题，推动城市开发建设发挥了重要的作用。例如，根据1997年度的统计，东京都道路建设投资中，地方财政与城市债券资金共占38.2%，而国库支出金占12.2%，目的税地方返还部分占30%，二者合计高达42.2%。根据东京都建设局的资料，自20世纪50~80年代，公共投资（主要包括道路特定财源）一直是东京都道路建设投资中的主要财源，资金比例高达80%以上。而在由地方公营企业建设经营城市轻轨的项目中，由道路特定财源提供的基础设施补助金也要占到60%之高①。

财政投融资制度是日本城市开发与城市基础设施建设中一项重要的政策性投资制度。这项制度是为了保证政府投融资活动的顺利开展，以国家担保的邮政储蓄、国民年金、简易生命保险和回收金等为财源，以受益者负担为原则，用以实施一些政府特定项目的投融资制度。财政投融资资金一般由国家、第三部门和特殊法人等政府型企业进行投资、建设、经营和回收。投融资资金的总额因高达国家一般预算的50%左右，而被称为“国家第二预算”，其中相当部分用于住宅、生活环境设施、道路、轨道交通等基础设施的建设。例如，在公共住宅建设领域，根据1986年的数据，中央财政一般预算的公共住宅投资中，中央财政的住宅对策费为7567亿日元，地方财政普通预算的住宅对策费为13668亿日元（其中国库补助金占26.1%），而财政投融资资金总额为220155亿日元②，所占比例高达91%以上。与此同时，财政投融资资金也是公营地铁项目的重要资金来源。一般的城市公营地铁建设项目投资中，主要来源于财政投融资资金的国库补助金约占25%，此外，地方财政出资平均约占20%，地方财政补助约占28%，建设主体自有资金约占27%③。

日本地方税收制度中存在的另一个突出问题，主要表现为土地税制方面。首先，由于地价税和固定资产税等保有阶段的税收负担过低，起不到应有的调节作用。日本实施的地价税，由于其非征税范围极广、征税对象有限、免税扣除部分巨大，实际征税率极低，所以对房地产的保有影响极小。与英美等西方国家通过收取较高的固定资产保有税，形成地方政府独立而又稳定的财政收入，同时降低资产保有的有利性、遏制土地投机的做法不同，日本特有的土地税收制度的设计使得固定资产税在稳定地方财政收入与遏制土地投机这两方面都未起到显著的作用。日本固定资产税的标准税率是1.4%，按照地方居民所利用的公共设施和享受的公共服务为基础

① 满田誉. 轻轨等城市交通设施的经营状况. 轻轨（日本轻轨协会），Vol.87：26-39.
② 住田昌二等. 社会中的住宅. 东京：彰国社，1995：93.
③ 满田誉. 轻轨等城市交通设施的经营状况. 轻轨（日本轻轨协会），Vol.87：26-39.

来折算税金。1980～2003年，日本全国的固定资产税实际税率在0.11%～0.37%的幅度内波动①；而在美国等西方国家，固定资产税率一般都达到1%～2%。其次，房地产买卖收益税较重对抑制投机并不十分有效，不科学的税收优惠导致房地产低效利用。对城市农地的特殊优厚的税收优惠政策使得地价十分高昂的区域内仍存在农业用地，城市中出现大量空地和低效利用土地。土地税制的不合理导致了泡沫经济时期房地产投机活动未能得到有效的遏制和引导，使得城市土地开发的混乱和城市的无序扩张问题日益严重，城市规划难以得到有效的实施。

第四节　比较与总结

根据以上分析，美、英、日三国城市规划制度背景的特征和差异，主要体现在土地制度、产权观及其法律保护、地方行政制度、地方财政税收制度这四个方面（表2－3）。

美英日三国城市规划制度背景的特征比较　　表2－3

	美国	英国	日本
土地制度	土地私有为主	土地所有权与保有权等多种产权形式并存	土地私有为主
产权观和法律保护	个人财产权的相对保护； 公正补偿、正当法律程序和公共用途这三个条件对征用权和治安权的制约； 在征用的公共性判断上对立法权的尊重；	个人财产权的相对保护； 强调社会责任义务的共同承担与经济利益的共同分享	个人财产权的相对保护； “灭私奉公”的社会传统； 强调集体和社会公共利益
地方行政制度	高度的地方自治，中央对地方公共事务管理的干预少	相对的地方自治，中央对地方公共事务管理的干预多	有限的地方自治，中央集权体制下中央对地方的严格控制
地方财政税收制度	对等的分税制，地方税收以固定资产税为主	分税制，地方税以市政税和营业房产税为主	以税收财政的中央调控为主； 完善的中央转移支付制度

一、土地制度、产权观与宪法保护

近代以来，美国宪法的产权观经历了从早期的自然主义的绝对保护，向近代国家公共意识萌芽的发展，直到在行政国家理念下以维护公共利益为基础的相对保护，形成了具有社会经济环境的不同阶段性特点的发展历程。与之相对的是，在这一发展过程中，宪法产权观的变化对于城市规划等政策实践和制度形成发挥了基本的导向性作用。可以看出，在崇尚自由、个人主义和市场经济的美国，国家制度中的产

① 森信茂树．日本土地神话的形成和破灭．新金融，2006，6：23.

权观具有鲜明的特点；简而言之，可以说是在最大限度保护个人财产权的前提下，维护社会经济活动正常运行所必需的、基本的公共利益。尤其在城市规划制度形成和实践的初期，对于城市规划合法性的争议，实质上就是围绕着保护私人产权与维护公共利益之间建立怎样的平衡关系这一问题而展开的，而这二者之间的平衡，不仅取决于在国家制度等理论层面合理的逻辑结构与有利于经济、社会发展的方向选择，而且还取决于能够为社会各个利益集团所广泛接受的理念共识和价值观。

从制度发展的结果来看，美国宪法产权观反映到城市规划制度与管理实践中，就出现了在保护个人产权与维护公共利益兼顾的同时，更注重于保护个人产权的倾向。这一特征鲜明地表现在以区划为核心的美国城市规划制度之中，其实质是对于私有财产，尤其是中产阶级私有财产的保护。可以说，正是区划体系，将宪法中抽象的保护私有财产的理念，通过限制私有土地使用的形式进一步具体地落实下来。20世纪20年代以来，区划之所以在美国各地得以广泛推广的主要原因，不仅在于当时住房制度改革、城市美运动的推动等，使得对社会性、公共利益的认识得到全社会的认可，更为重要的是，区划通过排他性的土地利用限制，发挥了维持和提高住宅与土地等私有财产价值的作用，因而得到了广泛的支持和推崇①。

与美国相比，英国和日本现代产权观和法律制度的形成，更多地受到了土地所有的社会关系、社会传统等历史因素的影响。在英国，由于长久以来的多种土地产权形式的存在，使得进入近代之后英国并未建立起以绝对的土地私有为中心的土地制度，而是形成了各种产权形式共存的平等多样化的产权体系。另一方面，从历史早期就已建立的经济、社会生活中的公共意识及其社会传统，更使得英国在近代之后的法律制度建设中，不仅强调私人产权保护，避免公权侵犯私权，同时也强调了社会责任义务的共同承担与经济利益的共同分享。建立在这样的产权观和特有的土地制度基础之上，英国近代城市规划制度形成的初期开始，就成为限制土地开发权的重要制度工具，突出体现了把土地利用放在社会义务的轨道之上的基本制度理念和核心价值取向。

而在日本，现代产权观和法律制度的形成过程中，则表现出历史传统和西方文明观念的嫁接而导致的混合与矛盾的特征。一方面，社会传统中固有的灭私奉公的观念使得国家权力对经济、社会活动的强力干预，在现代国家建设中仍然得以延续，另一方面，在从封建社会向近代国家体制的转型过程中，西方民主制度和基本理念的引进，使得“土地所有权神圣不可侵犯”的原则成为强势政府主导的社会中赖以自我保护的主要屏障。因此，在公权至上和土地所有权不可侵犯的双重逻辑下，就衍生出日本特有的现代产权观和法律保护的制度框架，即在公权至上的前提下土地所有权神圣不可侵犯，或者说，在不违反国家基本法律制度和政策的前提下，个人拥有最大限度的土地开发的自由。以此为原则，在特有的社会环境和经济、社会发

① Barry Cullingworth. Planning in the USA：Policies，Issues and Processes. London：Routledge，1997：88.

展的现实需求背景下，日本形成了具有双重结构的独特的桂花管理制度体系，其主要特征表现为城市规划核心法律体系的完善和地方层面规划体系的缺失，重视国家主导型项目的规划与实施的同时，城市开发市场机制发育滞后，相应的开发控制严重缺失（详见第四、五章）。

城市规划管理作为社会治理的重要手段和工具，具有制度和政策的双重意义。作为制度性工具，城市规划管理的意义在于明确界定各类土地所有权和开发权等方面公权和私权的界限与范围；作为政策性工具，城市规划管理的意义在于为实现各种经济、社会发展的政策目标，创造良好的物质环境条件，提供具体而现实的途径。现代城市规划制度形成的初期也正是近代西方国家政治、经济、社会体制和制度的重要转型时期，现代国家制度建设的核心内容即是建立在对公权与私权关系的明确界定基础之上的。个人权利和公共利益的基本关系的界定在经济、社会活动中的具体反映和实现，就是以土地开发活动及其相关的政府管制活动为中心而展开的。因此，城市规划管理制度的基本出发点和核心内容，就是来自于作为现代国家制度建设基础的社会主流的产权观。

从美、英、日三国的发展历史和经验来看，在不同的历史和社会环境中所形成的产权观有着明显的差异，这种差异不仅体现在对于个人权利和公共利益孰轻孰重及其范围界限的判断选择上，体现在基于社会的基本价值取向而形成的法律制度和管理体制上，更体现在法律制度的具体实践和管理运行之中。在稳定发展的社会中，不同发展阶段的规划管理实际需求和政策导向都会发生各种变化，但作为代表社会基本价值取向的产权观，在很长时期内只会发生量的调整而不会发生质的变化；这对于维持制度的稳定持续发展和社会成熟，具有重要的意义。在这一意义上，城市规划管理制度及其实践中，能否真实而又具体地体现为社会所广泛接受的产权观和价值取向，能否代表最广大人民群众的根本利益，也就成为决定了城市规划管理作为一种制度性和政策性工具能否有效发挥作用的基本条件。

二、地方行财政制度

在美国，由于独特的发展历史对社会理念的影响，对个体自由的崇尚和对政治强权的抵制，使得社会和公众舆论对经济、社会活动中政府干预行为的接受度较低，因此，美国的地方制度中突出的特征就是高度的地方自治。地方行政制度和财政税收制度的主要特征都反映出对于个体自由和对地方事务自主权的尊重。在地方自治的制度框架下，以州为单位的地方政府拥有独立的立法、行政和司法的权力，在城市规划管理中各地方的法律制度和管理方式、标准也根据地方各自的条件而决定，联邦政府对城市规划管理的指导和干预十分有限和间接。在地方财政制度方面，地方税以固定资产税为主要税源，由于城市规划管理极大地影响着固定资产价值，因此成为城市政府保证财政收入的重要工具之一。但是，从实践效果来看，对于个人权利的过度保护和个体自由的过度尊重，在制度的运行中实际演化成为对有产者利益的保护，从而导致了贫富差距的加大和城市社会空间隔离问题的恶化。从这一角度来看，作为现代城市规划核心内容的区划制（Zoning）之所以从20世纪20年代开始能在美国各地得以广泛推广，其本质的意义在于区划制在维持和提高住宅与土地等私有财产价值方面的重要作用，这使得区划制实际上成为私有财产，尤其是中产阶级私有财产保护的重要工具。完全的地方自治使得城市治理过于强调地方性，具有过多的现实性和实用性的意味。它给城市规划带来的重要影响，不仅在于城市规划过于富有地方色彩，而且由于地方治理的分裂而使得城市政策的区域性协调和宏观调控难以进行，城市规划应有的协调土地开发、引导城市发展方向与远期目标的功能难以实现。从这一角度来看，美国地方政府在城市规划管理中的职能发挥，在较大程度上受到自身社会环境条件的制约和影响。

英国作为地方自治的起源国家，地方自治的传统根植于其多元化的社会结构和人文环境之中。虽然地方政府在对地方事务的治理中拥有较多的裁量权，有权根据地方的特点和条件进行独立的决策和管理，但在尊重权威和保守传统的社会环境下，中央政府保持了对地方政府的强力干预和控制。自从传统的以固定资产为征收标准的地方税改革为以家庭人数和住宅资产价值为综合标准的地方税之后，地方政府的权限受到了进一步的限制，世界上历史最悠久的地方自治制度发生着深刻的变化。与崇尚个人自由的美国不同，作为英国社会的传统之一，在重视公共权利的观念基础上，社会对于政府干预市场行为和社会事务的接受度较高，这一因素对战后英国福利型资本主义国家政策的形成和城市规划管理制度的建立，具有极为重要的意义；这一意义尤其体现在政府通过城市规划管理制度的建立而对个人财产权进行的高度控制，以及在长期的经济衰退时期政府通过规划管理制度的调整而对城市开发的大规模的直接干预等方面（详见第五章）。英国较为成熟的地方自治制度的特征，还体现在议会与行政的密切合作关系，议员直接参与到实际的规划管理之中，这使得规划权力在地方层面进一步分散，形成了地方精英权力制衡的治理格局。

作为世界经济最发达的国家之一，亚洲的日本具有与美国和英国极为不同的政治制度、社会环境和人文历史条件。在独特的人文社会环境中，日本具有以中央集权和行政官僚主导为突出特征的制度背景环境。虽然在战后的现代国家制度建设中，较多地受到来自美国的各种影响，如地方自治制度、议会制度、选举制度等，但在实践过程中最初的制度设计最终演变为日本特定环境条件下的特殊产物，即一种不完全的、有限的地方自治。在地方自治制度之下，由于中央政府的强力干预和严格控制，地方政府拥有的行财政和立法的权限极为有限，作为立法机构的议会也没有在地方治理中发挥其应有的作用。在有限的地方自治制度基础上，中央集权的规划管理体制和政府主导型开发机制，在效率层面上很好地满足了20世纪50~70年代经济、社会快速发展的实际需要，而成为日本模式的突出特征。地方政府相对于中央政府的“弱势地位”，在很大程度上是由于薄弱的社会力量和并不成熟的市民社会，虽然在日本的人文历史环境中，社会对政府干预社会事务和市场行为的接受度较高，但这只是使得在强势政府主导下市民社会的发育更加延缓。可以看到，随着经济、社会发展的多元化和复杂化，中央集权和行政主导的体制模式已经难以适应发展的实际需要，而暴露出诸多的问题（详见第五章）。

从美、英、日三国的发展历程和经验来看，地方行财政制度决定了中央与地方政府关系的基本特征，尤其对地方政府在立法、行政、税收等方面的自主性和独立性有着直接的影响。因此，分析地方行财政制度的发展和演变，使得我们更深入地理解了这三个国家城市规划管理的体制和制度环境、现实条件和发展趋势。总的来看，不同国家地方行财政制度的各种差异，直接反映了不同的地方自治的制度模式。尤其从美国和日本这两个国家的经验来看，过度强调地方的自主独立和个体自由，或过度强调自上而下的严格控制，都可能导致规划管理制度在政策导向性和现实性之间的失衡。而相对来说，英国的地方自治模式则较好地解决了中央政府的宏观调控和地方政府的独立自主之间的平衡问题；但是，具体来看，英国地方自治模式的形成，在很大程度上并不是仅仅来自于自上而下的主动让权，而是有赖于国家与社会之间有效互动过程中地方公共事务管理的历史经验积累和市民社会的成熟发展。从这一点来看，建立在基础层面的社会治理能力的提高和市民社会的发展，作为形成政府与社会有效互动和相互制衡的基础条件，有助于形成平衡的中央与地方政府关系，并在此基础之上建立适应社会发展需要的规划管理制度，有效地发挥规划管理的政策协调和宏观调控的作用。

第三章

城市规划法律体系的国际比较

第一节　规划法律体系的结构与内容

一、美国

（一）国家层面的规划法

作为联邦国家的美国，从建国开始，各个州就拥有独立的司法、行政和立法三权，城市规划作为地方的内部行政，是州政府的固有权限之一，一般都是由各地方自治体来执行完成的。具体到每个州的内部，一般是由州政府将城市规划的权限委托给了州内的、更小规模的各地方自治体。其具体形式是，由州议会制定“授权法”（Enabling Act），愿意自己制定城市规划的地方自治体接受授权，制定自己的条例。也就是说，美国的城市规划是根据地方自治体的自愿而执行的一项地方事务，地方自治体在决定是否制定和实施城市规划方面具有极大的裁量权和影响力。因此，不仅是在州与州之间，就是在同一个州的不同的市，城市规划法律法规也有较大的区别。

从纵向和横向两个角度来分析美国城市规划管理法律体系的话，那么在纵向上，它是由联邦宪法—州法律—总体规划—区划这样四个层面的法律所构成，在横向上则是由规划法规与住房、建筑、环境等其他相关法规组成的。有关城市层面的规划法规将在第四章重点叙述，这一章节将重点分析联邦和州层面的规划法规。

联邦层面上没有与土地利用规划、城市规划直接相关的法律，但宪法中的一些有关财产权、社会公平等的基本原则，是城市规划法律体系的基本原则和出发点，也是城市规划相关司法裁决的重要依据。其中就包括了前文所述的宪法第五修正案和第十四修正案中的内容。20 世纪 20 年代联邦政府商务部制定了《标准区划授权法》（Standard State Zoning Enabling Act，1920）和《标准城市规划授权法》（Standard City Planning Enabling Act，1926）。虽然这两部法律都是范式法，而不是正式的法律，但这两个法案为各州授予地方政府规划的权力，提供了可参考的立法模式。这两部法案肯定了区划和总体规划的合法地位，并在全国范围内加以鼓励和提倡。其后大部分州也大多采取了这一模式。

在 1920 年的《标准区划授权法》中主要包括了：①权力的授予；②分区；③规划目的；④编制程序与方法；⑤规划的修改；⑥区划委员会；⑦调解委员会；

⑧区划的事实与执行；⑨与相关法的衔接等九个章节（详见附录A）。根据该法案，各州可以授权各级地方政府制定区划，控制建筑的高度、总面积、体量、位置、用途等。最主要的特征是地方政府可将其管辖区内的土地按用途分区；不同类的区规定不同的开发控制标准，而在同一类地区则采用完全相同的控制标准。关于区划制定的目的，该法案在第三条中提出，“缓解交通拥挤，预防火灾、拥挤与其他危险并保证安全，改善健康卫生及普遍社会福利水平，保证合理的通风采光条件，避免土地的密集开发和人口的过度集中，满足交通、供排水、公园、学校等公共服务需求等六大方面需要考虑的问题”。与此同时，该法案还着重强调了，区划的制定应根据各分区的不同特点合理考虑和规划与之相适应的土地用途，进而达到在市域范围内“保护房屋价值、推动土地合理开发”的最终目标①。

在这之后的1926年颁布的《标准城市规划授权法》中，主要包括了城市规划与规划委员会、细分控制、沿街建筑、区域规划与区域规划委员会、附则等五个章节。在第一条城市规划与规划委员会中，包括了以下九个条款：对城市政府的授权、委员会的人事、组织与规则、委员与财政、主要权力与责任、规划目的、委员会的程序、规划的法律地位、其他权力与责任（详见附录B）。该法案首先对于城市规划的编制目的与基本内容要求进行了详细的描述。法案中提出，“城市规划的目的应是，引导并综合协调各类开发活动使之适应城市当前和未来的发展需要，以促进城市健康、卫生、社会秩序、繁荣、生活便利等社会福祉的发展以及经济活动中效率和效益的提高”②。这一点与区划的目的有着明显的不同。对于城市规划的内容，法案提出“应同时考虑到城市交通、防灾与安全、通风采光、人口合理布局、城市设计美观、公共财政的合理有效使用、公共设施建设以及其他公共服务需求”。

与此同时，该法案还详细规定了规划委员会作为编制和决策机构的各种权力、责任与义务，尤其对于规划委员会的人事任命、运行规则以及规划编制、调整的审核程序等作出了详细具体的规定。从陈述的详尽程度来看，对于城市规划编制与审议的程序以及组织权力运行规则方面的规定，远远超出对于城市规划本身的内容要求等方面的内容。从篇幅长度来看，前者的内容在法案全部文字内容中的比例达到约2/3。由此也可以看出，美国城市规划相关法律法规对于城市规划编制、审议的程序性规定的重视程度，远远高于对规划内容本身的重视。

但是，该法案也遗留了一些主要问题有待解决。首先，对于城市规划的法律地位并未提出明确的模式。在规划的法律地位这一条款中，仅仅提出对涉及公共设施、公共建筑等的公共投资项目，规划委员会有权依据已通过的城市规划，在获得全体委员2/3以上赞成票的前提条件下可以推翻议会的决定。而且，法案未能对总体规划与区划的关系作出明确的界定，这也是导致总体规划法律地位不清晰的

---

① Department of Commerce. A Standard State Zoning Enabling Act. 1920：6－7.

② Department of Commerce. A Standard City Planning Enabling Act. 1926：16－17.

重要原因之一。

此外，联邦政府还曾在不同时期颁布实施了一些法案以推动城市开发和建设，例如1949年的《住房法》（The Housing Act，1949）、1957年的《住房法》（The Housing Act，1957）、1969年的《国家环境政策法》（National Environment Policy Act，简称NEPA）、1974年的《住房与社区建设法》（The Housing and Community Development Act，1974）等。这些联邦法案的特点在于运用联邦基金补助和法规控制相结合的方法，调动地方政府的积极性，以实现宏观的政策意图，因此，这些联邦法案都在不同程度上对当时的城市规划政策起到了明显的影响。

例如，1949年的《住房法》要求州和地方政府在申请联邦政府的城市再开发基金时，必须有总体规划作参考。1957年的《住房法》对申请联邦的都市复兴基金（Urban Renewal）也提出了类似的附加条件。在争取联邦住房基金的利益驱使下，各地方城市掀起了制定总体规划的浪潮，因此，这两部法律的颁布实施实际上在一定程度上提高了各地方政府对总体规划编制工作的重视程度，推动了各地城市总体规划的编制和实施。

此外，1969年的《国家环境政策法》对于各州和各地的城市规划工作产生了极为重要的影响。该法案把环境规划（Environmental Planning）的概念引入到传统的规划活动中。一方面，法案要求各州政府根据《国家环境政策法》制定自己的环境控制法案，为此设立了鼓励环境研究和环境立法的联邦基金；另一方面，法案对于联邦政府在政策与项目决策中的环境影响评估等工作以及相关的信息公开、决策程序等进行了详细具体的规定。根据该法律规定，凡是申请联邦基金资助的建设项目，必须首先完成环境影响评估，提交“环境影响报告”（Environmental Impact Statement，简称EIS）。对于项目可能造成以及潜在的环境影响、能够采取的措施等信息，必须按照相关规定，向全社会公开；在项目方案讨论时期，有关政府部门必须发出公开通知，召集各相关政府部门、准政府机构、社会团体、公众代表，对项目进行协商讨论。经过充分全面的协商讨论之后，政府部门根据各方意见，作出否决或批准的决议。该法案通过环境影响评估制度的建立，极大地提高了政府决策程序的公开性和透明性，推动了公共决策中的公众参与，对于地方层面的城市规划编制和实施产生了重要的影响（相关内容参见第四章）。

（二）州层面的规划法规

与城市规划、土地利用规划相关的州法，首先包括被称之为授权法的法律，其目的就是将区划和城市规划的权限授权于各级地方政府，因此授权法中主要是对于城市规划及其管理程序方面的内容进行规定，而城市规划的具体内容等细节则是由各地方政府自主决定的。

从法律体系的结构特征来看，规划条例（Planning Code）、区划条例（Zoning Code）、住宅细分条例（Subdivision Code）、建筑条例（Building Code）和住宅条例

(Housing Code) 是美国地方层面城市规划法律体系的主要内容 (表 3－1)。规划条例、区划条例和住宅细分条例作为政策性的基本法，形成了不同于建筑条例、住宅条例的两个独立的法律体系。

美国各州总体规划的政策概况　　表 3－1

州	简要说明	主要特点
夏威夷	作为地方法律，夏威夷州总体规划要求州政府机构按照该法律规定的政策目的、要求对土地利用进行限制和引导 (Conform)	地方法律
佛蒙特	第200法规定了适用于全州的12条强制性的规划要求	
佛罗里达	作为地方立法的州总体规划，在24个领域内规定了州发展目标和实施方案，总体规划为州政府审查区域性战略规划提供了明确的标准	全州范围的总体规划
佐治亚	发展战略法要求约700个地方政府按照规定的最低要求完成地方规划，地方规划应能反映州总体规划的目标、政策和要求	自上而下的规划体系
俄勒冈	土地保护和发展委员会 (LCDC) 批准了19项州规划方案，经过复杂的公示和听证程序，且要求地方规划必须遵守	方案与项目均由LCDC监督
新泽西	新泽西州开发与再开发规划 (SDRP) 在13个项目领域明确了州的政策目标和方案，县与市政府也参与了政策制定过程中的协议协商	全州划分为7个层次，各地区划分为发展、开发和再开发三类
华盛顿	成长管理法要求发展较快的县要按照13条标准要求，完成地方的总体规划	规划要求包含在成长管理法中
马里兰	1992年的规划法要求所有地方政府的总体规划体现精明增长的政策要求	规划要求被定义为州政策和发展战略

出处：David Callies. The Quiet Revolution Revisited：A Quarter Century of Progress. in Modernizing State SM Planning Statutes：The Growing Smart Working Papers，Vol. 1，Planning Advisory Service Report No. 462/463 (Chicago：APA，March 1995)，19－26.

州层面的规划条例的主要内容就是总体规划 (Master Plan，或称 General Plan，Comprehensive Plan)。州总体规划的内容主要是未来发展和土地利用的方针、政策导向和公共投资发展战略等，而具体的土地利用的形式、强度等的规定则是区划的内容。州总体规划的编制情况在各州有较大差异，有的州仅制定了政策性较强的总体规划，而有的州则制定了在土地利用方面更有针对性的土地利用总体规划 (Land Development Plan)。具体来看，有一些州，在全州范围或以州与地方政府的中间区域为对象制定了区域性的总体规划；也有一些州，如马里兰，是提出一套规划目标和远景，指导州下属机构和地方政府的规划政策；有的是把规划发展目标作为本州的法令通过，强制要求地方政府在各自的总体规划中贯彻体现，如夏威夷；有的是通过复杂的公众参与和听证程序，由专门的委员会出台一套州规划目标，要求各区域和地方规划予以贯彻体现，如俄勒冈；有的是州政府要求各地方政府首先制定发展规划，然后总结和综合所有的地方规划，形成全州的总体规划，如佐治亚。

一般来说，各州的总体规划都是根据自己的具体问题，在不同时期，各有侧重地制定一系列的目标和政策。制定州总体规划主要需要考虑人口总量及其分布，自然资源（包括水、空气、景观走廊、野生动物、海岸、矿藏、森林、湿地等），地理生态特征，农业，土地利用，防灾减灾，经济发展，住房的总量、类型、分布、经济性及其与就业的空间联系，能源消费，交通与文化休闲等设施的分布及其容量，政府机构与政府间关系，各类教育设施，文化、历史、景观、建筑等方面的主要特点等问题。总体规划中比较常见的内容包括：农业发展、城市化、空气与水的质量、自然资源、自然灾害、历史文化景观资源、经济发展、住房、教育、休闲和文化发展、公共安全、交通、社会服务、政府机构、公众参与等①。据统计，在美国50个州中，大约只有1/4的州真正制定了全州的用地规划和政策②。

住宅细分条例是对住宅类土地利用的开发进行控制的法律，该法律中要求地方政府为了切实保证住宅开发中用地分割有序、合理，避免过高或过疏的住宅开发，必须建立相关的规定，同时将控制用地分割的权限授予了地方政府。在美国，进行住宅开发，尤其是将土地划分为两个地块以上进行开发的情况下，必须取得地方政府的许可才能进行，因此，住宅细分条例和总体规划、区划这三种法律，在土地利用和规划管理中起着非常重要的作用。

建筑条例主要是从结构、防灾等安全性的角度出发，对建筑物个体的结构、材料等进行限制、规定的法律。相对于政策性较强的规划条例和区划条例，建筑条例的内容基本是属于技术性的法律，适用对象主要是单体建筑。住宅条例是从住宅的安全性、卫生性的角度出发，对住宅单体的设备、房间数、平均居住人数等硬件和软件条件进行规定的法律。

从横向关联来看，州层面的城市规划相关法律还涉及环境、建筑、住宅、历史城市和街区保护、农业用地开发等领域，各州的具体情况又各有不同（表3－2）。以加利福尼亚州为例来看的话，主要有《环境保护法》、《社区再开发法》、《土地保护法》、《健康和安全法》、《公共资源法》等多种相关地方法律。在城市再开发方面，《社区再开发法》（The Community Redevelopment Law）为推动衰退地区的再开发，赋予了市以及县政府以较多的权限，其中包括征用权（eminent domain）。除此之外，还有对于公共部门审议、决定程序进行规定的《公开会议条例》，为保护农业用地、减免农业用地税收的《土地保护法》，《许可促进法》（the Permit Streaming Act）等。从相关法律涉及的范围和领域来看，住房、社区建设、环境保护和成长管理等领域的法律对城市规划的编制和实施，具有较为突出的影响。

① APA. Growing Smart Legislative Guidebook. 2002：103.

② So. Frank S.，Judith Getzels. The Practice of Local Government Planning. Washington D. C.：International City Management Association，1988：68.

城市规划相关法律　　　　**表3-2**

类别	联邦	加利福尼亚州	旧金山市
基本法	美国宪法（U. S. Constitution）	州法（Constitution）	旧金山市城市宪章（San Francisco Charter）
总体规划（Master Planning）	标准规划授权法（Standard Planning Enabling Act，SPEA）	规划与区划法（The Planning and zoning Law）	规划条例（Planning Code）
区划（Zoning）	标准区划授权法（Standard Zoning Enabling Act，SZEA）	规划与区划法（The Planning and Zoning Law）	规划条例（Planning Code）
住宅细分控制（Subdivision Control）	标准规划收取法（Standard Planning Enabling Act，SPEA）	住宅细分法（The Subdivision Map Act）	住宅细分条例（Subdivision Code）
再开发、住宅（Redevelopment，Housing）	住房与社区建设法（Housing and Community Development Act）	社区再开发法（The Community Redevelopment Law）	住房法（Housing Act）
建筑（Building）		健康与安全法（Health & Safety Code）	建筑条例（Building Code）；住宅条例（Housing Code）
环境保护（Environment）	国家环境政策法（The National Environmental Policy Act）；联邦水污染控制法（The Federal Water Pollution Control Act）；沿岸地区管理法（The Coastal Zone Management Act）	加利福尼亚环境质量法（The California Environment Quality Act）；沿岸法（The Coastal Act）	规划条例（Planning Code）；公园条例（Park Code）
农业用地（Farmland）	农地保护政策法（Farmland Protection Policy Act）	土地保护法（The Land Conservation Act）	
历史建筑与街区的保护（Historical Building）	国家历史保护法（The National Historic Preservation Act）	公共资源条例（Public Resource Code）	规划条例（Planning Code）

在环境保护方面，目前美国已经有15个州在1969年的《国家环境政策法》的基础上制定了州一级的环境保护法规。其中加利福尼亚是最早制定州层面的环境保护法律的州，主要有《加利福尼亚环境质量法》（The California Environment Quality Act）和《沿岸法》（The Coastal Act）。《加利福尼亚环境质量法》规定，对于地方政府在自由裁量下拥有许可权的公共和民间开发项目，地方政府有义务完成项目的环境影响评价，总体规划也同样成为环境影响评估的对象之一；相关审查程序必须要在进入区划等土地利用审查手续之前完成。此外，对规划编制和土地开发过程中信息公开的内容和公众获得信息的途径等，该法也进行了详细的规定，因此而被称为“信息完全公开法案”。该法还对开发项目规划审查的必须程序进行了具体的规定，在规划部门作出最终决定之前，需要允许市民或社会团体对开发项目造成的环

境影响公开发表意见，并对可能采取的治理措施和解决方案与规划行政部门进行公开的协商和讨论。因此，《加利福尼亚环境保护法》的颁布实施，不仅积极推动了该州的环境保护，减少土地开发造成的环境破坏和影响，而且通过促进公众参与、政府行政的公开透明，推动城市发展导向的调整等，对于地方层面的规划政策导向及其决策程序、项目审查程序等产生了重要的影响。

加利福尼亚的《沿岸法》是1972年由居民投票表决通过的法律。该法律对沿岸地区的开发规划设定了特殊的条件要求，并成立了跨行政区域的沿岸委员会（Coastal Commission），作为州一级的机构对沿岸地区的开发进行严格的监管。

从20世纪80年代开始，随着对城市快速增长而带来的土地、环境、公共服务等问题的社会关注度日益提高，各州陆续出台了一些成长管理（Growth Management）与精明增长（Smart Growth）法案，其意图在于通过州层面的协调和加强管制，对区域范围内的土地与住宅开发、人口布局、公共设施建设等方面的城市发展进行宏观的引导和调控。例如，马里兰州于1997年出台的一项精明增长法案，将所有州政府投资项目限定在一些优先发展地区，主要包括了154个市、31个开发区与其他一些地方政府的指定地区，这些地区必须符合州政府在开发密度最低标准、给水排水设施的良好布局等方面的要求。法案并不禁止城市政府和私人在优先发展地区以外进行投资，但州政府将不对这些地区的基础设施建设进行投资①。马里兰州的精明增长法案希望通过严格控制州政府投资项目的投资方向，进而引导区域范围内的土地开发和城市发展，降低农业用地的快速城市化速度。此外，如华盛顿州、俄勒冈州等的《成长管理法》（Growth Management Act）也都从加强土地开发和城市增长的宏观调控与引导的角度出发，根据本地方发展面临的主要问题和自身条件，制定了各具特色的土地开发管制内容和要求。各地成长管理与精明增长法案的颁布与实施，反映了20世纪70年代以来土地利用规制和城市发展政策导向的变化，同时也在内容、编制程序、实施手段等方面对于城市规划的编制和实施产生了重大影响（详见第六章）。

（三）城市层面的规划法规

在美国，城市层面的规划法规主要包括城市宪章（City Charter）中的相关部分、城市总体规划、区划、住宅细分条例等内容。作为城市的基本法，“城市宪章”中对于城市规划行政与立法部门的权力、职责范围、运行方式、规划的编制与决策程序、规划许可的审查与申诉程序等制度性内容进行了详细的规定，其作用类似于我国城市层面的“城市规划管理条例”。另一方面，区划、住宅细分、城市公图等，作为城市规划的技术性法律文件，对于城市土地利用、道路、公共设施等土地开发

---

① Douglas Porter. Maryland's Smart Growth Program: An Evaluation of Recommendations. PAS Memo (American Planning Association, August 1999): 1-4.

的控制标准和要求等技术性内容进行了具体的规定。

与美国其他城市相比，《纽约城市宪章》中关于城市规划的规定是最为详尽完善的地方法律之一，具有一定的代表性。以此为例，我们可以了解美国城市层面规划管理基本法规的主要内容和特点。在《纽约城市宪章》第 8 章城市规划（Chapter 8 City Planning）第 191 ~ 203 条中，对于有关城市规划的城市立法、行政、执行等方面的内容进行了详细的规定。其内容主要包括以下方面①：

第 191 条　城市规划局与局长（Department and Director of City Planning）：内容包括了对于城市规划部门与局长的权限和职责的规定；

第 192 条　城市规划委员会（City Planning Commission）：包括对于城市规划委员会的组织构成、人员任命与任期、职责与权限等的规定；

第 193 条　规划委员会委员的免职（Removal of Commission Members）：包括了对于规划委员会委员免职的理由和程序等的规定和要求；

第 194 条　办公场所（Acquisitions of Office Space）：包括了对于规划局办公场所的审核程序等的规定；

第 195 条　相关的委员会和自治区主席（Affected Boards and Borough Presidents）：包括了对于规划和开发范围与社区的关系的界定；

第 196 - a 条　规划方案（Plans）：包括了规划方案编制审议的基本程序，规划局、规划委员会、议会、社区委员会、自治区主席、市长等各相关主体的职责内涵和范围等的规定；

第 196 - b 条　规划与方案的公示（Notification of Plans and Proposals）：包括了对于规划公示的内容、范围、方式和程序等的规定；

第 196 - c 条　土地开发统一审查程序（Uniform Land Use Review Procedure, ULURP）：包括了对审查程序的适用对象、需要提交的材料、审查程序的阶段性内容和时限要求、规划局、社区委员会、自治区主席、规划委员会等相关主体的职责、审查的基本要求、申请人的权利、公众参与途径等的规定；

第 196 - d 条　议会审查（Council Review）：包括了对议会审查的对象范围、规划委员会需提交的材料和时限、审议程序与权限、公众参与途径、市长的审议程序与权限等的规定；

第 197 条　城市公图（City Map）：包括了对公图的管理主体、职责、内容和要求等的规定；

第 198 条　公图中的项目与修改（Projects and Changes in City Map）：包括了对公图修改的原则要求等；

第 199 条　区划（Zoning Resolutions）：包括了对于区划决定的程序、时限、规划委员会与议会的权限与职责等的规定；

---

① City of New York. New York City Charter（As Amended through July 2004）：231.

第 200 条　区划变更和特别许可的申请（Applications for Zoning Changes）：包括了对于区划变更程序中规划委员会的职责范围、权限等的规定；

第 201 条　土地的绘制和道路、公共场所的确定（Platting of Land and Dedication of Streets and Public Places）：包括了对于公图中土地绘制的基本原则等的规定；

第 202 条　公共设施选址要求（Criteria for Location of City Facilities）：包括了对于需要制定选址要求标准的范围，标准制定的目的、原则和程序，市长与规划委员会的权限和职责等的规定；

第 203 条　公共设施需求报告（Citywide Statement of Needs）：包括了对于报告的内容要求、编制原则、编制程序、时限，市长、规划委员会、社区委员会、自治区主席等的权限与职责、公示程序等。

从《纽约城市宪章》中有关城市规划部分的内容中可以看出，美国城市层面规划基本法规的制定具有以下三大特点：

（1）注重对于城市规划的各种程序性的规定。在《纽约城市宪章》的第八章中，约有 2/3 的内容都是关于城市规划编制、审议、执行、修改等的程序性规定。规划管理的程序性规定主要集中在规划管理的主体、内容和范围、时限、流程、目标和基本原则方面。例如，第 196 条的 a、b、c、d 四项细则就对城市规划的编制、公示、审议和开发许可中规划审查四个阶段的各种程序性要求和细节进行了极为详尽的规定。

（2）注重对各相关机构、部门在具体管理事务和管理流程中的职责和权限范围，进行明确清晰的划分。根据《纽约城市宪章》的规定，议会、市长、规划局、规划委员会、社区委员会、自治区主席等作为各级行政和立法机构的核心机构，在规划管理的各项活动中具有各不相同的职责和权限，这些职责和权限有时相互交叉，有时又相互制约。《纽约城市宪章》在规划管理的程序性规定中，在明确规定各类机构的职责和权限范围的同时，进一步强调了各类管理主体在管理流程中的相互制约关系，例如关于规划委员会和议会的关系，在第 196、199、200、202、203 条中，都作了明确的规定；尤其在规划决策和项目审查中，明确规定了规划委员会决定的哪类事项须再次经议会审查；在何种情况下、经过何种程序，议会或市长或社区委员会可以推翻规划委员会的决议。如此详尽的程序性规定，有助于明确管理主体的职责，提高规划管理的效率，形成分工明确而又相互制约的管理体制，也使得规划管理流程的有序运行有了基本的制度保障。

（3）城市法规还十分注重建立公众参与的制度性保障。在《纽约城市宪章》中，对于规划管理各个程序有关信息公开、规划和方案公示、决策和管理程序的参与、申诉权等内容，从程序的内容、时限、方式、途径等方面进行了详细的规定；而且除第 8 章之外，《纽约城市宪章》的第 47 章会议和信息的获得渠道（Public Access to Meetings and Information），对于信息公开的内容、范围和获得渠道，也进行了更为具体详细的规定。以上的法规内容，为公众获得充分的参与机会和完整的政府信息，建立深入参与的渠道，提供了较为完善的法律保障和制度保障。

（四）规划的法律地位和效力

在美国，不同的州和市以及不同类型的城市规划所具有的法律效力和地位有着较大的差异。一般来看，除了区划、住宅细分规划大多是具有明确法律效力的城市规划之外，在不同的州和市，是否制定各类城市规划以及这些规划的法律效力，也具有较大的差异。有的是作为州法而具有强制性法律效力，而有的则是作为政策性文件，未通过立法程序，不具有法律效力。一些州级规划法规和文件具有制定政策的载体的作用，另一些规划则是描绘州未来发展的图景，例如州经济发展规划，远程通信发展规划等。也有一些州的规划具有法律作用，对州、区域、地方城市的规划法规有指导作用。例如，地方城市在编制本市住房建设发展规划时，必须在州级住房规划的指导下，提供不同的战略途经。

根据各自的法律效力，美国各地城市规划的立法模式可以分为四种类型，即咨询建议性质的规划、行为激励性质的规划、法律授权的规划和州—区域—地方一体化的政府法律①（表3－3）。

（1）作为咨询建议性质的规划，不具有法律效力，制定规划的目的是为提供政策性的建议，指出宏观政策的导向；由于没有公共财政投资以保证规划的实施，因此，规划内容是否具有充分的合理性，成为影响规划是否能被地方政府接受并得以有效实施的重要因素。

（2）行为激励性质的规划是作为“行动”的指导，制定规划的目的是实施，这类规划往往具有一定的法律作用；但为了保证规划的实施，一般需要建立一定的激励机制，授予地方政府一些特定的权力，以推动地方政府实施有关的规划内容。在采取这一立法模式的情况下，要求地方政府必须已经具备区划和住宅细分方面的基本权力，而且在已完成地方总体规划的前提下，才能给予如开发影响费的立法等的激励条件。

（3）法律授权的规划是地方政府城市规划的立法化。地方政府只有在制定完成了符合法律要求和标准的地方总体规划的前提下，才能拥有城市规划的法定规制权。这类规划需要进行及时的更新，以反映地方发展条件和需要的变化。这种类型的规划还需要与相关规划保持一致性（Internally Consistent）。例如，规划中关于给水排水设施建设需求等的规划内容，需要建立在各种不同土地利用方案及其相应的人口规模预算的基础之上。

（4）州—区域—地方一体化的规划立法具有最广泛的横向与纵向的立法协调和法律一致性。纵向一致性是指区域、地方的规划法案要与州规划法案之间保持统一，横向一致性是指地方规划法案需要考虑不要与相邻城市的规划发生冲突。这一立法

① APA. Smart Growth Legislative Guidebook. 2003：189.

模式是要求各政府机构之间采取相互尊重的态度（Statesmanlike Attitude），这将有利于政策立法以及实施的协调。

美国城市规划的主要立法模式 **表 3-3**

模式	说明	可能产生的问题
咨询建议性质的规划	内容必须是合理的且能够实施的	没有公共财政投资保证规划的实施
行为激励性质的规划	具有一定的法律作用，需要补充授权以便实施	规划的质量不均一、不平衡
法律授权的规划	对地方政策制定和公共财政投资具有明确的导向和依据	可视为无财政支持的法案，除非州政府给予公共财政或其他财政支持
州—区域—地方一体化的规划立法	要求各级政府间横向与纵向的协作和达成共识	需要规划协调，可能增加各政府机构间的潜在冲突

二、英国

（一）《城乡规划法》

众所周知，在英国，公权力介入城市规划领域的最早起源，很大程度上受到了“公共卫生”（Public Health）这一概念的影响。英国最早于1848年颁布了《公共卫生法》（Public Health Act）之后，政府在公共卫生领域的介入主要是以贫民区等恶劣的居住区的改造、上下水道与道路的建设、扩建等形式为主，以城市物质环境的建设和改造为主要目标。1909年《住宅、城市规划法》颁布实施后，地方政府为了解决低收入阶层的住房问题，开始积极干预住宅供应。从这一时期开始，这一系列法律的颁布实施标志着英国城市法体系已经超越了公共卫生领域，而是将城市问题的综合治理全面纳入法律体系和公共政策的范畴中。1932年，首部《城乡规划法》（Town and Country Act）颁布实施，其中首次引入了“暂定规划控制”（Interim Planning Control）制度，但由于种种原因规划控制的目标并未得以有效实施。直到战后的1947年《城乡规划法》修订后再次颁布实施，才建立起真正意义上的现代城市规划管理制度。此后，1971年和1991年又对《城乡规划法》进行了两次修订，但1947年建立起来的英国城市规划管理体制的精髓仍得到了保持和继承。

1947年的《城乡规划法》对于第二次世界大战后复兴期英国福利性社会的建设发挥了极其重要的作用，具有鲜明的时代特点。在战后全社会对于建立福利型国家的热情推动下，城市规划和管理作为实现这一社会共识的重要手段，被赋予了极其重要的作用。1947年的《城乡规划法》的主要内容包括两个方面。首先，该法改变了战前以基层地方政府为主体的规划管理体制，规定了地方政府中郡（County）和市（Borough）在城市规划和管理工作中的职责范围和权限，使得区域性的规划协调便于进行。其次，该法建立了发展规划体系和开发许可制度，并使之成为英国现代城市规划管理制度的核心内容。这两项制度一方面使得所有的开发项目成为规划审查的对象，将开发管理的模式由事后调整型改为事前引导型，并实现了“开发权的国有化”。这就意味着所有的土地所有者只是拥有当时的土地用途和相应的市场价值，如果规划控制造成土地开发价值的变化，则由中央政府进行赔偿或者征收土地开发影响费，从而使地方政府能够有效地实施规划。另一方面，这一制度也赋予了地方规划行政部门以极大的自由裁量权。由于发展规划的内容只是对地区今后发展的基本方针和政策进行了概括性的描述，而不包括详细、具体的标准规定，这一规划特点使得规划行政部门在执行实施中能够根据具体情况进行判断和灵活的运用，从而具有较大的自由裁量权。这种制度设计一方面使得地方政府能够运用手中的自由裁量权对民间开发进行强有力的引导，对于不符合政策方向的项目进行否决或提出附加条件，对开发内容和方式进行调整，而另一方面，政府主导性的新城开发和旧城改造项目也能够按照政府的意图得到快速、有效的实施和推进。可以说，这一制度的确立对于英国战后复兴的快速推进起到了十分重要的作用。

战后复兴期过后，在长期的经济衰退时期中，英国的政党交替频繁，区域和城市政策的导向发生了多次变化，同时社会环境逐渐转变。其间《城乡规划法》多次被修订，1968 年建立了发展规划的二级体系，即结构规划和地区规划。此后，经过1971 年的修订后，1990 年新的《城乡规划法》颁布，并于 1991 年实施。

1990 年《城乡规划法》修订的主要特点包括四个方面：

（1）发展规划的主导性地位得以强化。这主要是通过明确开发项目规划审查中发展规划的指导性地位，以及明确地方政府制定地区规划的义务这两项内容来实现的。

（2）有关环境保护的内容得以强化，明确规定结构性规划、地区规划等规划中必须包括环境保护的相关政策内容。进而，开发项目的环境影响评价也得以法定化。

（3）加强中央政府干预的同时，使得中央政府的权限范围和干预程序更加透明、公开。对于在何种情况下中央一级的规划管理部门可以介入地方的规划管理事务，以及应采取的行为方式进行了详细的规定。在结构性规划的审批权限方面，该法还规定，虽然一般情况下地方的结构性规划不再需要中央主管大臣的许可，但中央的主管部门如有异议仍有权提出修改意见，要求修改。

（4）推动了规划程序的简便化，尤其是发展规划以及简易规划地区（Simplified Planning Zone，SPZ）的规划制定程序。发展规划制定程序的简化主要体现在结构性规划审批权限下放到地方，减少对规划草案阶段公示和协商程序的法律性规定，而将重点转向规划方案确定后的协商程序规定，以期缩短规划前期的协调时间，提高规划决策的效率。

从《城乡规划法》的内容来看（参见附录 C），不仅包括了对中央、地方等各级政府部门与议会等各类规划行政主体的职责，也明确规定房屋土地业主、开发方等行政相对人的权利；不仅规定了各类规划的范围、内容和形式，也规定了规划编制、审议、修改、规划许可等规划行政的程序性规定，以及对于规划行政决定存在异议的情况下的行政救济的程序性规定（表3-4）。从各部分条款数量的多少和篇幅来看，内容最为详细的部分主要是第二、三部分和第六、七、八部分，即发展规划、规划控制、业主等的权利、规划执行和特殊控制这五个部分。例如，第二部分发展规划中，从调查、规划编制的准备和规划审议、主管大臣的权力、规划修改、联合规划、规划的一致性、补充部分等方面，对各类主体在各类发展规划的编制、审议和修改中的实体性和程序性法律要求，进行了详尽的规定和描述。

英国1990年《城乡规划法》的条款内容 **表3-4**

章节序号	条款序号	内容名称
第一部分	第1~9条	规划机构（Planning Authorities）
第二部分	第10~54条	发展规划（Development Plans）
第三部分	第55~106条	规划控制（Controls Over Development）
第四部分	第107~118条	法令影响的赔偿（Compensation for Effects of Certain Orders，Notices，etc.）
第五部分	第119~136条	有限条件下新开发规划的赔偿（Compensation for Restrictions on New Development in Limited Cases）
第六部分	第137~171条	业主等的权利（Rights of Owners etc. to Require Purchase of Interests）
第七部分	第172~196条	规划执行（Enforcement）
第八部分	第197~225条	特殊控制（Special Controls）
第九部分	第226~246条	规划用地的申请与合理性审查（Acquisition and Appropriation of Land for Planning Purpose，etc.）
第十部分	第247~261条	高速公路（Highway）
第十一部分	第262~283条	法定执行者（Statutory Undertakers）
第十二部分	第284~292条	法律效力（Validity）
第十三部分	第293~302条	王室土地的法律适用（Application of Act to Crown Land）
第十四部分	第303~314条	财政经费（Financial Provisions）
第十五部分	第315~337条	补充内容（Miscellaneous and General Provisions）

出处：根据“Town and Country Planning Act，1990”整理。

（二）法律性文件

除了作为基本大法的《城乡规划法》，由中央政府的规划主管部门下发的各类文件，作为对基本法的补充、解释或者是作为技术指导，同样具有较强的法律效力。这其中主要包括规则（Order）、通则（Circular）、条例（Regulation）、指令（Direction）、操作规定（Code of Practice）、规划政策指导（Planning Policy Guidance）、战略政策指导（Strategy Planning Guidance）等形式。

规则、通则、条例和指令是针对规划法中的某一部分或某一条款作出的具体说明或补充解释，20世纪70年代中央主管部门下达的通则每年多达100多条，20世纪80年代则减少为每年20~30条。例如，1987年的《用途分类规则》提出了综合性的商务用途类别，包含办公、科研和轻型生产活动，以适应和促进高科技新兴产业的发展。其中包括了一般开发规则、特别开发规则和操作规定等内容。一般开发规则对于不需要申请规划许可的小型开发活动进行界定，并提出相应的基本规划要求，因为这些开发活动对于周围环境没有显著影响，可以采用通则式管理方式。特别开发规则对于特别开发地区（如新城、国家公园和城市复兴地区）进行界定，这些地区一般由特定机构来管理，不受地方规划部门的开发控制。操作规定是对与规划相关的各种法律运用方面的详细具体规定，类似于一种指导性的技术手册。

规划政策指导和战略规划指导是对中央政府的某一具体政策进行详细解释说明的法律性文件，从1988年开始颁布，如区域规划指导（Regional Planning Guidance）为地方政府结构规划的编制和实施提供依据和指导。这类法律性文件既是中央政府对地方政府提出的工作要求，同时它也是中央政府基于“服务”的理念为地方政府合理、有效施行具体开发管理而提供的规划建议。针对不同的规划问题，在相应的“规划指导”中阐述有关的影响因素和开发要点，并提供较好的实际规划案例作为借鉴。英国的“规划指导”分专题制定，每个专题都针对城市规划和开发管理的一个特定类型的问题。经过长期发展，内容条款已经相当丰富，不仅涉及了区域与城市规划的宏观层面政策和开发管理的导向和方针，也包括了大量的、非常微观层面的、规划管理中的具体的技术操作性问题。

这些法律性文件因发展需要而制定，随着时间的进程和实际情况的变化对内容适时更新，既可修订也可增补或废除；不仅为地方规划部门制定规划和实施管理提供了翔实、具体的法律依据和具有可操作性的制度框架，同时也实现了在地方自治的条件下中央对地方规划行政的有效干预，保证了中央与地方政策的一致性和连贯性。

（三）相关法律

在城市与区域开发领域，还有较多其他的相关法律，对城市规划和管理起着相应的影响作用。其中较为重要的有《城市开发法》（1952年）、《住宅法》、《新城法》（1946年）、《国家公园和乡村公共通道法》（1949年）、《办公和工业发展控制法》（1965年）和《内城法》（1978年）等。《城市开发法》是针对各地疏散城市人口、调整各地人口空间布局而制定的法律，《新城法》是为促进各地新城的开发而制定的，《住宅法》、《内城法》等也都是根据各时期地方城市开发中出现的具体问题和规划管理的需要而制定的法律，《地方政府法》则对地方行政体制和规划行政体制的调整起到了重要的作用。

三、日本

（一）框架结构的基本特点

在日本的法律之中，与土地、住宅和城市有关的法律共有200多项，《城市规划法》是日本城市规划法律体系的核心。根据各项法律的内容及其适用对象的特点，可以将这些相关法律分为城市规划法定内容和城市规划配套法律这两大部分（图3－1）。有关城市规划法定内容的法律中，主要包括了关于地域地区（如《建筑基本法》等）、促进地区（如《城市再开发法》等）、地区规划（如《干线道路沿线地区整备法》等）、城市设施（如《下水道法》、《城市公园法》等）、城市开发项目（如《土地区划整治法》等）这五个方面的城市规划法律，在城市规划配套法律中，则主要包括了区域开发（如《国土开发法》、《国土利用规划法》等）、开发控制（《限制首都圈建成区工业等法律》等）、土地（《土地基本法》、《土地征用法》等）、税收（《地方税法》、《租税特别措施法》等）这四个方面的法律。

日本城市规划法律的制定最早从1888年的“市区改正条例”就已开始，现行的《城市规划法》是1968年制定并经多次修改后的法律，最近一次的修订是在2006年。此外，由上级机关下发给下级机关的各种行政文件，如通达、指导纲要等，往往是由上级机关作出的对于法律条例修订的原因、意图、细节内容等的解释，或是对法律执行细节问题和标准等的具体规定和要求。对于此类行政规定和文件的法律效力一直存在较多的争论，但毋庸置疑的是，在规划管理的实际操作中往往发挥着极为重要的作用。

与基本法律体系的相对完善和齐备相比，日本并未在地方层面上建立起相应的规划法律体系。在战后很长的时期内，不论是在都道府县的区域性地方政府层面，还是市町村的基层地方政府层面，既不存在城市规划的法规条例，也不存在具有明确法律效力的城市规划。一直到1992年城市规划法修订，才首次明确规定市町村政府具有制定城市总体规划的义务，市町村总体规划也才首次具有相应的法律地位。从这一点来看，日本城市规划法律体系的形成和发展显然受到其中央集权体制的影响，地方规划法规的缺失使其具有鲜明的头重脚轻的特色。

（二）《城市规划法》的基本内容和特点

日本最早的《城市规划法》于1919年颁布实施后，先后于1968年、1992年，2000年和2006年进行过大幅度的修订。

1919年的《城市规划法》具有以下五点特征。

（1）城市规划区域概念的引入：城市规划的对象一般是指在一定行政区划范围内的城市或城市地区，但1919年法提出的城市规划区域的概念是从城市发展现状和有利于实施城市规划项目的角度出发，在城市规划的编制过程中，将需要进行城市规划的、跨越行政区划范围的城市及其周边地区，统一作为规划对象的规划概念。这一概念的引入对于当时城市化发展已经超越市域范围的一些大城市的规划编制尤其具有重要意义。

（2）城市规划及城市规划项目的决策权：1919年法规定，城市规划、城市规划项目及年度项目的决定，须经由城市规划委员会议决后，由内阁大臣决定，接受内阁的认可（旧法第三条）。该法同时规定了中央和地方城市规划委员会的组成和权限，委员会的会长应由地方长官担任，委员由市长、市议会议员、都道府县议员等组成，各级代表各占1/3，此外还包括少数的地方行政机关代表和学者代表。城市规划地方委员会须服从内阁大臣的监督，议案的提案权由内阁大臣掌握，同时，城市规划项目的立项权和项目预算也基本由中央政府决定，地方政府的权限十分有限。

（3）城市规划的私权限制作用的确立：根据1919年法规定，城市规划与城市规划项目经过法定的决策程序并公示之后，城市规划作为明确的国家意志，就具有了对私权的特别限制作用和法律效力。这意味着规划的功能不仅仅是作为项目的设计图，而且作为治安权的一部分，对于规划范围内的土地具有规划限制的效力。

（4）受益者负担金制度的建立：为保证城市规划项目实施的财源，1919年法提出对在城市规划项目实施中的受益者征收一部分项目费用的方法，具体的包括有轨电车建设项目中沿线土地业主需交纳的受益者负担金制度，以及向城市规划道路项目中出现土地升值的土地所有者征收负担金的制度。但由于种种原因，该项制度最终未能实现。

（5）新城市规划技术的引入：在1919年的《城市规划法》与《市街地建筑物法》中，日本首次引入了西方先进的城市规划技术，这主要包括土地区划整理制度、建筑线控制制度和区划制。这些技术的引进和新制度的建立是为了应对当时日本城市快速扩张中出现的各种问题而开展的。

1919年的《城市规划法》初步建立了以中央集权制为基本特征的城市规划体制，在同时期的另一部《建筑物法》和建筑管制中也表现出同样的特征。1919年的《城市规划法》实施了近50年之后，在经过了战后复兴期和经济高速增长期的城市发展的巨变，直到1968年才有了首次的修订。1968年的修订主要针对快速城市化过程中出现的乱开发和开发密度过高等问题，以加强土地利用的规划管理为目标而开展的。这次修订包括以下四个主要内容。

（1）城市规划决定的权限向地方政府转移：1968年法规定，城市规划的决定权从中央政府向都道府县和市町村两级地方政府转移，其中都道府县一级政府具有更强的规划决定权。但是实际上，通过项目补助金等财政手段和技术标准的设定等途径，中央政府对地方政府决定的城市规划仍然具有较强的干预权。

（2）城市规划的编制和决策过程中引入公众参与程序：公众参与制度的引入是1968年法中最大的改革成果之一。虽然在第16条中规定“（在规划编制过程中）在必要的情况下可以通过召开听证会的方法听取公众意见”，但在听证会制度的义务

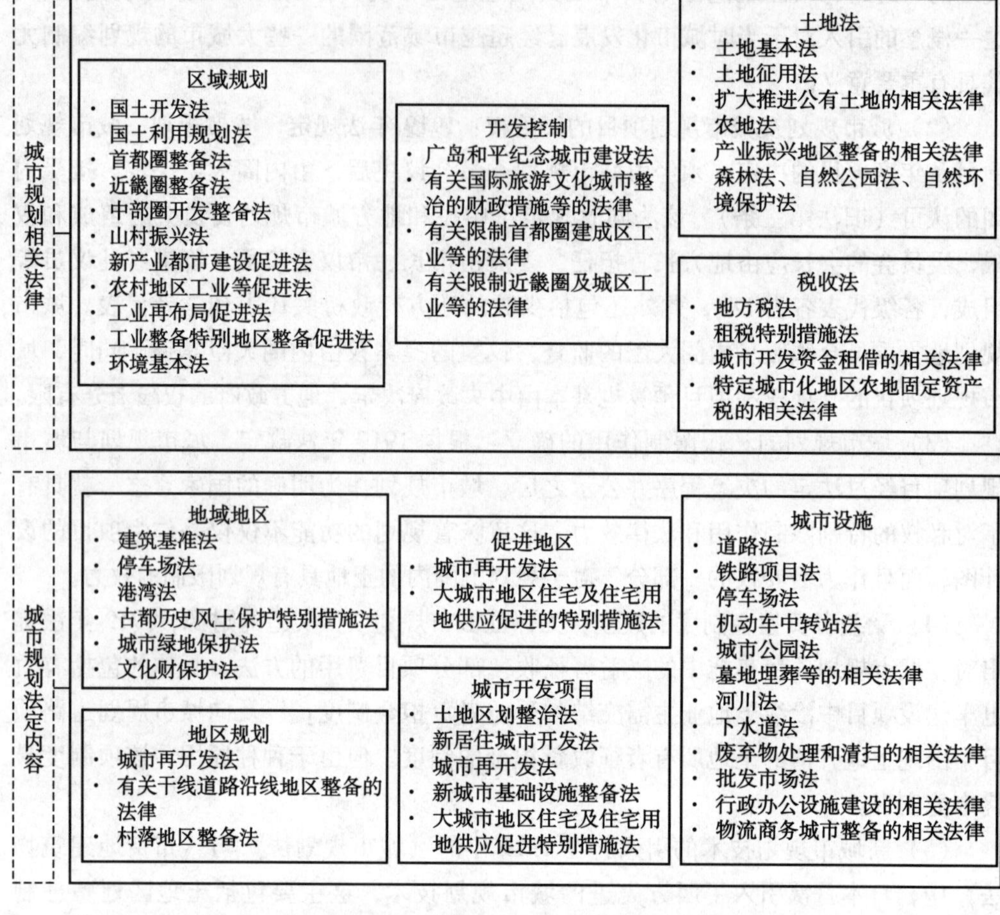

图 3－1　日本城市规划的法律体系

出处：根据原田纯孝编. 日本的都市法 I——结构和发展. 东京：东京大学出版会，2001：398，表 2 修改制成。

制，听证会程序、内容和方法的规范性规定，市町村城市规划审议会的法律地位，规划决策中议会的参与等方面，1968 年法仍留下了诸多问题。

（3）市街化地区、市街化控制地区的区域划分方法和开发许可制度的建立：区域划分的方法俗称划线制度，是将城市规划地区根据对城市化对策的不同划分为市街化地区和市街化控制地区的制度，其中市街化控制地区的设定是为了加强对一些城市边缘地区城市化的速度和时序进行更加严格的规划控制而设定的地区。在城市规划地区内所有的开发行为均须得到地方长官——知事的许可。虽然划线制度和开发许可制度的目的在于实现“无规划地区禁止开发”的管制目标，但由于 1968 年法同时规定了诸多例外条件，如 0.1 公顷以下的开发项目无需开发许可等，从而为城市边缘地区小规模乱开发活动留下了法律空隙和制度空白。

（4）区划制度的细分和容积率限制的全面采用：为了加强城市地区土地开发管理和对建筑密度的控制，1970 年修订的《建筑物法》中对于区划制的土地利用类型进一步细分为八类用地，并废除了旧法的绝对高度控制标准，采用了容积率控制的新方法。但由于规划中的容积率标准过高以及对住宅用地开发密度控制方法的减少，城市开发的高密度化和住宅开发的过密问题并未得到有效解决。

修订后的《城市规划法》共七章，由90多条正文和附则组成。其中主要内容包括了对城市规划法定内容、城市规划决定及变更程序、开发行为等的控制方法，城市规划实施项目的认定和实施方法，以及各级城市规划审议会等的规定。至此，日本城市规划法的框架结构基本形成，其后的多次修改也主要是在此基础上对其中具体条款的调整和修订。

25年之后，1992年日本规划法才进行了第二次大修订；这是在泡沫经济破灭、城市进入低增长期的背景下完成的，在这一时期日本城市规划的目标从20世纪初的完成区域范围的基础设施整治，到高速经济增长期的控制城市乱开发，而转变为加强建成区的居住区整治。此后不久的2000年，规划法的再次修订则是伴随着1999年《地方分权法》的修订而开展的。这两次修订的主要内容包括以下四点：

（1）城市总体规划制度的建立与公众参与制度的加强：1992年《城市规划法》中，规定了"所有城市规划地区必须制定总体规划"，从法律上明确了"总体规划是城市发展的基本思想和城市改造、开发和保护的基本原则"的地位。同时，该法进一步完善了规划编制过程中的公众参与程序，规定"区市町村级政府在确定本地区城市规划的基本方针之前，必须以召开听证会等形式、采取必要措施听取征求市民的意见"，"区市町村在确定了基本方针之后必须立即向社会公布，并通知都道府县知事"。市町村城市规划审议会为规划制定的法定机构。

（2）除少数情况外城市规划被作为地方政府的"自治事务"，中央政府不再直接干预；上级政府对城市规划的批准由单方面的批准改为"协商后同意"。须经上级政府"同意"的规划内容限定在需要在下级政府之间进行协调以及需要与上级政府规划内容相符合的范围内。由作为基层地方政府的市町村决定的城市规划内容增加（由约60%增至75%），中央政府干预的内容缩减（由约20%缩减为10%）。

（3）划线制度和开发许可制度的修改：该法调整了划线制度，允许地方政府根据具体情况决定是否实行划线。同时，规定"各地方可以根据具体情况通过调整限制标准的方法，采取放宽或加强管制的灵活政策，如增加最小地块规模等限制标准或设定特别用途限制地区等"。

（4）区划制度的细化和地区规划制度的完善：1992年法将区划中的用地分类由原来的8种改为12种，增加了两类中高层专用居住地区和商业专用地区。同时在地区规划制度中增加了诱导容积率制度、容积率转移制度、统一用地审批制度、土地业主申请开发制度、规划道路容积率提前利用制度这五项新的制度内容，以促进城市综合开发。

最近的一次基本法修订是在2006年，这一次修订主要针对城市功能的分散性布局问题，为减轻对城市建成区环境和公共基础设施建设，以及城市结构的影响，实现集约型城市建设的目标，从区划制、开发许可对象和范围的限定、推动公众参与等角度出发，加强了对于大型商务办公设施的开发控制和规划审查。其主要内容包括四点，大型商务办公设施的土地利用类型从原来的六种减少为商业用地、近邻商业用地和准工业用地这三种；废除原有对于市街化调整区大型项目的宽松的审查标准；医院、福利设施、学校等公共公益设施增加为开发许可的审查对象；城市规划提案制度允许一定规模以上地区中的土地所有者（超过2/3）或非营利团体，可以向地方政府提出城市规划方案，地方政府可经过城市规划审议会的审议后决定采纳与否。

从20世纪90年代后的基本法修订状况来看，修订的频率和速度明显加快，不仅说明传统僵化的城市规划法律制度和管理体制已经难以适应时代发展的需要，同时也反映了城市发展环境的快速多变，迫切需要从制度和体制层面给予及时的反馈和呼应。从法律修订的内容来看，集中体现了开发控制的加强，地方规划管理权限的加强，地方规划管理灵活性和自主性的提高这三个方面的因素，已经成为制度和体制改革的焦点问题。

第二节　规划立法机构的职能

一、美国

（一）议会的作用与立法形式

作为地方立法机构，议会在地方的城市规划管理中具有十分重要的作用。如前所述，只有当地方自治体接受了州的授权，并由议会制定相关的城市规划条例之后方可进行城市规划的编制。城市规划条例的制定，大多是以政府或民间组织、机构的提案为基础进行编制的。在城市规划管理中，地方议会的作用主要是在州授权法的范围内，根据本地方的具体情况，建立城市规划的制度体系和实施体制。后者主要包括确定城市开发的基本方针，土地利用等的控制引导手段这两大类的内容。其中城市开发的基本方针以及总体规划在早期多是由城市规划委员会确定的，但近年来，由议会决策的做法更为普遍。例如，加利福尼亚州的立法部门最早于1907年制定了《住宅开发法》，1927年制定了最早的《总体规划法》，还有20世纪50年代的《社区再开发法》和20世纪70年代的《加利福尼亚环境改善法》等，一系列城市规划的法律法规都是由州议会制定、通过的。

此外，立法机构并非是唯一的政策制定主体，在一些州的法律中规定了关于公民动议和信任表决的程序，只要能获得必要的支持者，任何市民或组织都有权提出政策提案并有可能获得通过，即所谓市民的动议权（Initiatives）与复议权（Referendum）。所谓动议权是指获得一定人数的居民签名的条件下可以提出立法提案，而信任表决或复议权是指立法提案由具有投票权的居民直接投票表决后方能生效的程序。在美国，有20个州的公民可以通过运用动议权的形式参与立法，如果有1组公民提出1个议案，并获得规定数量的支持者签名，就可采取全体市民公决的方式成为法律。同时，有24个州在立法上采用了“公民复决”（Referendum）的制度。当一个议案被立法机构通过后，如果此时有人提出反对的请愿，并获得足够数量的签名支持，就要对法案进行区内的全民公决。在公决中得到通过，法案才能成为法律。

市民动议权与复议权是地方自治中直接民主制度的重要体现，在美国有着悠久的历史渊源。18世纪在新英格兰的某些乡镇，如果有10名选民希望提出1项新的议案并要求乡镇支持，他们可以请求召开乡镇居民大会，政府必须答应他们的要求。在现代议会中，选民选举的议员在很多情况下会在议会中自行其是，不能有效地表达广大选民的意见与愿望，而市民动议权与复议权则可以有效地弥补上述缺陷，使选民有机会在重大问题上充分地反映自己的意愿。当然，正像某些学者所指出的那样，这种直接民主制一般适用于较小的区域与较少的人口，而且只能在范围相当有限的重大问题的决策中才能采用，绝大多数市政立法还是通过由选举产生的市议会通过的。

作为美国政治制度的基础，议会作为民意代表机构和唯一合法的立法机构，立法对于行政权力的监督和制衡作用具有十分重要的意义。在规划管理领域，议会对于行政部门和官员的监督，具有强有力的独立地位，并因此而具有了凌驾于对口的行政上级之上的权力。这就意味着，规划行政部门不仅要向行政上级、市政府负责，同时也要积极地向立法机构负责。而且由于议会内部的分裂，事实上对每个行政官员来说，都存在着来自多方面的监督。

（二）城市规划委员会的职能

城市政府中的城市规划委员会（Planning Commission）和区划调解委员会（Board of Zoning Adjustment）是与城市规划管理密切相关的两个部门，拥有“准立法权”。在很多州，城市规划委员会往往也兼任了区划调解委员会的职责。城市规划委员会是在城市规划的实施方面具有基本决策功能的机构。各地的地方政府中，委员会、评议会等名称的组织很多，但城市规划委员会，是与市议会和行政评议会地位相近的、少数几个具有法律效力的决策机构之一。但是由于各地方的规定不同，既有拥有了大量的决策权的规划委员会，也有只具有简单的建议咨询功能的规划委员会，还有一些地方是由市议会兼任城市规划委员会的职能，所以各地的规划委员会的职责范围是有较大差别的。

规划委员会一般是由5~10人组成，委员大多是地方的企业家、房地产开发商、律师、建筑师、市民运动组织者和代表等，而非仅仅是城市规划方面的专家和政府官员。根据《标准城市规划授权法》的规定，规划委员会的委员应是无偿的义务性兼职工作，而且被任命的委员不应在地方政府的其他部门担任职务。委员的任命有多种形式，有市长、议会任命的委员，也有各自治区推选的代表等。委员的任期一般为6年，但最初的5名委员的任期分别为1~5年，这样以后各届委员会每位成员的任期都会相差1年。采取这样的措施主要是为了使市长难以在其任期中决定规划委员会的所有人选，也就难以全面左右规划委员会的决策方向。当委员在规划听证会及其他规划委员会的活动中没有充分履行其任务时，市长也有权撤销对他的任命。

规划委员会每月至少都会召开一次定期会议，工作内容不仅包括在规划编制过程中与相关各机构、团体进行协议、协商，并在此基础上进行规划决策，同时还包括对于城市规划及相关政策进行宣传、教育等。规划委员会可以根据其工作需要雇用一定的专职人员，其活动经费全部由地方议会根据其活动内容和需要来提供的。

关于规划委员会的决策权限，大多数的州规定，一般情况下规划委员会的决定就是最终决策，要推翻其决定必须获得议会过半数的支持才可通过生效。这样，规划委员会与地方政府、议会等地方行政与立法机构形成了较为独立的关系。这一特点也是来源于早期的“城市规划不应被政治所左右”的理念。可以说，这种规划委员会的决策体制是美国城市规划管理体制的一大特点。这种独立于政治之外的规划决策体制的形成，主要是美国城市化发展迅速的20世纪早期，由于政治腐败所导致的对政治的不信任，而其后的改革突出强化市长权限、建立独立于政治之外的决策委员会，以提高行政的效率和公平性。随着改革的深入进展，议会又逐渐恢复了其作为市民代表的功能，这时对于规划委员会这一决策形式的批判又逐渐增加。批判的焦点主要集中在规划委员会委员在一般市民中的知晓度较低，他们在委员会中的工作并不直接对市民负责，各位委员的意见也不具有代表性，因此这种决策方式的民主性受到了较大的质疑。因此，在有些地方又倾向于将规划决策的权力交还给议会。这样，在地方现行的规划决策中，城市规划委员会和地方议会实际上起着相互制约的作用。虽然规划委员会拥有规划的最终决策权，但由于议会拥有预算制定和执行的权限，所以规划委员会并不能对议会构成最终的约束。另一方面，《标准城市规划授权法》规定，在公共设施的建设项目上，议会在决策之前必须首先听取规划委员会的意见；而对于规划委员会许可的规划内容或公共开发项目，议会具有否决权，但规划委员会和议会之间首先应展开充分的讨论，在意见无法统一的情况下，如果反对票数超过议会席位的2/3，则规划委员会的决定无效。

二、英国

在英国的地方政府体制中，议会是地方政府的代表，城市规划作为一项重要的地方自治事务，其决策由议会来完成。例如在英格兰地区，在非大都市地区共有39个郡、333个区，郡议会（County Council）具有结构性规划（Structure Plan）的编制、审批的权限，区议会（District Council）具有地区性规划（Local Plan）的决策权和区内开发项目审批的权限。在大都市地区，共有 36 个大都市圈区议会（Metropolitan District Council），由这些议会负责单元发展规划（Unitary Development Plan）的决策和执行。

地方议会的事务一般都是由各种委员会完成的，地方的规划行政一般都由议会中的规划委员会来承担，各行政职能部门则起着帮助议会完成其职责的作用。与美国的规划委员会不同，英国地方议会中的规划委员主要由地方议员组成，此外还有少数的当地居民代表；在议会会议中，规划行政人员也是重要的参与者。由若干公选议员组成的规划委员会既是规划的决策部门，也是规划管理的执行部门。城市发展的政策制定、城市规划的审议讨论，以及开发项目的许可审批，在法律上都应该由该委员会来审议和决定。

在英国的地方议会中，每个议员平均会参加 2～3 个委员会，除了少数的会议补贴和职务津贴之外，基本没有报酬，而且工作负担较重。据统计，地方议会一般议员用于议会工作的时间为每月 79 小时，委员会主任和多数党领袖则需要 95～112 小时。由于城市规划委员会的工作具有较强的专业性，必然涉及较多的专业知识和技术，议员对相关专业知识的掌握程度，成为影响其能否较好地履行其职责的一个重要因素。为此，英国城市规划学会（RTPI）通过举办暑期学校等形式，定期为议员进行规划专业培训，同时还专门发行了面向议员的指导手册（The Councilors Guide to Planning），对完成议会工作必备的城市规划专业知识进行深入浅出的解释。

作为规划委员会管辖下的机构，规划局的任务是帮助规划委员会进行决策和执行，从这一角度来看，议员与规划师的关系类似于雇主与雇员的关系，规划师作为议会的雇员为议会提供专业服务。但如果据此得出结论，在英国的城市规划行政中规划师发挥的作用十分有限的话，就会与实际情况产生极大的偏差。从实际情况来看，议员与规划行政人员的关系，是能否较好地完成规划管理工作的关键因素之一。由于议员往往并非规划专业技术人员，所以在规划决策中必然要借助于规划官员以及规划师的意见和建议。在委员会的会议中，也需要首先听取规划行政人员的报告，在规划行政人员提供了全面充分信息的基础上，议员才可能作出正确合理的判断和决定。正如英国学者指出的，“在议会的决策方面，政治势力起着更为决定性的作用，也就是：只要能控制住行政官员，地方议员就不会在工作中遇到困难，如果控制不了，他们就只能在官僚政治允许的范围内制定政策①。”尤其在城市规划的决策与管理中，在控制信息和执行议会的政策方面，行政官员们有很大的影响力，地方议员不太可能了解全面情况或全程监督执行情况，所以规划行政官员可能会出于专业的偏见等原因，过滤他们提供给议员们的信息，或者有意修改或搁置他们不喜欢的决议。

从以上分析可以看出，在英国，作为地方层面的规划立法机构，议会具有十分

---

① 约翰·格林伍德，戴维·威尔逊. 英国行政管理. 北京：商务印书馆，1991：148.

重要的作用；在法律意义上，地方议会是规划立法的唯一权力机构。但是，由于英国地方政府制度的特殊性和规划的专业性，议会在行使其权力和履行其职责时，在很大程度上需要依靠于与规划行政部门之间良好而又密切的关系。这种议员与规划行政官员之间的合作关系，与美国模式中通过规划立法与政治的独立来保持规划的专业性和公正性的做法，是完全不同的。可以这样认为，这种差异来源于两国政治制度、地方自治传统和社会环境等的不同，同时，对于以行政部门的自由裁量为主的英国式规划管理运行机制的形成具有十分重要的影响。

三、日本

日本《地方自治法》对地方议会的工作、权限、组织等进行了详细的规定，并按人口规模对议员人数的上限作了规定。例如，人口1万以上，但不到2万的町村，议员人数的上限为26人。按规定，议员人数不得超过规定数，但可低于规定。因此，在不影响议会功能的情况下，具体的议员人数往往由各市町村根据各自的财政情况等自主决定。议员经选举选出后任期4年，作为居民的代表，议员要反映支持者的意见，维护选民的利益，对行政机构起监督作用。地方议员不是专职工作，没有报酬，但议员因调查及参加各类活动，会发生相应的费用支出，故每月有一定数额的议员津贴。

地方议会最重要的作用是议决，但根据法律规定，地方议会在制定条例时其内容必须在国会或内阁制定的法律、决议和政令所允许的范围内，否则一律无效。因此，地方议会的立法权实际上十分有限，其主要内容仅包括自治体的条例制定、预决算认定、一定额度以上的签约、出资、财产分割，提出诉讼、发展战略与设想等。议会的内部设置若干常任委员会，不同专题由不同的委员会进行审议。对于规模不同的都道府县、市町村等地方议会常任委员会的设置数目，《地方自治法》中也有非常详细的上限规定。

例如，作为日本最大的城市，东京都议会中共有议员127名，议长和副议长各1名，所有议员的任期均为4年。都议会还设有议会局，为议会会议和各委员会的运作提供帮助，向市民开展各项宣传活动。作为议会的内部机构，都议会共设有9个常任的专业委员会，负责在议会召开之前，先期对各项议案进行审查。这些专业委员会主要分为总务、财政、文教、城市与环境、厚生（即民生福利）、经济与港湾、建设与住宅、公营企业（即交通局、水道局和下水道局）、警察与消防这九个方面。每个专业委员会的委员有15名左右，每个议员都将担任一个专业委员会的委员。有关城市规划方面的议案和条例，主要是在城市与环境委员会和建设与住宅委员会这两个委员会进行审议的。

当对条例的制定、修改、废除及预算的议决存有异议时，地方行政领导可要求议会复议，但复议时必须获2/3以上议员的同意，决议才成立。地方行政领导有议会召集权。地方议会可应其要求而召开，但作为一种规定，议会一年中有4次例会，此外均属临时会议。议长是议事机构的唯一代表，与地方行政领导有同样重要的地位。与此同时，地方议会也有权弹劾行政领导，通过不信任议决剥夺地方行政领导的职位，但这只有在2/3以上议员出席，3/4以上议员赞成的情况下，才可作出。作为对抗手段，地方行政领导有权在接到不信任议决通知后的10天内宣布解散议会。但议会解散后，若经重新选举产生的新议会的首次会议仍作出不信任议决，则该领导必须下台。

从制度设计的初衷来看，日本采取了类似美国的模式，试图建立立法与行政的分离和制衡的机制。但是在实际运作中，由于日本长久以来行政强权体制与政治文化环境的影响，议会并未起到对行政的制衡作用。在立法方面，并不是议会，实际上仍然是行政部门掌握着实质上的控制力；在对行政行为的监督方面，日本议会所发挥的作用也可以说是非常有限的。在日本，一般情况下各类议案都是由行政部门起草后，通过各种官方或半官方的审议会、协议会等平台进行充分的协调协商，在政治集团之间和行政系统内部达成一致意见之后，才会提交议会通过。因此，在议会审议中很难看到激烈和尖锐的意见冲突。在某种意义上，这也是日本注重和谐、避免正面冲突的传统行政文化和社会观念影响下产生的结果。另一方面，正如有的学者所指出的，“由于长期的一党执政，政治集团与行政集团的结合日益增强①”，例如，行政官员在议会常务委员会中兼职的情况就十分常见。在这样的政治环境之下，美国式的立法与行政分权的制度设计难以发挥权力制衡、监督和应有作用，也就成为必然的结局。

在城市规划的编制和决策过程中，除行政部门之外，各级城市规划审议会作为政府的咨询参谋机构，对规划立法发挥了极为重要的作用。在规划立法的实际运作中，从中央到地方的各级政府，都成立了各自的城市规划审议会，成员以各专业领域的专家为主，也包括一些政府官员和议员代表等；在行政部门编制完成规划方案后，一般都会交由审议会进行充分的审议、讨论和修改，在各方意见基本达成一致之后，才交由上级机构或议会议决通过。虽然一直以来，城市规划审议会都是作为半官方组织而存在的，直到2006年规划法的修订中，其法律地位才得到明确，但是，在日本的规划立法中，城市规划审议会实际上具有十分重要的意义，在一定程度上起到了为各方提供协议协商的制度性平台的作用。

以上可以看出，在法律意义上，议会是法定的立法机构，但是从日本制度运行的实际情况来看，行政机构在立法中发挥了极为重要的作用，行政机构的这一实际作用，在中央集权体制的背景下被进一步集中到中央一级的主管省厅，地方立法与行政机构在法律以及规划的制定审议中的决策权和自主权，都是十分有限的。

---

① 李路曲. 日美两国行政运作的政治环境与行政文化的比较分析. 政治学研究，2002，1：40－49.

第三节 司法机构的作用

一、美国

（一）司法与立法机构的关系

作为美国政治制度的基本原则，独立的司法权力是有效制衡与监督立法和行政权力的重要保障。另一方面，出于尊重民意代表机构的传统，美国的司法机构很少对立法机构的决定和议会明确通过的条例，发出不同的声音或者作出违宪的裁决。这一传统的思想渊源，可以说是对议会制度作为现代民主核心制度的尊重和坚持。

在城市规划管理领域，在大量的司法案例中，法院明确表示出无意对发展政策与规划内容的合理性等实体性问题作出裁决，因为法院认为，政策制定和审议是立法机构的职责范围，而法院“并不想扮演超级立法机构的角色”，因此，在与规划有关的诉讼案件中，司法机构更多关注的是宪法中关于基本人权、财产权保障有关的公民权益保障的问题，同时也基于对这些问题的审查，作出司法裁决。

（二）司法对行政的监督

虽然司法较少干预立法，但独立的司法干预对于行政权力的监督，却是不可或缺的重要机制，发挥着十分重要的作用。由于美国采取的是惯例法系，因此，对于宪法等基本法的具体解释，主要是通过司法判例完成的。因此，对有关城市规划诉讼裁决的司法解释，就成为影响规划行政的一个重要因素。如前所述，在不同的经济、社会发展时期，法院对于各类规划行政活动的态度和判断也会有所不同；这种态度不仅反映了司法机构对于规划行政合法性的一种独立的判断，同时也在一定程度上代表了在不同时代背景下社会观念和发展要求的转变（参见第二章）。

联邦和州的司法机构体系都是基本相似的三层结构，即基层法院、中等法院和高等法院。其中联邦法院和州法院对于地方政府规划行政的影响，起着最为重要的作用。这是因为对地方政府编制城市规划具有重要影响的法律法规大多是州制定的，因此有关这方面的争议主要是通过州法院进行裁决判定的；而关于土地利用的司法解释是有关联邦宪法的问题，这方面的诉讼案件主要是在联邦法院进行裁决的。当然，在不同的案件中，专业辩护律师也会为了赢得更有力的判决而在州法院和联邦法院之间进行选择。有些案件需要根据联邦宪法进行裁决的，也可以在州最高法院判决后向联邦法院继续提出上诉。但是在裁判过程中，决定胜诉或败诉结果的，除了法律法规方面的因素以外，法官的个人因素也起到了较大的影响。保守派法官或革新派法官对于地方政府开发干预的态度、对于财产权保护的观点有着较大的差别，这都会极大地影响到相关案件的判决结果，乃至于影响到此后相关案件的判决。

由于城市规划所涉及的范围和内容十分广泛，因开发及土地利用方面的争议而引起的诉讼案件每年数不胜数。法律规定，当开发许可的申请被否决，或对有条件许可的结果有异议的情况下，业主或开发方有权提出诉讼要求，通过司法裁决解决有关的异议和纠纷。但在司法诉讼之前，必须首先经过行政复议程序。而且，根据行政救济前置主义（Exhaustion Doctrine）的原则，诉讼中提起的议题限定在行政复议程序中讨论的议题和内容范围之内。根据《标准区划授权法》的规定，当个人权利受到侵犯的情况下，个人有权向规划委员会或区划委员会等行政机构提出申诉（Appeal），有关区划条例实施等的问题最好在规划委员会或区划委员会范围内进行讨论、决定。该法还规定，可以提出申诉的对象包括“由于行政官的决定而使个人权利受到不正当侵犯的个人，以及受到影响的地方自治体的行政官员、行政委员会、行政部局、事务局等”。

涉及城市规划管理的诉讼案件大致可以分为两类，一种是有关宪法问题的诉讼案件，原告对于地方政府城市规划过程中侵犯公民基本权利的行为提起诉讼。例如某开发商在自己的开发申请被否决，而其他类似开发项目被许可的情况下，往往会提出违反宪法规定的“平等保护”的诉讼；又例如，当区划对某地区或某块土地的指标作出下调决定的情况下，土地所有者可能认为政府无偿剥夺了该土地所具有的经济价值而提起违宪诉讼。另一种是对于违反有关地方法令的行为提起的诉讼。例如对于区划与总体规划的不一致，或对于未按照州法律规定完成环境影响评估报告等，居民或开发商都有可能将政府告上法庭。

在地方政府的规划管理过程中，虽然州政府对地方市县政府编制的规划具有一定的审查权限，可以要求地方政府对某些问题作出解释或提出修改意见，但这些要求并不具有法律效力，州政府也不能对城市政府规划管理中的不当行为进行直接的处罚，而只有司法机构才具有这种权力。在关于规划的司法诉讼案件中，如果法院认为规划有违反宪法或地方法律等的不当之处，可以判决规划无效，这实际上就意味着剥夺了地方政府在土地利用和规划管理方面的所有权力。因为如果城市规划被判决无效，那么地方政府就无法制定区划条例或发放开发许可；这同时也意味着，在按照法律要求修改规划之前，地方政府将不得不中止所有的规划决策和管理职能。在这样的体制下，司法机构所拥有的权力对地方政府在城市规划管理方面的任意性和自由裁量权，起着极为重要的制约作用。

二、英国

（一）司法与立法的关系

英国从17世纪《权利法案》时期开始，就形成了“议会主权（the Sovereignty

of Parliament)”的传统。所谓议会主权，戴西（A. V. Dicey）认为，这意味着议会拥有制定或不制定任何法律的权力。英国法律不承认任何团体或个人拥有推翻或废止议会立法的权力，并称之为“英国宪法的一项基本法律①”。有的学者认为，其主要原因是：对（君主）行政权力的政治控制当时处于这一概念的核心，因此也就没有专门构思去设计法官权力、限制立法②。在现代英国社会，议会主权的合理性在于，依照英国宪法体制中固有的宪法原则，议会成员应当行使其涉及公共利益的职责并作出判断，不受包括新闻界和压力集团在内的非议员的干扰，以及避免受到法院所强加的对其自由的限制③。

从性质上说，议会主权是议会法律和习惯的一部分；从内容上说，它由确认议会所享有的特殊权力和法定豁免权的规则构成。长期以来，议会主权的原则不仅为法庭接受，而且在普通法的生长中得以发展，并衍生出两项规则，成为该原则的普通法渊源，即法庭不挑战议会法律有效性的规则，以及议会后法对前法的“含蓄废除”的规则。议会主权原则长期存在，成为英国宪法法律上、理论上的主导特征，也成为用以说明议会和法院之间关系的一种表达形式，即法院永远承认议会法律的表达形式④。

但是另一方面，在司法实践中可以看到，法院对议会主权事务的消极避让与审查，始终共存于英国普通法的发展过程中，只是在不同时期、不同阶段，法院的态度有所不同。随着英国普通法的发展，法院在某些方面加大了对议会特权的审查。今天，对于法院与议会特权的关系所确立的一般原则是：议会享有必要的和重要的特权，议会对其特权范围内的事务享有排他性的管辖权；议会对特权的行使仅限于现存的特权，非经成文法授权，它不能创设新的特权；议会对特权的行使不能违背议会主权和法治原则；法院拥有对议会所声称的特权的性质和范围的裁断权，因而对于议员所声称的特权是否存在，以及如果存在，其适用范围是什么，法院可以进行调查；法院在审查议会特权是否受到侵犯时，开始从功能主义标准来考虑，而不再考虑特权的来源。关于如何解决议会与法院之间关系和管辖权的矛盾，有人提出了一种较好的解释，即承认议会特权的重要性必须与同样重要的一项原则进行平衡，该原则即公民应当自由地和不受限制地进入法院维护自身利益，并且只要服从法院规则就能够充分地和自由地提出他们的申诉。

（二）司法对行政的监督

在英国，司法的作用可以说主要体现在对于行政权力和行政行为的监督及制约。

---

① A. V. Dicey. Introduction to the Study of the Law of the Constitution. London：Macmillan，1952：29.

② David Pollard，David Hughes. Text and Documents of Constitutional and Administrative Law. New York：Butterworths，1990：240－242.

③ David Feldman ed.. English Public Law. New York：Oxford University Press，2004：131.

④ 爱卫·詹宁斯. 法与宪法. 龚祥瑞、侯健译. 上海：三联书店，1997：101.

在英国特有的地方制度背景下，行政机构作为议会的委任代表和授权机构，进行委任立法和行政执行时，会受到严格的司法监督。

英国法院对委任立法监督的依据是越权无效原则，对于越权的委任立法，法院可宣告其无效。依据这一原则，任何事情都必须依法进行，将此原则适用于政府时，它要求每个政府当局都必须能够证实自己所做的事情是有法律授权的，几乎在一切场合都意味着有议会立法的授权。否则他们的行为就是侵权行为（例如征购某人的土地）或侵犯了他人的自由（例如不批准他人的开发申请）。政府行使其权力的所有行为，即所有影响他人法律权利、义务和自由的行为，都必须说明它的严格法律依据；任何受到影响的人都可以诉诸法院。如果法律依据不充分，法院将撤销此行为，就可以不去理睬它，而不会产生任何后果。对于越权原则的界定有两种模式即实质越权和程序越权。

所谓实质越权，是指行政管理法规的内容超过授权法的范围，包括违反或超出授权法的目的。例如，行政机关所制定的行政管理法规，超越授权法的规定，增加公民负担或限制公民自由都是实质越权，法院有权据此宣布行政机关制定的行政法规无效。

所谓程序越权，是指行政机关在制定行政管理法规时，没有遵守法律所规定的必要程序。就目前来看，程序规则主要有以下两种：

（1）意见征询。授权法有时规定行政机关在制定行政法规时应当向其他机关、团体、个人征询意见。如果行政机关没有经过意见征询程序即制定行政法规，法院可据此宣布行政法规无效。

（2）禁止转委任规则。行政机关有责任行使某种权力的时候，不能未经合法授权委托其他人行使。在禁止转委任的情况下，由于行政机关的再次委任而致其制定的行政法规无效。但是，禁止转委任的规则有两个例外。第一，部长权力的委任。除法律明确规定须由部长亲自行使的权力外，部内官员可以不需特别委任而以部长名义行使部长权力。第二，地方政府权力的委任。根据“地方政府法”的规定，地方议会除财政权及其他法定不能委任的权力之外，可以把它的权力委任给地方官员代为行使。

根据英国《城乡规划法》的规定，在开发申请被地方规划行政部门或主管大臣驳回，或提出规划的审查请求而主管大臣作出否决的裁决结果之后6个月内，“（因规划决定而）遭受利益损害（Person Aggrieved）”的有关人员可以提出申诉。根据同法规定，在规划审查程序中，中央主管大臣对提出审查请求的案件作出否决的裁决，是规划审查的最终结果，要改变这一结果的另一途径就是向法院提出上诉。因此，就规划决定提出诉讼的前提条件是，需要首先经过行政申诉和复议等程序，对以上程序的结果仍不满意才可以提出诉讼，否则法院将不受理。与此同时，在议会主权的原则之下，对于议会明确许可的城市规划和有关条例，也不能作为诉讼的对象。这样，从制度设计的基本框架来看，在城市规划领域司法机构对于规划行政的监督，就主要集中在规划许可程序的公正合法性方面。

在这类诉讼中，对于原告资格的要求也有所规定，即所谓的 Person Aggrieved，是“由于规划行为而使其法定权利受到损害的个人”。这一概念在过去的司法判例中，被较为狭义地解释为，财产权受到侵害的土地业主和个人；而在 20 世纪 80 年代后的司法判例中，对这一概念的解释进一步扩大，包括在规划决策程序中提出异议申诉以及听证会、公开审查会等法定参与权利的个人或团体，都可以在行政复议程序之后提出诉讼请求。从中可以看出，对规划案件诉讼主体的资格要求，实际上是与规划程序制度紧密地结合在一起的，在规划决策和管理的法定程序中的权利主体，自然也就拥有提起诉讼的权利。

提起诉讼的理由，程序的不合法常常成为指控的对象，但在有些情况下，即使对违反程序行为的指控成立，也不会对其法律效力产生影响。地方政府的规划决定超越了《城乡规划法》规定的规划管理权限的情况，也可以作为诉讼的理由；但由于规划管理的裁量权极为广泛，所以一般情况下该类指控的证据收集存在极大的困难。此外，如前所述，对于方案是否符合地区规划，是否合理等技术性问题，法院是不能进行裁决的，法庭只能对复议的程序性问题进行审议和司法裁决。

除此之外，对于规划行政活动的诉讼活动还包括司法复查申请（Application for Judicial Review）这一途径。由于依据《城乡规划法》的诉讼途径中能够成为指控对象的行政行为十分有限，因此，在这类情况下就必须借助于传统的司法救济程序，即司法复查申请。经过法院许可，开发方提出司法复查申请后，法院经过复查之后将从“职务执行命令（Mandamus）”、“禁止命令（Prohibition）”、“移交命令（Certiorari）”、“判决（Declaration）”、“中止命令（Injunction）”中选择适当的方式。在第三方对地方规划行政许可提出争议的情况下，法院一般会作出移交的决定。尤其在 20 世纪 70 年代后，随着规划程序制度的改革，环境保护团体等第三方被赋予了法定的规划决策参与权，在规划决策和开发许可中，如果第三方的合理意见没有被采纳的情况下，第三方也有权对地方规划行政行为提出诉讼和司法复查申请。

三、日本

日本现代的司法体系和制度建立于战后初期，具有明显的移植美国模式的特点。在宪法修订的背景下，通过对战前司法体系和制度的改革，日本确立了新宪法下的司法制度，赋予法院违宪审查权、规则制定权和司法行政权，强化了司法独立，新设的最高法院也带有贯彻司法权独立的色彩。但是，在战后的实际政治生活中，司法不能监督政府，法院仍受官僚支配，司法独立有限。这种现象一直持续至今。可以说，在日本行政强权的基本体制特征下，有限的司法独立模式使得司法部门对于立法与行政权力的监督作用并未得到有效的发挥，制度设计的初衷并未得以充分实现。

日本一直以来以其极低的诉讼率而引人关注，而其中诉讼率最低的领域，则是针对政府行为合法性和违宪性的诉讼。据统计，1989 年日本全国的行政诉讼案件仅为 1119 件。有学者指出，“日本行政诉讼率之低，与其他发达国家相比是难以想象的，如原联邦德国行政案件的人均比率就是日本的 700 多倍”①。这样异乎寻常的低诉讼率，不仅集中体现了司法活动的现状，也深刻地反映了日本与别国不同的社会环境、文化观念以及体制性因素的综合影响。日本传统文化和社会环境中强调服从、和谐、协调的观念，使得矛盾和纠纷出现时，双方都会倾向于采取各种非正式的、较为柔性的协调方式进行解决，而较少采取正面冲突、以双方质辩为主的西方社会的争端解决方式，这是导致诉讼率较低的一个社会因素。很显然，与美国的律师无所不在的环境，以及视司法为最重要的社会保护伞和争端解决首选途径的观念相比，司法在日本社会活动中的影响力相对来说是较为有限的。但更为重要的是，导致低诉讼率的第二个因素仍然与日本行政强权下严格的行政控制与干预有着密切的关系。从实际案例中可以看出，在有限的行政诉讼案例中，原告几乎无一例外败诉，这一事实必然极大地阻碍了当事人提起反对政府行为的诉讼。这一结果也明确地反映出，在过于强大的行政力量面前和相应的社会环境下，即使是建立了相对合理的制度，但在实际的制度运行中也难以发挥出司法独立应有的监督和制衡作用，从而突出地反映了制度的法定功能和实际效果之间的巨大差异。

第四节　比较与总结

根据以上分析，美、英、日三国城市规划法律体系的主要特征与差异主要体现在框架结构、功能作用、内容、规划立法和司法监督这五个方面（表 3 - 5）。

美、英、日三国城市规划法律体系的特征比较　　表 3 - 5

	美国	英国	日本
框架结构	联邦宪法、州法律、总体规划、区划； 以州法律为主，地方条例法规为补充，规划法的系统性较差	《城乡规划法》、法律性文件、行政指导性文件； 地方法规，地方发展规划	《城市规划法》、相关法律、行政法规； 地方无规划立法权
功能作用	州法律：基本规则的规定； 地方条例和法规：执行时的具体规定和要求	国家法律：纲领性、权威性； 部门法规、政策性文件：解释、说明和指导； 地方法规：法律的具体化； 相关法律：相关专业问题的补充	国家法律：纲领性、权威性； 部门法规、政策性文件：解释、说明和指导； 缺乏地方性法规

① ［日］宫泽节生. 日本法官的行政控制. 浙江社会科学，2004，5：34 - 43.

续表

	美国	英国	日本
内容	州法律：各主体的权利、义务和责任、程序、地方规划的最低限度的内容； 地方条例法规：标准化、详细化	国家法律：各主体的权利义务和责任、规划程序、开发许可制度； 部门法规、政策性文件：对各类政策性问题、技术标准、实施手段的解释、说明和指导； 地方法规：法律的具体化和地方化	国家法律：各主体的权利义务和责任、规划程序、开发许可制度
规划立法	议会与规划委员会（准立法机构），立法与行政的独立以及对行政的监督	议会，议会与行政的密切合作关系	以行政立法为主，议会对行政的监督十分有限
司法监督	独立的司法监督	有限的司法监督，集中于对行政程序合法性的监督	无独立的司法监督

一、法律体系的结构和内容

美国在高度地方分权的体制下，没有城市规划的国家法律，城市规划的法律体系主要由州以下的地方自治体层面的法律构成，以州的标准授权法和地方的立法为主。州的标准授权法中仅对规划行政提出最低限度的要求，且不具有法律约束效力，规划的内容、形式，乃至是否制定城市规划等问题，均由地方立法自行决定，因此，地方立法在规划的法律体系中具有绝对的主导权。从框架特点和内容来看，以实用性为主，缺乏专业法律的系统性和连贯性，重视程序性规定，缺少规划内容的规范性规定，各地方的规划法律各具特色是美国规划管理法律体系的主要特点。同时，由于美国城市规划的实施主要依靠区划制，而没有独立的开发许可制度，所以其规划法律的功能和内容就更集中于规划本身，而不具备解决规划实施问题的作用，这是美国规划法律的功能作用与英国的明显差异。美国规划法律体系的这些特点，集中反映了美国高度地方自治的背景下作为地方事务的城市规划管理的基本模式，也符合在美国特有的社会环境下对于规划管理的现实要求。

与美国完全不同，英国以《城乡规划法》为法律体系的核心，以大量的法律性文件、行政指导性文件和地方法规为基础，城市开发、住宅等相关法律为补充和衔接，形成了较为完善的专业性法律体系。从法律体系的框架结构特点来看，从国家法律、大量的专业部门法规、详细具体的行政政策文件到地方法规和地方性规划，以及相关领域法律，构成法律体系的四个层次，具有明显的系统性和完整性。从法律法规的功能、作用来看，《城乡规划法》作为专业领域的国家法律，其纲领性和权威性十分突出；而专业部门法规和法律文件则是对法律中具体的条款内容和执行细则进行规定、解释；政策性文件则是对具体的政策制定和实施的指导性说明及解释；地方法规是根据地方的实际情况和条件进一步对规划管理的执行和规则作出进一步的具体规定；相关领域的法律则从各自不同的侧面对规划编制和管理所涉及的各种权利、义务、规则作出相关的规定，从而形成对规划管理法律法规的必要补充。因此，在整个规划法律体系中，各类法律法规各自的功能十分明确，又相互衔接，互为补充。从法律法规的内容来看，有关规划管理中各部门的职责和权限、规划编制的程序性规定，以及规划内容、控制标准、执行手段等技术性规定十分详细、具体、明确，而且不仅包括了规划体系内容的规定，也包括了规划实施的开发许可制度和规划实施手段等的规定。

在日本，城市规划法律体系主要包括了国家法律、相关专业法律、指导纲要等内容；在地方政府层面，不具有规划的立法权，在完成其规划管理职责时必须遵守国家法律，而且在很长时期内，地方政府不具有城市规划编制的法定义务和职能权限，地方规划也不具有明确的法定地位。因此，从法律体系的框架结构特征来看，主要以国家层面的法律和部门法规为主，地方层面的法律法规明显缺失。作为国家法律的《城市规划法》以及大量的行政规定（以通达、施行令等形式），对地方的城市规划的内容、规划控制的方式等都进行了详细的规定。从规划法的内容来看，既包括对规划体系本身的规定，也包括了一部分有关规划实施手段的规定，如公共项日和城市改造项目的指定等。很显然，受到中央集权型政府管理休制的影响，日本城市规划法律体系的形成也明显具有头重脚轻的特征。这也必然对地方层面的规划管理造成了极大的影响，这些影响突出表现在地方政府的规划管理权限受到极大的限制，基本没有自主权和独立性；由于地方层面规划法规和法定规划的严重缺失，造成地方的规划管理工作不是以地方法规和城市规划为指导，而是在很大程度上以全国统一的法规标准以及国土规划、区域性规划和大型公共项目规划的方针及导向为指导原则而开展的。

从整体情况来看，美、英、日三国的规划法律体系有着较大的区别。在框架结构方面，其层次性、系统性和连贯性有着较大的差异；从规划法的功能和内容来看，由于美国城市规划的实施主要依靠区划制度，没有独立的开发许可制度，所以其规划法律的功能和内容就更集中于规划本身，而不具备解决规划实施问题的作用。从整体来看，这三个国家规划法律体系的结构特征，与其政府管理体制和地方制度的基本特征相适应，是与其所在的政治制度背景和经济、社会环境相适应而产生的结果，同时也必然对地方层面的城市规划管理活动的实际操作和运行产生重要的影响。

虽然这三个国家规划法律体系因其体制和制度性的差异而各具特色，但同时又在某些方面存在着一些共同的特征，这就是在各项和各级法律法规中，对于规划管理各类主体的职责权限的范围和内容的清晰界定，以及对规划管理运行中程序性要求的明确规定。可以说，这些共同特征正是在现代法制化民主国家，建立有效的城市规划管理体制和运行机制必不可少的制度基础。依靠这些明确的法律规定，在城市规划管理的制度实践和实际运行中，规划立法、行政、司法的制约和平衡关系才能切实得以建立，规划的编制、决策和执行才能有法可依，规划管理的基本游戏规则才能得到社会的确认和接受；进而言之，只有建立在明确的权责分配和规范的法律程序基础之上，城市规划管理中国家和社会、政府与公民的权利、责任和义务关系才能具体真实地得以实现，土地开发中利益分配的公平公正才能得以维护，才可能形成各类主体相互制约、监督的制衡关系，并为其互动交流建立有效的制度平台。而这些问题，正是城市规划法律法规体系需要解决的核心问题。

二、规划立法机构的职能

在城市规划管理的制度建设、政策制定和实际运行中，城市规划立法主体发挥着十分重要的作用。具体来看，现代法制化民主国家对于立法主体的职能界定，在一般意义上主要集中在三个方面，即在立法过程中体现与表达民意的作用，完成决策的作用，以及对行政主体的监督制约作用。因此，在现代国家体制建设中，对于立法机构的首要要求就是其作为民意代表机构的民主性。与此同时，由于城市规划管理的专业技术特点较强，为保证规划管理领域内立法行为的公平公正，对于规划立法机构的要求除了民主性之外，还需要具备一定的专业性。但实际上，立法机构的民意代表大多数并不具备充分的建筑工程、城市规划、房地产经济或法律等方面的专业知识和技术素质，而行政机构和专家又不能充分地代表民意，因此，城市规划立法机构的建立，往往总是需要在民主性和专业性这两个基本要求之间进行必要的协调和补充。在不同的国家体制和经济、社会环境中，其结果也必然不同。

在美国采取了议会与规划委员会的双重立法决策机制，议会作为法定的民意代表机构和立法机构，具有最终的裁决权；同时为避免政治斗争对行政的干扰，提高决策效率和公平性，作为专业性准立法机构，规划委员会成为独立于政治之外的规划决策体制，在专业领域内具有最终的裁决权。同时，通过议会与规划委员会之间相互制衡关系的建立，使得专业立法的民主性和专业性、效率与公平之间具备了基本的平衡关系。

在英国，在法律意义上地方议会是规划立法的唯一权力机构，但是，由于英国地方政府制度的特殊性和规划的专业性，议会在行使其权力和履行其职责时，在很大程度上需要依靠与规划行政部门之间良好而密切的关系。因此，英国的规划立法机制是议会为主、行政为辅的模式；英国城市规划立法中议会与行政之间的合作关系，与美国模式中通过规划立法与政治的独立与相互制衡来保持规划的专业性和公正性的做法，是完全不同的。这在很大程度上也体现了两种政治文化和行政环境的显著差异和特色。

日本在规划立法的制度建设中采取了类似美国的模式，试图建立立法与行政的分离和制衡机制。但是，在实际运作中，由于日本长久以来行政强权体制与政治文化环境的影响，议会并未起到对行政的制衡作用。在立法方面，并不是议会，实际上仍然是行政部门掌握着实质上的控制力；在对行政行为的监督方面，日本议会所发挥的作用也可以说是非常有限的。可以说，在精英治理的传统环境之中，在规划立法领域中行政部门和专家占据了绝对的主导地位，这具体表现为行政机构与以专家为主的规划审议会相结合的独特的规划立法模式。与美国的规划委员会不同的是，日本的规划审议会并不是独立于政治与行政之外的决策机构或准立法机构，而是为避免行政和政治等各种力量的正面冲突而提供的进行协商的制度化平台。在这一点上可以看出，日本模式的规划立法机制的形成，是其注重和谐的传统行政文化和社会观念、精英治理和集权型行政体制等因素综合影响的结果；与英美两国规划立法体制的根本不同在于，日本模式最终呈现出在立法的专业性和民主性方面更偏向专业性，而缺乏民主性的特征。

三、司法机构的作用

在西方民主国家制度的基本建构中，司法作为保障公民基本权利、维护社会公正公平的最后屏障，发挥着监督和制约立法、行政两大公权机构的重要作用。作为西方民主制度的传统，司法机构往往对于作为民意代表机构的立法部门给予充分的尊重，因此，在一般意义上，司法机构的作用主要表现在对于行政部门的监督制约方面。基于这一基本原理，在城市规划管理制度的建设和实践中，司法机构往往并不对一时一事的政策内容的合理性进行判断，而主要集中在对公民基本权利的合理保护和行政程序的合法性、正当性的裁决方面。当然，从各国的实践经验来看，司法机构在规划管理实际运行中的监督作用仍然存在着较大的差别。

在美国，规划诉讼案件的司法判例对规划立法与管理的执行起着十分重要的影响作用，往往成为对规划管理中原则性和合法性问题的最终判断，而在很长时期内都将影响着地方规划行政和管理实践的基本方向，司法能动主义和法院的主动行为成为行政监督和为权利人提供事实上的司法保护的重要因素。在三权分立的体制下和抵制强权政治的社会环境中，司法机构所拥有的权力对地方政府在城市规划行政方面的任意性和自由裁量权起着极大的制约作用。

在英国，法院对于规划行政和实践的直接影响要弱于美国。由于规划行政中充分的协议协商机制以及完善的行政监督和救济机制的建立（详见第四章），有关规划专业性问题的争议和矛盾大多在行政体系内部进行协调和仲裁，而法院仅对规划行政程序的合法性问题进行裁决，具有诉讼资格的对象也仅限于行政救济程序完成后仍无法解决的案件。从规划管理制度的整体结构来看，英国模式与美国模式相比，其根本的差异可以说是将对公民权利的保护和救济程序的重心，从司法程序前移到了行政管理体制的内部程序中来。需要看到的是，这种差异的形成与英美两国在行政文化和社会传统方面的不同，有着密切的联系。与美国强调竞争、通过正面冲突和质辩解决争端的行政文化和社会传统不同，英国的行政文化和社会环境更为保守和传统，强调对权威的尊重以及社会的整体性。从这一点出发，也就不难理解在制度结构基本一致的两个国家，制度实践中为何会出现如此不同的运行状况和实际效果。

与英美两国截然不同的是，在日本，由于中央集权和行政强势的体制性特征，司法机构对于立法、行政的监督和制约作用极其微弱。在城市规划管理领域，无论在行政体制内，或是司法体系内，争议解决途径较为有限。由于行政对于司法的严格控制和干预，使得当事人提起行政诉讼的主观愿望和心理预期大大降低。同时，作为一种更为广泛和深刻的影响，强调服从、和谐、协调的传统观念，使得日本社会对于争议解决更倾向于采取非正式的、较为柔和的协调方式，而非西方式的正面冲突和激烈质辩方式。这也是导致日本形成有限的司法监督模式的重要的社会性因素。

从美、英、日三国的实践经验中可以看到，司法机构对规划行政的监督作用在不同的国家存在着明显的差异，这些差异不仅来源于政府管理体制和行政文化的不同，也来源于社会环境和传统观念的不同。更为重要的是，从这三个国家城市规划的司法运行的共同特征和正反两方面的经验来看，无论采取何种运行模式，现代民主国家制度的基本逻辑决定了司法机构的核心作用在于保护公民的基本权利，维护社会规则的公平公正，而这两点正是建立公平与效率兼备的城市规划管理制度的核心目标。

第四章

城市规划行政体系的国际比较

第一节　规划行政部门的职能

一、美国

（一）规划行政部门的职能

城市政府中城市规划管理的具体事务，往往是由城市规划局这样直属于市政府的行政职能部门来执行的。各市县均设有规划部门，一般称作规划局。有的市县还同时设置了社区发展部，负责受理和审批各种许可证。还有些市、县设区划局，专门负责执行分区详细规划的各项指标。由于很多城市的总体规划不是法规，而区划是法规，因此对于区划执行较为严格。除规划局之外，同时设立住宅和建筑这两类职能部门的情况也较为普遍。尤其是建筑局所承担的建筑审查的职能与城市规划，尤其是区划的执行有着十分密切的关系。在很多州都规定，可以由建筑审查官（Building Inspector）代理区划事务官的职能。

在城市政府中规划局的权力很大，既有公共投资项目的发展立项，又有土地划拨和规划审批许可等职能，但规划局的决策同时受到规划委员会的制约。规划管理部门的官员除了完成法律规定的行政事务之外，对于各种政策的制定和实施起着十分重要的影响作用。因为市议会议员以及城市规划委员会的委员虽然直接参与立法，但都非专职人员，有关城市规划方面的信息在很大程度上都需要这方面的行政专业人员提供，因此，规划局行政专业人员的信息和意见往往会对政策的制定产生极大的影响。此外，规划局的行政专业人员除了本部门的行政事务之外，往往还兼任例如召开听证会、规划许可审批、区划执行官等事务，具有对地方政府各项事务进行调查、建议的综合职能和重要权力。

例如在美国最大的城市纽约，根据《纽约城市宪章》（City Chart of New York City，详见附录D），纽约的城市规划管理部门分为三个层次：

（1）社区发展委员会，负责城市规划的执行监督以及建设项目的审查；

（2）城市规划委员会，负责城市建设项目的预审，并定期召开听证会，对需要审批的建设申请项目进行表决。经过表决通过的项目，才能进入审批程序；

（3）市规划局，市政府的工作机构，局长向市长负责并报告工作，执行市政府颁布的城市规划法令。

纽约城市规划委员会始建于1936年，从成立之初仅有7名委员扩大到现在的13人。人员配置：纽约市规划局局长担任委员会的主任，市长指定的6名成员，以及纽约市5个区的区长和公共利益维护官每人各任命1名代表，成员的任期为5年。

在纽约市，城市规划的编制和审批控制权主要集中在市一级政府。大部分日常的社区开发和规划审批都是由纽约市规划局负责的，它还负责审批开发商的规划、执行分区详细规划，即区划。在没有法律授权的情况下，联邦政府和州政府不得干涉纽约市的城市规划。前提是纽约市的城市规划法不能同州和联邦的法律规定冲突，否则会被法院判决违法甚至是违宪。

在纽约，大多数的开发行为都必须经过层层审批。从具体程序上看，首先，必须到纽约城市规划局申请立项。市规划局收到项目申请之后，初步审查申请的内容是否符合法律要求。初步审查的依据，是项目的总体环境质量分析报告。如果没有环境质量分析报告，市规划局有权拒收。如果申请立项的项目资料合格，市规划局必须在5个工作日之内把申请的所有材料转交至社区委员会，由后者来审查项目申请。60天之内，社区委员会通知到全体居民，告知举行建设项目的听证会。由社区委员会主持听证会，听证的结果必须立即通知纽约城市规划委员会和区长。社区委员会也可以放弃审查权，自动批准建设项目申请。如果规划方案被纽约市规划局驳回，开发商或申请人可以选择到上诉委员会进行申诉，也可以上诉至纽约地方法院。

（二）规划行政行为的类型

城市政府的决策和行为所具有的法律效力及功能并不相同，一些市和县等地方政府内同时拥有立法和司法的功能。根据其法律效力和功能，可以将地方政府的决策划分为立法行为、准司法（Quasi-judicial）行为和行政行为这三种类型。不同的决策行为中不仅其法律效力和功能不同，而且其行为主体不同，行政动议程序和决策程序不同；另一方面，这还意味着当出现异议和司法诉讼的情况下，申诉对象和诉讼对象也就不同。

城市规划和管理的立法行为一般是指总体规划和区划条例等综合性政策的决策行为。这些法律法规通常是采取了地方自治体条例的形式，与地方议会及联邦议会的法律具有完全相同的法律效力。也就是说，这些规划条例作为具有法律效力的政策文件，对所有任何行为都具有相同的约束效力。这种立法行为必须经过市议会等立法机构批准，方能生效实施。城市规划委员会对于总体规划和区划条例的修订建议等，也须经过立法机构的认可、批准方能生效实施。例如，在加利福尼亚州，司法机构一般认为根据州法律，所有地方自治体的立法行为都必须经过公民动议（Initiative）和信任表决（Referendum）的程序。在这样的体制下，居民具有提出规划修改的提议权，同时对于总体规划和区划条例的任何修改都具有直接的表决权。

准司法行为的主要特征是对于已经立法的政策进行司法解释，并适用于各个开发项目的政策行为。与立法行为相同，准司法行为中地方自治体也拥有一定程度的自由裁量权，因此，对于规划委员会批准的一些有条件的使用许可和区划条例的特例许可（Variance），地方自治体都有权力进行否决。准司法行为与其说是政策立法，实际上更多的是作为司法解释来发挥其作用的。例如，对于城市规划委员会的裁定，可以向市议会和行政委员会提出异议申诉。正因为此，对于准司法行为不适用公民动议程序和信任表决程序。但是，市民可以通过司法诉讼的程序，使得市议会和行政委员会对于有异议的规划进行重新审议。准司法行为的生效要求具备较为严格的程序，具体来看，包括规划公示的方法、时间以及听证会的召开。与立法程序中的听证会不同，准司法决策中的听证会必须包括证人宣誓、反方提问等更为严格的、类似于司法审查的内容和程序。

行政行为是指地方政府的行政部门必须按照法律条例的规定执行，是没有任何自由裁量余地的行政执行的行为。通常情况下，在满足一定规定条件的情况下，行政行为是行政部门必须履行或批准的行为。例如，规划局根据区划进行项目的规划审查，城市规划委员会或市议会对已经批准开发许可的项目发放相应的建筑许可，都是一种行政行为，因为获得开发许可已经构成了发放建筑许可的充分必要条件。在这类行为中没有任何的自由裁量的行政判断，所以可以交由一般的行政部门人员执行。此外，行政行为也不适用于公民动议和信任表决的程序。

（三）规划决策的基本程序

从法律角度来看，规划的制定就是一种立法行为，因此规划的编制和决策过程中从始至终贯穿着各方利益团体的激烈争论（图 4 - 1）。

在美国，城市总体规划的制定程序一般总是从设立总体规划咨询委员会和选择专业的规划咨询公司开始的，市民咨询委员会通常是由各地区的社区代表、包括开发商在内的业界代表、规划师、建筑师等专业人士和各利益团体代表，共 20 ~ 30 人组成。咨询委员会成员的构成在很大程度上受到该市的公众态度、社会环境和政治倾向的影响，例如在倾向于控制城市过度扩张的地区，咨询委员会中开发商、房地产业界人士的人数则较少，而更倾向于选择市内各社区团体和居民的代表。市民咨询委员会一般需要花数月的时间起草总体规划初稿，一般是由专业的咨询公司向委员会提供技术资料和建议，委员会则据此作出选择。第三步是将咨询委员会的草案提交给城市规划委员和市议会，这两个部门有可能对草案作出部分甚至于全面的修改。

根据标准授权法的规定，“在总体规划决定的六周之前，委员会和议会必须举行一次以上的听证会”，对于听证会的时间和场所也必须在当地的主要报纸或政府公报上予以刊登。实际上，往往在草案的编制、修改和议会审议过程中，都会举行多次的听证会，在公开透明的过程中保证市民的参与和各相关者间充分的讨论。

各地区划条例的决策程序基本与上述相同，但区划条例一旦决定之后，在实际执行过程中针对某一地块而变更区划内容的情况十分常见。区划变更的程序虽然从法律意义上并不是立法行为，但为避免随意更改区划条例，对于变更的程序规定仍然十分严格。除了以上的公告和听证会的程序，还必须征询相邻地区所有业主的意见；在20%的业主表示反对该变更的情况下，必须获得议会3/4席位的赞成票，该变更方可通过生效。

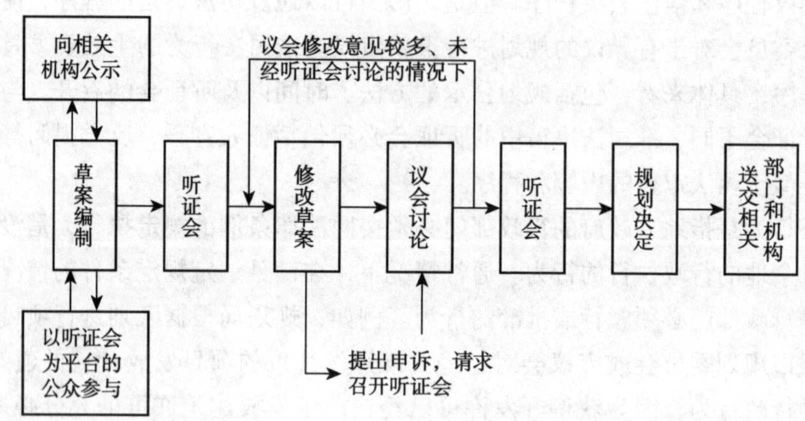

图4-1　加利福尼亚法律规定的总体规划编制程序

此外，如前所述，在一些州法律中规定了关于公民动议和公民复决的程序，只要能获得必要的支持者，任何市民或组织都有权提出政策提案并有可能获得通过，即所谓市民的动议权与复议权（参见第三章第二节）。在美国，有20个州的公民可以通过运用动议权的形式参与立法，如果有1组公民提出1个议案，并获得规定数量的支持者签名，就可采取全体市民公决的方式成为法律。同时，有24个州在立法上采用了“公民复决”（Referendum）的制度。当一个议案被立法机构通过后，如果此时有人提出反对的请愿，并获得足够数量的签名支持，就要对法案进行区内的全民公决。在公决中得到通过，法案才能成为法律。当然，这种直接民主的决策方式一般适用于较小的区域与较少的人口，而且只是在一些范围有限的重大问题的决策中才能采用，绝大多数市政立法还是通过由选举产生的市议会通过的。

（四）听证会的类型和程序

在规划决策过程中，听证会制度起着十分重要的作用，是保障公众参与规划的重要机制。召开听证会是规划决策过程中必不可少的一个阶段，最低限度必须由规划委员会和议会分别召开一次听证会。根据决策内容和决策行为的不同，听证会的性质和程序也有所不同，大致可分为立法性决策而召开的听证会以及准司法性决策和一般行政性决策的听证会这两种。立法性决策中的听证会作为立法活动的一个环节，需要广泛听取相关利益者的意见。而根据宪法中的正当程序条款，后一类听证会的有效性必须建立在包括正当的通知、告示和公正的听证过程等必备条件的基础之上。

对于立法性决策的听证会，一般没有严格的要求必须提前告知和公示，因为议会召开的听证会一般均是向市民公开的。为保证立法性听证会目的的完成，标准授权法以及各地州法中均会对立法性听证会的具体程序进行详细的规定。例如，在加利福尼亚法律中，对于立法性区划变更程序中听证会程序规定了最低限度的八个内容，而具体的内容则由各地的规划委员会决定。加利福尼亚法律规定在听证会中，首先，规划委员会议长宣读讨论的条例序号，各地区证人宣誓。接着议长宣读调查报告，如有要求，还需宣读相关公告。接着申请方及其证人出席，由其聘请的专业律师宣读其申请内容；在较为复杂的情况下，还需出示相关专家的证词。接下来，反方出席发表意见，其后申请方进行辩护。申请方和反方发言结束后，进入委员会讨论阶段。有时此前均为封闭性听证，在这一阶段双方均有机会提供其他的证词，并向对方质疑，规划委员会委员的发言和讨论也应在公开的状态下进行。讨论结束后，由委员会进行决议，并将决议内容和理由以书面报告的形式向议会提交。同时，听证会中各方发言的方式也规定为意见陈述的形式，而非质疑回答的形式。而且很多区划变更的听证会上，在证人出席之前，往往会先由辩护律师向委员会汇报证人人数及其主要发言内容。一般由规划委员会召开的听证会中不允许进行反方提问，而且只有在委员会议长认为必要的情况下，方能由议长代为提问。

与立法性听证会不同，准司法性决策和行政性决策的听证会对于正当程序的要求更为严格。一般来说，此类听证会必须包括以下九个要素，才能满足正当程序的要求：

（1）及时的通知和充分的告知（听证会的时间、地点、将讨论的问题等）；

（2）允许任何市民参与；

（3）质证辩论程序的设置；

（4）公开所有相关信息；

（5）事实认定；

（6）避免利益对立；

（7）迅速决定；

（8）记录材料的保留；

（9）设定基本听证规则。

除此之外，对于此类听证会的具体程序的细节，一般以类似于法庭裁判的标准严格要求。

可以看出，立法性决策中的听证会与准司法性决策程序有着较大的不同，简而言之，立法性决策的听证会主要采取了非正式听证的程序模式，而准司法决策的听证会则采取了更为严格的正式听证的程序模式。可以认为，二者之间差异的原因，就在于立法性决策本身已经采取了以议会为主的民主形式，听证会的作用主要在于更直接广泛地听取公众意见；而准司法决策程序中以行政部门为主，因此，采取正式听证的程序模式有利于加强对于此类决策行为的公正性的监督。

（五）规划决策程序的主要特点

美国城市规划决策程序的主要特点，可以总结为以下四点：

（1）作为立法机构的议会和准立法机构的规划委员会，是美国规划决策程序的主体。从主体间关系来看，规划委员会的独立运行机制及其拥有的最终决策权，最大限度地避免了政治对规划决策的影响；但是另一方面，法律也规定，获得议会半数以上支持的条件下也可推翻规划委员会的决定，而且规划委员会的最终决策权仍受到地方议会预算决策的制约。因此，美国的城市规划决策程序实际上是建立在议会和规划委员会之间相互制约平衡的关系基础之上的。

（2）美国城市规划决策程序中，公众的直接参与也是其突出的特点之一。规划决策中的公众参与集中体现在公众拥有城市规划法案的动议权和复议权。这使得规划决策中的公众参与突破了议会代议制下间接民主形式的有限和制约，使得公众意见和社会需求能够直接、及时地在城市规划法案中得以体现和回应。

（3）听证会在美国城市规划决策程序中发挥了十分重要的作用。作为规划决策中公众参与的平台之一，听证会制度成为立法决策中意见表达和利益协商的重要渠道和程序。这一机制的建立，使得决策程序中各类主体间的互动和沟通更为制度化和规范化，为规划决策中的权利救济提供了有效的制度保障。

（4）决策信息和过程的透明公开是美国城市规划决策程序的另一大特点。规划决策法定程序中有关决策信息公示的要求以及听证会制度等的程序性规定，都极大地保障了规划决策的信息公开和程序透明，为促进规划决策中的公众参与提供了重要的基础条件和制度保障。

二、英国

（一）环境交通部和住宅与城市规划监察厅

在中央政府一级，环境交通部是城市规划管理的主管职能部门，另外通商产业部、历史遗产部、农业水产部等部门也同时参与地方规划制定的指导监督。环境交通部的基本职能包括，制定有关城市规划的法规和政策，审批郡政府的结构性规划和受理规划申诉（Appeal），并有权干预区政府的地区性规划和开发审批，以确保城市规划法的实施和指导地方政府的规划工作。环境交通省采取大臣负责制，环境大臣不仅负有监督地方政府的权限，同时还拥有一些直接干预的权限，以保证全国政策的一致性和系统性。

环境交通部对于地方规划行政的干预方式主要有五种：

（1）地方政府的规划行政权是由《国会法》授权的，该法同时授予环境交通部对地方规划行政的干预权，环境大臣还可以通过下位法立法权对地方规划行政进行干预。

（2）环境大臣拥有规划的审批权，有权抽查任何规划，并要求地方规划行政部门作出修改或解释。

（3）通过上位的规划，包括区域性规划、全国性规划对地方的规划行政进行干预。近年来由于区域性规划在规划体系中地位的下降，这种干预方式及其影响也在减少，下面通过下达通告等法律性文件和受理申诉的干预方式正在不断增加。

（4）环境交通部经常通过向地方规划行政部门下达通告（Circular）、指导书（Guidance）等法律性文件，对于开发政策的方针以及开发规划的内容、程序等进行解释说明，并有权对开发控制和开发许可的发放进行事前抽查。

（5）如果开发许可被否决，或对开发许可中的附加条件不满，项目申请者可以就地方规划部门的审查结果，向环境大臣提出申诉，由此可能否决地方政府的审查决定。这是一种行政救济手段，通过环境大臣的裁决以避免市民的权益受损。从20世纪80年代中期开始，向环境大臣提出的申诉中有超过40%的案件得到了重新受理，从这一结果也可以看出中央政府对地方规划行政强有力的干预。

与此同时，英国在1909年就已经根据立法成立了专门的监察机构——住宅与城市规划监察厅，处理与住宅及城市规划、城市开发有关的上诉案件。这一机构在20世纪90年代之前一直设在环境部内，如今是全权负责英格兰规划事务的副首相办公室（ODPM）下设的一个行政机构，它同时为威尔士下议院（NAW）工作。1947年发展规划和开发许可制度建立之后，对于地方编制城市规划进行审查的数量不断增加，该机构及其监察员（Inspectors）的规模也在不断扩大。虽然规划监察厅从工作关系上隶属于环境交通部，但在人事任命、财政等方面具有较大的自主权。这种模式有利于加强行政监督的透明化和监察部门的独立性。

1993～1994年度规划监察员的人数为329名，其中200多名为全职人员，其余的100多名为兼职人员。目前，英格兰和威尔士规划监察机构聘任的员工已经有800多人，其中300多人为监察员，另外还有200名带薪顾问监察员。监察员的工作内容包括参与发展规划编制过程中的公开审查（Public Examination）、处理与开发审批相关的上诉、处理对强制执行提出的上诉。其中仅第一项业务属于收费业务，地方规划部门须向规划监察厅缴纳举行公开审查的费用，其他业务均不收费。据统计，在1998～1999年度，规划监察受理的申诉案件就达到12877件之多①。随着20世纪90年代英国规划制度的改革，发展规划编制过程中公开审查的数量和深度都在不断增加，因此，监察员的素质越来越多地影响着规划的编制和实施。根据制度规定，监察员是通过公开招聘的方式，从从业经验丰富的规划师、律师、测量师中选拔出来的，受聘后监察员一般都需要经过2年的实习期才能正式上岗。

在发展规划的编制过程和开发许可过程中，如果有人对规划内容或开发许可的

① Barry Cullingworth. Vincent Nadin. Town And Country Planning In The UK（Thirteenth Edition）. London：Routledge，2002.

结果提出异议和申诉，往往需要举行公开审查，以协调各方的矛盾和冲突，因此，如何协调不同主体之间的分歧，往往成为影响整个规划程序和结果的重要问题。在这种情况下，监察员作为公开审查的主持人，发挥了重要的第三方的调节和协商作用。在规划的公开审查中，监察员通过第三方的协调作用，建立一个调解、协商的渠道。公开审查中监察员的作用并不是作为总结发言人或裁判者，而是作为对立意见双方的中介者，使得双方能够通过平等的讨论，明确认识上的差异，从而提高规划内容的公正性和决策质量。

（二）地方政府和规划行政的主体

如前所述，由于英国地方制度中议会至上的传统，其结果使得立法与行政的结合更为紧密。这一特点在规划行政领域，就表现为议会兼具有规划的立法和行政管理的权力。对应于1968年《城乡规划法》中建立的两级规划体系，在1974年地方政府体制改革后，就基本形成了非大都市地区两级规划行政、大都市区一级规划行政的体制特点。各级地方议会具有本地区范围内的规划编制、审批和执行的权限。另外，在一些特别开发地区，由城市开发公司（Urban Development Corporation）负责该地区的规划行政职能。

除此之外，中央规划主管部门的大臣在获得相关地方政府同意的条件下，有权设立跨县和区的联合规划委员会（Joint Planning Board），作为具有一定规划行政权限的区域性规划机构。在大都市地区，为解决大都市圈内的规划和开发协调等问题，可以成立联合咨询委员会等区域性的咨询机构，例如1985年伦敦大都市区就成立了“伦敦规划咨询委员会”。此类机构不同于前者，他可以向各地方政府提供规划和开发方面的建议，也可以向主管大臣传达地方的各种要求，但它不属于具有规划行政权限的地方行政机构，而只是一个规划咨询机构。

在各地方的规划行政活动中，主要是由议会中的规划委员会来完成政府的行政职能，各行政职能部门则起着帮助议会完成其职责的作用。由若干公选议员组成的规划委员会既是规划的决策部门，也是规划管理的执行部门。城市发展的政策制定、城市规划的审议讨论，以及开发项目的许可审批，都是由该委员会来执行和实施的。作为规划委员会管辖下的机构，规划局的任务是帮助规划委员会进行决策和执行，由于议员往往并非规划专业技术人员，所以在规划决策中必然要借助于规划官员以及规划师的意见和建议。而且，由于各地方规划行政的事务工作量较大，所以有很多地方往往采取将一般性项目的审批权委托给规划局的做法，这样规划委员会的审批内容就减少为少数重大项目或有异议的项目，其他审批项目由规划局代为审理，并向委员会汇报。因此，议员和规划行政官员实际上，在规划行政管理中同时发挥着十分重要的作用，二者之间的协调合作关系也对规划的有效制定和实施具有十分重要的意义（关于规划行政中议员与行政官员的关系详见第三章）。

（三）规划决策的基本程序

英国的规划编制和决策有着十分严密的法定程序，根据《城乡规划法》的规定，其中主要包括协议协商、公示讨论及规划决策三个阶段（图4－2）。

在规划编制开始的第一阶段，地方规划行政部门首先需要在总结现有的政策和规划的基础之上，结合其他各行政部门的意见，初步形成规划草案，并将草案送交各相关社会团体听取意见之后，对规划草案进行修改并形成规划方案。这一阶段作为协议协商阶段，其意义主要在于在确定规划内容之前，尽早听取各方意见，促进各利益相关方之间协商协议，使各方意见充分地反映在规划草案中。从实施情况来看，越早确定规划草案，越会增加协议协商的难度，使得后期的规划编制难以推进。因此，1991年《城乡规划法》的修订中，尤其强调了协议协商程序可以早于规划草案的完成，这一阶段应尽早开始利益相关方之间的意见听取和协议协商，并使之充分反映到规划草案中。

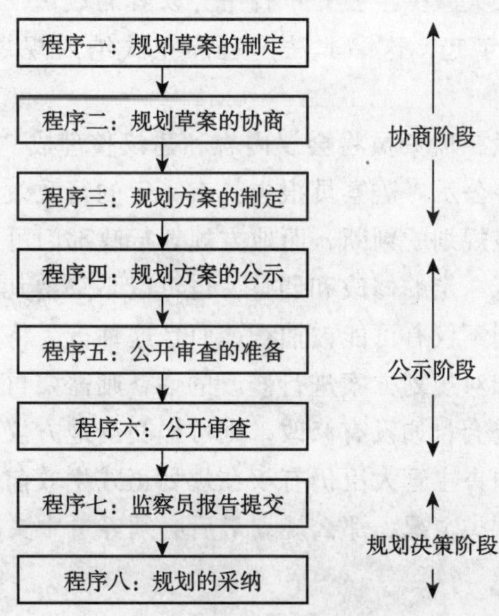

图4－2　英国城市规划编制程序

在规划编制的方案公示阶段，最初的六个星期中要进行规划方案的公示，征求公众意见，如有反对意见，需进行公开审查会。公开审查会作为一种法定的行政程序，其作用在于协调规划编制过程中出现的各种不同意见，根据规划的法律地位，公开审查会分为两种形式。结构性规划编制程序中的公开审查（Public Examination）是由环境大臣委托三名审查员（Panel）组成委员会，由环境大臣和委员长负责召集有关人士，确定参会人选，听取各方意见并向大臣提交报告，最后由大臣根据各方面情况综合判断，提出规划修改方案。而地区性规划编制程序中的公开审查会（Public Local Inquiry）则采取了更为严格的准司法程序，一般是在环境大臣任命的监察员（Inspectors）主持下，由地方规划部门、有异议者及各方辩护律师对各自的理由进行陈述与答辩。关于公开审查会的行政程序，在《行政审查法》以及环境部的法律性文件中都有大量严密的、具体的规定。

之所以对结构性规划和地区性规划的公开审查会采取不同的形式，一方面是因为结构性规划的编制是准立法行为而非准司法行为，另一方面，后者的形式适合于对具体的、有针对性的异议进行调解和审查，但并不适合结构性规划中战略性、政策性问题的讨论和审查。公开审查在英国行政法的历史中，是一种传统的解决异议的程序和方法，与听证会相似。这一程序的设立，对拥有较大裁量权的地方行政行为形成了一定的约束，从而保证公民利益和财产不会受到因公权力滥用而造成的损害。

除了在公开审查会上直接陈述意见之外，公众和其他团体还可以通过一些非法定程序来解决规划编制中的异议，例如最常见的有地方规划行政部门与异议者之间签订规划协定（Planning Agreement），对规划方案的修改达成一致意见。这种非法定程序的设置大大减少了公开审查中异议者的数量，提高了规划编制程序的效率，所以从 1996 年起，这一非法定程序正式纳入规划编制程序的操作规定中。

在最后的第三阶段，监察员将会议内容和建议整理成“监察员报告”，向地方规划行政部门提交并公示。监察员报告具有一定的行政效力，尤其会影响环境大臣对是否需要抽查该规划的判断，而地方规划行政部门可以参考这一报告书的内容，对规划方案进行一定的修改和调整，也可以不采纳其建议；但如无正当理由而不采纳其建议，则不仅有可能被抽查，而且这种行为将受到政治或司法部门的批判。在这一阶段如对规划方案进行修改的话，则需要再次进行公示，有异议者须再次召开公开审查会；如没有修改，则可提交给地方议会进行最后表决。在最后的决策程序中，中央主管大臣仍有权在规划正式生效前，要求对规划进行修改和调整。如果出现此类情况，那么规划最后必须经过中央主管大臣的认可之后方能生效。

（四）规划决策程序的主要特点

从以上英国城市规划决策的制度性程序中，可以看出其四大特点。

(1) 英国规划决策程序的最大特点就是对于协议协商过程的重视。从程序设置来看，协议协商环节是作为规划方案形成的前提和基础条件来设定的，是规划决策中不可缺少的法定程序。当然，不论在规划前期的协议协商阶段，还是在之后的公开审查程序中，任何市民或社会团体都有权发表自己的见解和不同意见。一般来看，大多数的异议者都能够在公开审查会召开之前与规划部门达成一定程度的共识，不能达成共识的异议者则有机会在公开审查会上继续发表自己的意见。公开审查会上的陈述可以是非专业人士的“大白话”形式的，也可以聘请专业人士代为陈述，当然有关的费用自理。对于无力聘请专业人士的低收入阶层，以及不知道在公开审查会上如何表达自己意见、缺乏相关经验和技巧的市民，还可以通过“规划援助项目”（Planning Aid Program）（详见第四章第三节）这一规划专业学会的项目，获得专业规划师的帮助。同时，关于在公开审查会上的陈述技巧等，一般市民还可以通过一些通俗易懂的刊物获得指点和有关的知识。

（2）英国的规划决策程序的特点还在于建立了较为完善的信息公开制度，使得决策过程中所有信息对市民公开，从而保证了所有的异议都能够得到及时的回应和公正的处理。不论是在修改后规划方案的公示程序中，还是在公开审查程序中，所有异议者提出的反对意见都会被分类整理，包括异议的内容、意见提出者的信息、相关的讨论焦点、时间、讨论参与者，以及最后该意见是否被采纳等等，每条反对意见的处理过程的资料都被整理成为庞大的电子数据库，这样就保证了每一个异议者随时可以获知自己的意见得到了怎样的处理，如果未被采纳其原因又是什么，任何市民也都可以自由查阅每一条相关的信息，了解规划编制过程中的每一个阶段。

（3）英国规划决策程序的特点还在于其独特的公开审查制度。如前所述，规划编制过程中的公开审查制度是对在协议协商阶段未得以解决的异议进行最后协调解决的方式，它是以具有深厚的城市规划专业知识和实际经验的监察员作为第三者，为规划当局和异议提出者提供一个阐述各自见解的机会，通过交互质询（Cross-examination）的方式进一步理清各自认识中对立的部分，共同寻找可能达成共识的交叉点，并以监察员为中心共同明确这种可能性的一种制度性的协议协商的方式。这种规划决策过程中的协议协商方式的合理性，更多的是建立在英国行政体制形成历史过程中体系化和系统性的制度结构的基础之上的。如果没有具有较高专业素养和职业精神的监察员队伍的培养和良好的行政管理，这一制度也不可能得以有效实施和运行。

（4）英国城市规划的编制，是一个经过社会各阶层广泛讨论及逐步审议的规划编制审查的过程，这一过程中的每一个程序都是建立在非常严密的法律规定基础之上的，任何人或机构都不能超越法律对法定程序进行修改。这再次反映出英国一贯以来的“重法轻权”的传统和社会观念。英国《城乡规划法》条文的主要内容，大都是有关规划审议审批的程序及手续的规定。与此同时，相关的规则、通告、指导与操作规定等法律性文件，又对《城乡规划法》的内容作了进一步详细、具体的补充和说明。基本大法和其他法律性文件在不同的层面从不同的角度对于规划编制的程序，进行了规定和补充说明，互为补充又具有严密功能分工的法律体系使得规划的编制、讨论、审议及审批的每一过程，都建立在对上一阶段的成果逐步补充完善的基础上，最终构成了一个十分严密的规划编制审议制度。这一制度既保证了规划编制作为立法行为的严密性，同时也保证了充分的信息公开和广泛的公众参与，从而为规划编制的决策行为建立了公正性和权威性的基础。

三、日本

（一）各级规划行政机构的职能划分

在中央政府这一层级，国土交通省负有城市规划的相关管理职责。在国土交通省内设有都市局和住宅局，其下设有课、系等具体负责城市规划的法令的制定、地方规划部门的技术指导等工作。在一些城市规划的相关领域，通商产业省、环境省、农林水产省等也对城市规划管理事务有所涉及。

一般在城市政府一级往往设有城市规划局，在各区市町村也相应地设有负责城市规划编制、管理和建筑项目审查的部门，如区役所都市整备部或都市建设部中往往设有城市规划课和建筑审查课。城市一级的规划局和各区市町村的主管规划管理和建筑审查的部门，在人事安排和人员任命方面没有直接的关系，分别听从城市政府和所属区市町村政府的命令，但是在业务职能活动中，则有着较为密切的关系。市级的规划局对于区市町村规划管理和建筑审查部门的技术性指导、合作十分频繁，而在有些业务职能活动中，区市町村的规划管理部门，则类似于市级规划局的地区派出机构和业务窗口，最终的决定权仍然在市级规划局一方。

例如，在东京，东京都城市规划局是进行城市规划管理的主要职能部门，它主要负责编制城市基本规划、土地利用规划、城市开发与再开发规划、城市防灾规划和建筑项目审查，并对区市町村政府的城市规划编制、管理和建筑项目审查等工作，进行必要的组织协调和指导。城市规划局职员的编制为457人，下设总务部、城市建设政策部、城市基础设施部、城市防灾部、市区建筑部和多摩地区建筑指导事务所。在各区，如世田谷区役所都市整备部中设置有城市规划课和建筑审查课、立川市役所都市建设部中设置有城市规划课和建筑指导课等等。

在城市规划的编制方面，市政府和区市町村之间按照一定的职能划分，开展其规划行政活动。一般来说，区域性、基础性和总体性的城市规划、大型城市开发和再开发项目规划、重点地区开发改造规划，由市政府负责编制；另一方面，在各区市町村的行政管辖范围内，局部的、地区性的城市规划、小型地区开发规划，由区市町村负责编制。但是诸如地区排水系统、面积超过1公顷以上的街区规划、市场等的规划，仍是由市级规划局来编制和审定。

在城市规划的决策程序方面，都道府县政府在编制城市规划之时，一般需要听取有关的区市町村政府的意见，经过同级城市规划审议会审议之后，须提交国土交通大臣审批，方能公布实施。同时，区市町村政府在编制城市规划之时，原则上需获得都道府县政府知事的同意，经过同级城市规划审议会的审议之后，方能颁布实施。

在开发项目的审批方面，对城市土地开发活动中土地利用性质、开发形态变更的审批许可，除特殊情况外，一般都是由市级政府进行负责。此外，城市规划项目实施促进地区内土地开发、建设活动的审批许可，一般也是由市级政府进行负责。

在建筑审查方面，市级规划局与区町村之间的职能划分，也同样是按照类似的标准，大型建筑开发和重点地区建筑开发项目的审查，由市级规划局负责、小型和非重点地区建筑开发的审查，由区町村负责执行。例如，在东京都，所有的建筑开发项目和房屋改造项目，都须首先向项目所在的区町村的主管部门提交建筑审查材料，区町村主管部门没有审查权限的项目，须再提交给东京都规划局，东京都规划局不直接接受审查材料。2000 年东京都的都区制度改革和《城市规划法》修订之后，建筑面积在 10000 平方米以上的建筑开发项目和必须得到都知事许可的重大项目，才需要由东京都规划局审查，区市町村的建筑审查权限范围相对有了一定的扩大。

（二）城市规划审议会的作用

在城市规划的决策过程中，城市规划审议会一直以来是一个起着重要作用的半官方组织，直到 2006 年《城市规划法》的再次修订中，城市规划审议会的法律地位才得以明确。作为政府的咨询参谋机构，城市规划审议会主要负责在市政府审议城市规划之时，以《城市规划法》为依据，对城市规划方案进行调查审议。除此之外，审议会还负有对市长和地方行政长官提出的城市规划咨询事项进行调查、审议，并向相关政府部门提出建议的责任和权力。城市规划审议会主要由学者、议会议员、有关的中央政府部门和区市町村的负责人等各方人士共同组成。例如，根据《东京都城市规划审议会条例》，审议会的委员为 35 名，其中学术界代表和东京都议会的议员各占了约 1/3，其余的 1/3 则由相关政府部门的负责人、区市町村政府代表及其议会代表所组成。

审议会约一个月召开一次会议，召开时间、地点、预订审议的内容、申请旁听的方法等都会在市级规划局的网页上公示。审议会的会议，原则上是公开的。在每次会议之前，都会从申请者中抽选 15 名旁听者。审议会上提出的议案、材料和审议会的记录，除有关个人隐私的内容之外，都在市政府办公厅的市民信息室内可以自由阅览。

这一类的审议会，不仅在市级政府，在中央政府以及区市町村等各级地方政府的各部门内，都可以根据需要相应设立此类的审议会，如建设省内设有城市规划中央审议会，由建设大臣任命的 20 名委员、临时委员和专门委员组成；东京的各区市町村也相应设有各自的城市规划审议会。由于这类审议会吸收了社会各界人士代表的参加，立场各异、利害不一、观点不同，因而非常有助于政府听到各方的意见，在决策过程中兼顾并协调各方利益，避免决策的重大失误，降低风险。同时，由于吸收了专家学者的参加，有利于运用他们的专业知识和经验，促进在行政决策和执行中反映民意，确保行政执行公正的作用。

作为日本行政决策机制的一大特点，协议会、审议会等意见沟通和协议决策组织，为行政、政治、社会公众、专业人士进行政策的协议协商提供了重要的平台，发挥了极大的作用。这些组织的设立和由此形成的协议协商机制，一方面有助于各级政府之间、各部门之间的意见交流和沟通，另一方面，由于吸收了包括专家学者、企业家、政治家、社区代表等社会各界人士代表的参加，起到了政府与社会各界之间的沟通渠道的作用。这样，不仅有助于政府听到各方的意见，兼顾并协调各方利益，降低决策风险，同时，也有助于在政策决策之前，相关利益的各方通过协议协商达成共识，从而提高政策实施的有效性，减少各种政府管理成本和社会矛盾。

（三）规划决策的基本程序

在城市规划的决策程序方面，都道府县政府在编制城市规划之时，一般需要听取有关的区市町村政府的意见，经过同级城市规划审议会审议之后，须提交国土交通大臣审批，得到大臣同意后方能公布实施。同时，区市町村政府在编制城市规划之时，原则上需获得市长或地方行政长官的同意，经过区市町村城市规划审议会的审议之后，方能颁布实施（图4－3、图4－4）。

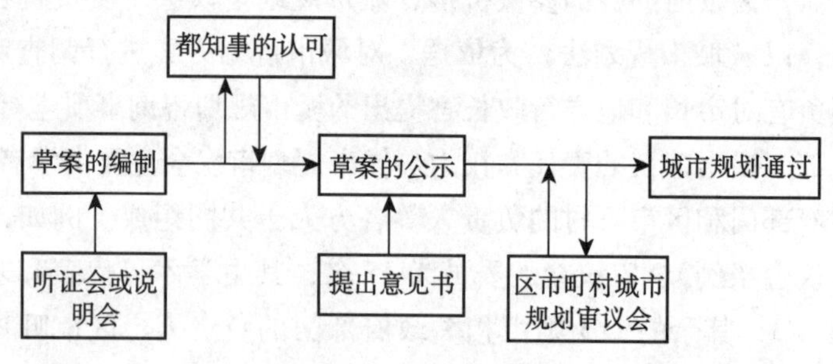

图4－3　区市町村城市规划的审议过程

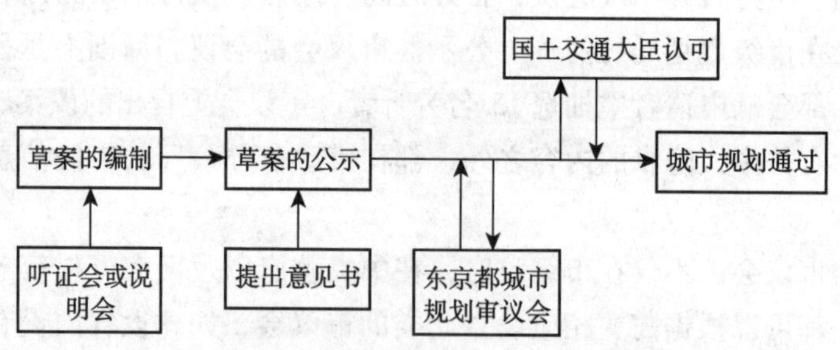

图4－4　东京都城市规划的审议过程

由于城市规划不仅决定了城市未来的发展方向，而且将对市民的生活产生极大的影响，尤其是在土地使用方面，会产生各种义务和权利的变化，所以，为了在城市规划中充分反映市民的意见并保证其权利，按照1992年新《城市规划法》的规定，在城市规划开始编制的初期，就必须通过召开听证会和说明会等形式，广泛听取各方面的意见，并使之在规划方案中得以反映。而且，在城市规划方案确立之时，还需要留出2周的时间，对方案进行公示，以保证居民及相关各方有足够的时间准备，并提出有关的意见书。进而，在2006年最新一次《城市规划法》的修订中，还提出了类似于动议权形式的城市规划提案制度，允许一定规模以上地区中的土地所有者（超过2/3）或非营利团体，可以向地方政府提出城市规划方案，地方政府可经过城市规划审议会的审议后决定采纳与否。可以看出，随着城市规划决策程序的制度发展，规划立法中各主体间的关系也开始出现了一定的变化。

（四）规划决策程序的主要特点

虽然根据日本《城市规划法》的规定，在城市规划制定、决策和实施的法定程序中，各级地方自治体拥有不同程度的城市规划决策权和规划管理的权限。作为城市规划管理的主管部门，以前的建设省、现在的国土交通省是中央一级的规划管理行政部门，负有指导和审定各地方的城市规划及其城市规划项目的职责。但是中央政府对地方规划决策的控制和影响是十分突出的。

首先，从法律规定的职责划分来看，城市规划的内容中，大部分事项的规划决策权都在于区市町村等基层地方政府，其次是都道府县政府，只有少数的规划才需要主管大臣决定，而过去的建设省也曾表示“城市规划工作原则上由区市町村为主体”。但是实际上，对于决策程序的制度性规定，使得中央政府成为地方规划决策中不可能绕过的重要环节。这主要表现在，《城市规划法》明确规定，各级地方政府在规划决策中，都要取得上级政府的承认和认可，如区市町村规划须取得县知事的认可，都道府县规划须取得主管大臣认可。这样的决策程序使得上级政府对于下级政府的规划决策权，具有了实质性的影响力，这也就保证了中央政府对于地方规划决策的影响力。

其次，由于地方的各种重大项目的资金，都需要依靠中央政府的项目补助金，因此，中央主管部门通过项目补助金的审批权，直接影响着地方上重要开发项目的立案和实施。在实际操作中，为了使本地方的规划和项目得到通过和认可，在规划审查开始前，下级政府部门与上级部门之间往往会通过签订“事前协议”的形式，就某些事项达成共识和相互妥协，这也成为规划决策过程中一种非正式的，但却是常规性的程序①。

此外，中央主管部门对地方规划管理的影响，还体现在它通过经常发出各种城市规划的条例和通知，对于地方各级的规划局等管理部门进行着详细而具体的技术性指导。其内容从基本法条款内容的解释、技术操作原则的指导，到政策方向的把握等，涉及到城市规划的编制、决策和管理实施的各个方面。

因此，许多日本学者都指出，“在日本，真正的城市规划决策者是过去的建设

① 五十岚敬喜，小川明雄．城市规划——超越利和权的构图．岩波新书294．东京：岩波书店，1993：37－41．

省或现在的国土交通省，而不是都道府县的知事，也不是区市町村的行政长官”。日本最早的城市规划法——20 世纪初的《市区改正条例》中就提出了“城市规划由国家决定”的原则，这一原则在日本城市规划近 100 年的发展历史中，几乎未有实质性的变化。虽然《城市规划法》在近年来，历经了数次大幅度的修改，地方自治体的自治权限有了较大程度的提高，但是，从目前的城市规划法程序中可以看出，规划决策程序中，中央政府的绝对影响力并没有实质性的改变。可以说，由于日本中央集权的体制性特点，中央主管省厅对于地方性规划和开发项目的决策和实施，往往起着决定性的作用（表 4－1）。

城市规划的决定权限（2000 年基本法修订之前） **表 4－1**

城市规划内容		规模等	区市町村决定知事认可	知事决定		
				全区域须经大臣许可	特定区须经大臣许可	无须大臣许可
城市化地区及城市化控制地区					○	
地域地区	区划地区	三大都市圈等			○	
地域地区	区划地区	其他地区	○			
地域地区	特别用途地区		○			
地域地区	高层建筑和高度开发地区		○			
地域地区	特定街区		○			
地域地区	防火地区和准防火地区		○			
地域地区	美观地区		○			
地域地区	风貌地区				○	
地域地区	停车场整治地区		○			
地域地区	临港地区	特殊重要港口		○		
地域地区	临港地区	其他地区			○	
地域地区	历史风土特别保护地区			○		
地域地区	绿地保护地区	三大都市圈等			○	
地域地区	绿地保护地区	其他地区	○			
地域地区	近郊绿地特别保护地区			○		
地域地区	物流商务地区			○		
地域地区	生产性绿地地区		○			
地域地区	传统建筑物群保护地区		○			
地域地区	飞机噪声防止地区				○	
地域地区	飞机噪声防止特别地区				○	

续表

城市规划内容			规模等	区市町村决定知事认可	知事决定		
					全区域须经大臣许可	特定区须经大臣许可	无须大臣许可
城市设施	道路	一般国道			○		
		都道府县道路	宽 16m 以上			○	
			宽 16m 以下，				○
		区市町村道路	宽 18m 以上			○	
			宽 16～18m				○
			宽 16m 以下	○			
		机动车专用道路	高速机动车国道		○		
			其他道路			○	
	城市高速铁路				○		
	停车场			○			
	机动车中转站		一般			○	
			专用	○			
	机场		第一类		○		
			第二、三类			○	
			其他	○			
	公园绿地广场		国家项目		○		
			$4hm^2$ 以上			○	
			其他	○			
	墓地		$10hm^2$ 以上			○	
			$10hm^2$ 以下	○			
	其他公共空地			○			
	供水管道			○			○
	供电供煤气设施			○			
	系统下水	公共下水管道		○			○
		流域性排水管道				○	
		其他		○			

出处：五十岚敬喜，小川明雄. 城市规划——超越利和权的构图. 岩波新书 294. 东京：岩波书店，1993：38－39.

这一特点虽然保证了地方规划与上级政策的一致性和连贯性，但是在另一方面，也为公共项目中的暗箱操作和幕后交易的滋长，提供了有利的条件，同时还造成了公共项目投资效益低下、地方认同感较低等问题，这些问题都已经成为当今日本行政改革中的焦点问题。

此外，日本规划决策程序的第二大特点，就是充分发挥了审议会等协议协商平台的作用。如前所述，在城市规划的决策过程中，城市规划审议会是一个起着较大作用的咨询机构。作为政府的咨询参谋机构，城市规划审议会主要负责在各级政府审议城市规划之时，以《城市规划法》为依据、对城市规划方案进行调查审议。除此之外，审议会还负有对都知事提出的城市规划咨询事项进行调查、审议，并向相关政府部门提出建议的责任和权力。这一类的审议会，不仅在各级地方政府，而且在中央政府的各部门内，都可以根据需要，相应设立此类的审议会，如国土交通省内设有城市规划中央审议会，由主管大臣任命的20名委员、临时委员和专门委员组成；东京及其他城市的各区市町村也相应设有各自的城市规划审议会。由于这类审议会吸收了社会各界人士代表参加，立场各异、利害不一、观点不同，因而非常有助于政府听到各方的意见，协调各方利益，减少决策失误，降低决策风险。可以说，城市规划审议会在很大意义上，已经成为行政强权体制下一种较为有效的民主协商机制，在很大程度上发挥了专家学者作为社会力量对于行政决策的监督作用。从这一点来看，日本城市规划民主决策的形式和内涵，与英美两国是明显不同的。

第二节　规划行政监督机制

一、美国

根据美国法律规定，当开发许可的申请被否决，或对有条件许可的结果有异议的情况下，业主或开发方有权提出申诉，通过司法裁决解决有关的异议和纠纷。但是另一方面在美国，根据行政救济前置主义（Exhaustion Doctrine）的原则，诉讼中提起的议题限定在行政救济程序中讨论的议题和内容的范围之内。这也就是说，公民在对某项行政行为提起司法诉讼之前，首先必须要经过行政体系内的救济程序。

根据州标准授权法的规定，当个人权利受到侵犯的情况下，个人有权向规划委员会或区划委员会等行政机构提出申诉（Appeal），有关区划条例实施等的问题最好在规划委员会或区划委员会范围内进行讨论、决定。同样，州标准授权法规定，可以提出申诉的对象包括，“由于行政官的决定而使个人权利受到不正当侵犯的个人，以及受到影响的地方自治体的行政官员、行政委员会、行政部局、事务局等”。如果对规划委员会的裁决结果仍有异议，还可进一步提请地方议会进行最终裁决；议会只有在2/3投票同意的前提下，才能推翻规划委员会的裁决结果。因此，可以说，美国城市规划的监督作用，主要是依靠规划委员会和议会的共同运行来发挥其作用的。

由于规划委员会在机构性质上属于准立法机构，而且，议会在一定程度上还具有推翻规划委员会裁决结果的权力，因此，规划委员会和议会对于规划行政的监督，与其说是一种行政体系内的监督机制，倒不如说是立法对于行政的监督，才更准确些。由于美国国家制度中三权分立的基本特征，所以，包括城市规划在内的各个领域，在制度设计的初期，就更加注重建立立法与司法对于行政权力的监督（相关内容参照第二、三章），与此相比，行政体系内部的自我监督机制相对来说就不太发达。

二、英国

与美国相比，英国历来重视行政体系内部的自我监督机制的建设和强化。议会和议员、规划师在英国城市规划的制定和实施中具有举足轻重的作用，由于地方议会的议员本身就是某个地方利益团体或阶层的代表，在开发项目审批和规划决策中不可避免地会出现与自身或其所代表集团的利益相关的问题。因此，如何有效地运用政府官员拥有的规划裁量权，避免腐败的滋生，同时使得作为规划专业门外汉的议员能够公正地行使其手中的权力，就尤其需要严格的制度设计和限制。例如，1992 年《地方政府法》和“议员职务规定”中就规定，对于有直接或间接的金钱利益关系的事务，相关议员必须回避。

除了对议员与政府工作人员的基本伦理要求规定之外，总体来看，英国规划行政监督机制的内容，主要包括了程序和信息的公开透明、巡视官制度、主管大臣的抽查和监察员制度等四个方面：

（1）规划决策和审议中公开透明的程序是防止出现职务腐败的第二道屏障。按照法律规定，对于未通过审批的不许可项目，有关部门必须对于不许可的理由进行解释，以避免出现决策的不公正。申请方如对此结果不满，有权向上级部门提出上诉。除了规划管理上的程序，规划委员会的会议记录等议会工作资料全部向社会公开，公众还可以通过查阅这些资料来了解并检查任一项目审查过程中被审查的主要内容等细节，从而监督议会和规划行政部门的行为。因此，信息公开和程序的透明在极大程度上强化了社会监督功能，减少了职务腐败的制度漏洞。

（2）巡视官（Ombudsman）制度的建立。所谓巡视官是指被委派去调查市民的行政投诉的政府官员。这项制度最早是依据 1967 年国会法而建立的，当时巡视官的任务主要是监督国会和中央政府部门官员，而地方政府中巡视官制度的建立则是在 1974 年《地方政府法》颁布实施之后才开始的。地方巡视官的人数不限，一般是由中央主管大臣和地方政府部门协商后推荐，由女王任命的。1990 年地方巡视官为 3 人，地方巡视官的人选虽然没有资历限制，一般更倾向于推荐具有在地方政府长年工作的经验，并具有一定法律知识的公务员或议员。巡视官的职责是根据公众对于政府工作的投诉，开展调查，并向地方行政委员会提交调查报告。根据有关调查，在这类投诉中有关住宅和城市规划的案件占了 1/3 强，在与城市规划有关的投诉中又以开发项目审批许可一类占绝大多数。但是，并非所有的投诉都被作为有效投诉立案调查；据统计，全国每年约上万件的投诉中，仅有10%经调查为有效投诉并得到进一步的审理，而其他90%的投诉则因为仅仅是对政策或个别政府官员抱有不满情绪等原因，而被最终驳回。巡视官制度作为一种行政监督机制，为公众建立起一个有效的投诉渠道，为杜绝腐败和不公建立起又一道屏障。

（3）英国规划行政监督机制还体现在主管大臣对地方规划行政的抽查权和监察员制度。根据《城乡规划法》的规定，作为城市规划的中央主管大臣，不仅有权抽查地方政府的任何规划，并要求地方规划行政部门作出修改或解释，而且有权对地方政府开发许可的发放进行事前抽查，并接受公众对于地方规划行政的申诉。

（4）为了加强对地方规划行政的专业性监督，英国还专门设立了住宅与城市规划监察厅，下属的数百名监察员负责主持各地方发展规划编制过程中的公开审查会（Public Examination）、处理与开发审批相关的上诉。对于受理的申诉，监察员负责组织公众调查、听证和实地查看，有严格的操作规程和制度。任何团体或公众个人都可以通过书面或在公开审查会上提出意见。在作出裁决前，监察员要充分考虑所有书面和口头证据，同时还应考虑已经公布的国家政策，以保证裁决的合理性。如果当事人对裁决结果有异议，仍可上诉至最高法院，但是因为最高法院仅对程序的合法性进行审查，而不对裁决本身及其专业合理性下结论，因此，监察员的裁决实际上就是最终裁决，是对申诉进行专业审查、代表了行政程序的最后结论。

三、日本

根据《城市规划法》第49条规定，对于建筑审查和开发许可审查的结果等城市规划决定或行政不作为，或违反有关规定的行为和决定不服或存在异议，个人或开发方有权向开发审查会或建筑审查会提出“不服申诉”和审查要求，开发审查会在接到审查请求之日起2个月内必须作出裁决。在进行裁决时，审查会必须召集申请人、相关行政部门的人员或其代理人，经过公开的口头审理程序之后作出裁决。

根据《城市规划法》的规定，在各都道府县以及指定城市必须设立开发审查会，审查会由5~7名委员组成，委员由地方长官任命，由在公共卫生、城市规划、建筑、经济、法律等领域具有丰富学识和经验的各界人士组成。开发审查会定期召开会议审理有关审查请求，审查会的决定必须在超过半数以上委员出席并同意的条件下方可通过。

这项规定作为一项行政救济制度，目的在于在行政体系内，对行政决定和行政行为的争议进行司法程序之前的调解。与英美等国的行政救济程序相类似，日本《城市规划法》中对审查请求与司法诉讼之间的关系作出了明确的界定，即当事人在向法院提出诉讼请求之前，必须在审查会作出裁决之后，方可进行。这也就意味着行政救济程序是作为司法诉讼活动开始的前提条件而设置的，而且，与司法审查有所不同，开发项目的规划审查与建筑审查活动主要是从专业技术的角度对裁决结果的合理性和公正性进行审查。

但是，规划法中同时规定，有权提出审查请求的对象限定为，受规划决定直接影响的土地业主和项目开发方，而受开发项目影响的相邻地区的业主等第三方无权提出审查要求。这就意味着行政救济对象的资格主体受到了严格的限制，若非直接利益相关者，如相邻地区业主、社区团体等都无权提出审查要求。可以说，这一规定通过对行政救济对象的资格主体的限定，使得这项制度对于行政行为的监督作用和救济渠道作用受到了较大程度的限制。

与此同时，由于日本没有建立类似于美国行政委员会的机构，所以在行政救济制度中，由建筑审查会和开发审查会代替行政委员会发挥调解、仲裁的作用。由于建筑审查会和开发审查会的成员虽然主要是社会人士和专家学者，但却全部由地方长官任命，这也必然会影响到他们是否能从较为中立的立场出发，作出专业的判断，因此一直以来，在日本国内，对于建筑审查会和开发审查会的作用，各方面都存在着较多的争议。从实际效果来看，审查会制度所发挥的规划行政监督作用，仍然是十分有限的。

第三节　规划的公众参与

一、美国

（一）公众参与的发展历程

在美国，城市规划的制定与实施，曾经是仅对政府部门、立法机构与开发商等少数群体开放的领域，具有明显的排他性和非公开性。直到20世纪60年代为止，城市规划中的公众参与，几乎只有参加城市规划委员会的听证会这一种渠道。对于大多数普通市民和社会团体来说，也只有在司法诉讼活动中才能获得一些了解开发商和政府行为的途径。

从20世纪70年代开始，随着美国市民运动的不断发展，普通市民、弱势群体以及社会团体、社区组织等在政策决策中的作用不断提高，在规划中的参与不断加强和深化。在公众参与的早期，各类社会团体往往通过游行、街头抗议、政治途径、媒体宣传等方式，对于土地开发政策和规划决策施加压力和表达利益诉求。在无法获得政治家和法院支持的情况下，这些团体通过发起大规模的市民政治运动，对立法和政府当局敲响警钟。早在1972年，《加利福尼亚州沿岸法》（California Coastal Act）的颁布实施和沿岸管理委员会的成立，就是在环境保护团体发起的市民动议和全体投票表决下的成果，而在此之前该法律却曾在州立法机构被否决而难以通过。

（二）公众参与的内容和形式

经过数十年的发展，美国城市规划公众参与日趋成熟，其内容和形式日益多样化，参与的阶段也涵盖了规划的编制、审议、开发许可等几乎所有环节。对应于不同的规划阶段，公众参与在内容和形式等方面的主要特点可以从政策制定、信息公开、开发许可程序这三个方面进行总结。

首先，在政策制定方面，除了传统的听证会这一公众参与渠道之外，运用法律规定的动议权（Initiatives）和复议权（Referendum）等方式，在发展政策和规划的制定过程中，进行公民投票的直接民主方式的活动日益增加。例如，1984 年旧金山市形成了“Proposition M”议案，对市中心地区的商务办公类开发总量等限制标准的制定，就采取了市民投票的方式最终得以通过并实施。动议权这一直接民主形式在城市规划公众参与中的兴起，始于 20 世纪 80 年代中期，与这一时期公众对于城市成长管理问题关注度的提高而同步增长；据统计，在加利福尼亚州，到 1985 年为止，全州采取公民投票方式通过的土地利用相关法案，每年仅有不到 20 件，而 1986 年就突然增加到 50 件，1988 年为止每年已经达到了超过 100 件之多。由此可见，这种公民投票的直接民主方式，在公众参与中的运用和普及是十分迅速的。采取公民投票的方式设立的法案，根据其内容大致可以分为五种，即住宅开发限制、商业办公开发限制、开发密度限制、基础设施限制、选举权人再次表决法案等。

（1）住宅开发限制是公民投票表决议案中最多的一类，大多出现在郊区市镇，其目的是为了控制城市的过快发展，由市民起草议案，对每年住宅开发总量进行限制的法案。法案一般委托市议会执行，对于获得规划许可的各个项目按适当比例进行额度分配。

（2）商业办公开发限制的动议案主要针对中心市区的商务办公类开发项目，具体操作方式和前者类似，这类议案最早出现在旧金山，之后也在逐年增多。

（3）开发密度限制主要针对某类地区加强土地开发强度控制，而采取降低区划条例的开发强度指标的议案。例如，加利福尼亚州洛杉矶市的“Proposition U”议案中就包括了，将商业办公类用地容积率由以前的 3.0 降低至 1.5 的内容。

（4）基础设施限制是指只有开发方能够保证提供相应的基础设施供应时，才给予开发许可的限制性要求，其中最常见的是土地开发造成交通量增加，因而要求开发方采取措施改善交通等方面的议案。例如，在一些中小城市就曾采用公民形式投票通过议案，禁止某些可能对市中心主要交叉口造成严重交通拥堵的开发项目。当然，在这些城市，也有一些开发项目主动采取道路拓宽等积极措施，有效地消解了土地开发造成的交通影响，从而获得了开发许可。

（5）公民复议案几乎在目前所有的投票表决议案中都能适用，它是指无论是规划还是土地开发项目，都必须经过选举权人投票表决、复议后，方能生效通过的限制性法案。在一些城市，为了严格限制土地开发，实现公众对于城市发展有效调控的要求，在一些规划已获得批准的地区采取公民复议的方式；这样，无论开发项目规划是否符合已有城市规划，都必须经过选举权人的投票表决。

其次，为了推动公众参与的深入，决策过程的透明公开起着重要的作用。不仅市政府相关文件、会议记录等文献资料和决策审议结果，在原则上必须公开之外，法律规定市政府各级部门的办公会议也属于原则上必须公开的范畴，而且，会议时间及地点，必须在72小时之前予以公示。除了政府信息的公开，保证市民获得信息的渠道，也是与信息本身的公开具有相同重要性的问题。例如，在《加利福尼亚环境保护法》（California Environment Quality Act）中，就对规划编制和土地开发过程中，需要公开的信息内容和公众获得信息的途径等，进行了详细的规定，该法案因此而被称为“信息完全公开法案”（图4－5）。其中主要包括，土地开发可能造成的环境影响，明确降低环境影响的所有可能途径和方法，如何采取措施使得可能避免的环境影响防患于未然，政府机构进行项目审查的全部相关信息，包括对存在环境影响的开发项目给予许可的理由和原因。而且，无论是城市规划的编制，或是土地开发项目的审查，该法律都同样适用。

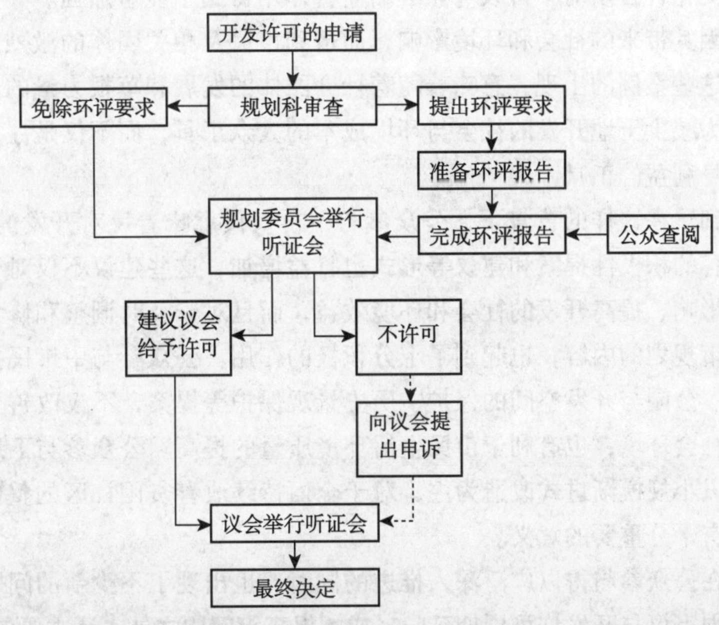

图4－5　加利福尼亚开发项目规划审查程序

第三，在开发许可程序中的公众参与也在不断得以推进。在一些州，自20世纪90年代开始，配合环境影响评价制度的实施，土地开发项目的环境影响评估报告审查中，公众参与成为必不可少的法定程序，这就使得规划实施过程中的公众参与领域得以大大拓展。如前述的《加利福尼亚环境保护法》就十分注重程序的规定，其中包括，作为开发许可的必须程序，在规划部门作出最终决定之前，需要允许市民或社会团体对开发项目造成的环境影响公开发表意见，并对可能采取的治理措施和解决方案与规划行政部门进行公开的协商和讨论。这样，从开发许可的前期和项目规划方案阶段，就通过公众参与使得各利益相关方开始实质性的交流和协商，公众的意见和利益诉求得以表达，并直接影响规划行政部门的最终审查结果。

（三）发展趋势和影响

随着公众参与在城市开发与规划管理的各个阶段和各个领域的广泛开展，土地开发机制、政策导向与城市规划管理制度都在发生着深刻的变化。随着公众参与的推广，在传统意义上区划制度和土地利用规制中不受重视的城市开发的社会成本问题和环境风险等问题，受到了越来越多的关注，进而推动了成长管理政策，作为与传统区划在本质与形式上都不同的土地利用规制的政策体系，得以不断发展与成熟。进一步来看，这不仅意味着城市发展政策导向和社会理念的重大转变，同时也导致了规划管理技术手段的发展与制度程序的演变。在技术手段层面上，对于土地开发强度的空间控制，需要更紧密地与基础设施建设、环境容量、社会成本等问题联系起来；在制度程序的层面上，公众参与使得政策过程中的主体间关系和权力格局发生了明显的变化，公众对于行政与立法的监督作用得到了显著加强。一些符合区划要求的项目因其带来的社会和环境影响，而遭到市民及相关团体的激烈反对，最终遭到否决；这些案例的出现，意味着随着社会团体的发展和草根力量的成长，城市规划已经成为减少土地开发的社会与环境成本的大众工具，而不仅是注重于作为有产者维护自身利益的工具。

可以看到，在这样的背景下，公众参与不再仅仅意味着反对开发的消极抵抗，对于规划内容的积极性提案和建议等形式也日益增加，这些建议不仅对于减少土地开发的负面影响、提高开发的社会和环境效益，而且对于及时调整和修订城市规划以及丰富城市规划的内容，也起到了十分积极的作用。公众参与中市民提出的经济型住房建设、公园与开发空间的保护、历史景观保护等提案，不仅改善了城市和社区的经济、社会环境，也有利于市民生活环境质量的提高。公众参与下形成的社区改造规划，以小规模渐进式改造为主，对于全面持续改善贫困社区的整体经济、社会环境，具有十分重要的意义。

当然，在公众参与得以广泛深入推进的同时，也出现了不少新的问题，其中除了常见的规划审议与开发许可周期延长、成本提高等问题之外，还主要包括：

（1）随着公众参与的不断推广，对于公众参与制度较为熟悉的少数市民利用自己的优势进行各种活动，以达到为个人谋利的目的，从而使得公众参与实践的效果与制度设计的本意出现了偏离。例如，在加利福尼亚州，由于广泛推行了规划投票制度，在某些一般市民不太关心的领域，因为投票率较低，也曾出现少数派利益获胜的情况。因此，在公众参与中，如何通过程序设置的改进，进一步提高结果的公正性，避免少数人获利的结果，成为需要进一步思考和解决的问题。

（2）市民与开发方处于敌对状态、矛盾尖锐的情况下，往往会造成开发项目审查的周期大大延长，而且也使得项目规划的修改难以产生积极的结果。因此，如何通过多样化的公众参与以及专业的谈判技巧和沟通方式，加强双方的交流和互动，化解市民与开发方的敌对情绪，使得双方能改变态度，以积极合作的方式找出利益的平衡点，共同推进城市开发和建设，也成为公众参与实践中的一大新课题。

（3）在有些情况下，市政当局为了尽快实施开发项目，采取了压缩公众参与程序或时间的做法，使得公众参与的效果大大降低。例如，纽约市时代广场的再开发项目中，市政当局就曾采取此类做法，将土地开发审查统一程序（Unitary Land Use Review Procedure，ULURP）大大简化，以减轻市民反对的压力，强行实施了该项目。因此，如何通过制度改进进一步杜绝这一漏洞，也是今后制度发展中需要考虑的问题之一。

可以看出，公众参与也使得政策制定过程中各方达成共识的成本和难度正在加大。随着美国公众参与的发展与深化，传统的城市规划在制度与实践层面上，都表现出前所未有的新的活力和生机。可以说，城市规划作为一种政策工具，它的社会与政治意义已经发生了某种深刻的变化。从很大程度上，公众参与已经成为影响城市规划技术与制度今后发展走向的一个重要的社会政治影响因素。

二、英国

（一）公众参与的发展历程

早在1947年，英国《城乡规划法》所创立的规划体制已经允许社会公众发表他们的意见，要求地方规划部门公布所编制的规划，特别是对有直接影响的相邻社区居民征求意见。公众可对那些开发规划进行评议，并且可以写信给中央主管部长提出他们的反对意见。但是，英国城市规划中的公众参与真正起步还是到了20世纪70年代。1968年修订后颁布的《城乡规划法》中，首次明确了保障规划过程中的公众参与的规定，其中包括，在规划编制阶段，郡议会必须有5周时间对规划草案进行公示，以便有关部门和个人提出意见，规划行政部门在吸纳公众意见的基础上形成规划方案。规划方案形成之后，地方规划局还必须将规划的政策条款、开发计划、规划内容进行公示，民间团体、个人及相关政府部门都可以在6周内发表意见，并提交正式意见书。1969年，斯凯菲因顿报告（Skefington Report）提出进一步推进公众参与的呼吁[①]。报告提出了一些关于鼓励公众参与规划的积极设想，例如，采用“社区论坛”（Community Forum）的形式建立地方规划机构之间的联系；通过任命“社区建设官员”（Community Development Officer）来联络那些不倾向公众参与的利益群体。

在这些制度与理论研究成果的推动以及美国倡导型规划（Advocacy Planning）运动的影响下，英国的公众参与从这一时期开始起步。虽然那一时期的法律对于公众参与城市规划的基本权利进行了明确的规定，但从实际情况来看，居民对于公众

① Ministry of Housing and Local Government. Report of the Public Participation in Planning（Skefington Report），1969.

参与还较为冷淡，参与主体也主要局限于企业、开发商等特定的机构，而政府部门也还缺乏积极推动公众参与的意识。这一状况直到20世纪80年代才开始出现了转变，尤其是社会团体在社区建设活动中的影响力不断提高，这对于推动公众参与起到了十分突出的作用，其中又以社区组织、志愿者组织和环境保护组织等最具有代表性。

（二）公众参与的形式和内容

自20世纪70年代以来，随着对城市中心空洞化问题治理的开展与不断深入，英国城市规划界对于社区问题的关注日益加强，如何有效地改善城市中心贫困社区的社会经济状况，成为一个重要的政策问题。因此，从这一时期开始，在规划实践活动中，各地方政府也开始探索各种方式，使得贫困社区以及弱势群体的利益诉求能够有效地体现在城市规划中，并探索通过与各类社区团体的积极协商，寻求更适应于社区需要和实际条件的规划与开发方案。尤其是1981年的“城市暴动”之后，各地方政府在为少数族群、残障人士、女性等弱势群体提供服务方面，也进行了更积极的努力和探索。在这一发展过程中，社区组织得到了广阔的发展空间，开始迅速壮大，各类社区工作者（Community Worker，或称社工）也日益活跃在各个领域。社区工作者的概念，最早出现在1969年斯凯菲因顿报告中提出的“社区建设官员”之中，进入20世纪80年代之后出现了快速的发展，这些社区工作者不仅为一些需要帮助的人建立自助（Self-help）的能力提供帮助，更多的是在为弱势群体建立和拓展政治参与的渠道，为推动有助于改善他们社会经济状况的政策而提供实质性的帮助。另一方面，这些社区组织和社区工作者的活动，也得到了各类专业组织和政府的大力帮助，例如城市规划学会为社区提供的“规划援助项目”（Planning Aid），各地政府兴建的“社区技术援助中心”等。

志愿者组织的发展，也同时起步于城市中心空洞化问题的治理过程中。从20世纪70年代中后期开始，随着各级政府治理措施的出台，为了推动各项措施的顺利实施，政府内部专门设置了志愿者联络员这一岗位，与志愿者组织一同承担了各项政策执行任务。从20世纪70年代中后期开始，各地政府的公共服务的供应方式，从过去的政府直接提供，开始转向通过志愿者组织的间接提供。例如，最早采取这一方式的伦敦市政府，在1965～1966年期间向志愿者组织提供的补助金额为约40万英镑，而到1983～1984年，这一额度已经大幅度提高到了约3400万英镑①。另一方面，在撒切尔政权期间，为提高行政效率，避开劳动党占主导的地方政府政策干扰，采取了直接对志愿者中心提供补助金，以完成公共服务供应的做法，这也使得志愿者组织得到了更大的发展空间，使得公共服务供应依赖于志愿者组织的倾向得以进一步加强。

① Royal Town Planning Institutions（RTPI）. Planning Aid for London Annual Report 1994：75.

环境保护组织的发展，与公众对环境问题关注程度的提高以及政府环境政策的深入，有着密切的关系。自20世纪80年代以来，各类环保组织通过普及环保知识、促进环境信息交流，唤起更多的人重视环境污染和破坏的危害。他们还通过咨询服务解决实际的环境问题；比如英国的“大地之友”，通过运用详细的地理信息系统，分析提交给国家河务局的水污染监测数据，该团体还出版面向公众的普及性指南，来帮助人们理解他们监测的结果。环保组织还通过采用各种灵活的方式，对政府和企业的环境行为进行监督。在英国有很多案例显示，使环境法得以有效实施的一个关键因素，是环保主义者和环保团体所采用的非法律（如发起运动、游说、展示、抗议等）和法律战略。

可以看到，英国公众参与的发展大大得益于市民社会的成熟和自治能力的提高，这从社会团体的快速发展及其对公众参与的推动中得到了集中的体现。与此同时，这些成果和进步与20世纪60年代以来一系列的制度建设和政府扶持政策的推进，也是密不可分的。1985年颁布实施的《地方政府法》对于推动公众参与起到了十分积极的作用，其中不仅对于政府信息公开的责任、义务与方法进行了详细的规定，同时对于改变政府传统观念、建立面向各市民阶层的公共服务意识，起到了十分重要的推动作用。此外，社会团体的快速发展还得益于来自政府与社会在人力和资金等各方面的大力支持。在英国，在满足一定条件的前提下，中央与地方政府都会给非政府与非营利组织提供一定的运营管理费和项目费的资助。为使弱势群体在政策制定过程中发出更多的声音，各级政府为各种相关的社会团体提供了大量的技术、专业知识和人力的帮助。反过来看，也正是由于各类社会团体的存在和不断发展，才使得政府信息公开和政策过程中多样化的参与机会有了保证，行政程序的透明化和政府职能的转变才得以不断推进。

在各类社会团体的活动中，影响较大的就是规划援助项目（Planning Aid）。规划援助项目是随着公众参与规划的发展而出现的，为公众提供规划的技术性援助的专业服务项目。最早的、非正式的规划援助团体出现于1971年，1972年城乡规划协会（Town & Country Planning Association，TCPA）、1975年城市规划学会（Royal Town Planning Institutions，RTPI）开始正式介入这一活动。根据专业技术服务在公众参与活动中的介入程度和阶段性特征，规划援助项目所提供的服务可以分为答疑式服务、专业咨询、专业教育和社区建设等四种类型。答疑式服务是指针对公众提出的各类专业技术问题，如听证会质询问题的回答等，提供专业解答等的服务活动；专业咨询是指针对公众提出问题和寻求专业帮助时，提供相应的咨询服务，乃至听证会与正式协商等活动中的辩护工作，这也是在美国、加拿大等国十分流行的一种专业援助方式；专业教育是指为公众和社区提供专业技术培训，通过培训与学习提高公众意识和专业知识水平的服务活动；社区建设则是指专业技术人员全面介入社区建设的具体项目，提供全面的专业技术服务的活动。

城市规划学会的规划援助项目一般是以各地方分部为中心而开展的，其中以伦敦支部、苏格兰支部和威尔士支部的项目规模最大。除伦敦支部主要依赖伦敦市政府提供的财政扶持之外，其他地方的项目经费均依赖于学会提供的资金补贴。伦敦支部的规划援助项目（Planning Aid for London，PAL）是英国最为活跃的规划援助项目，这一项目的设立时间早于规划学会参与时间两年，其项目经费主要来源于市政府的财政扶持（London Boroughs Grant Scheme）。目前，项目总部的工作人员共10名，其中全职人员4名和兼职人员6名①；经费支出的主要内容是工作人员的薪金、邮资、旅费等必要的活动经费。伦敦规划援助项目的工作内容中，约6成的部分是为广大市民提供电话答疑服务，其他则包括了通过信函提供咨询、代为参加会议等多样化的服务形式。规划援助项目的工作除了少部分是由项目总部的工作人员完成之外，主要是由志愿者承担的。伦敦项目的志愿者一直以来维持在150名左右，其中六成以上是规划师，其他还有建筑师、规划专业学生、规划专业律师等专业人士。据项目总部统计，在每年上千件的服务活动中，最多的是与土地开发的项目申请有关的咨询活动，约占总量的1/3；与开发许可和大规模开发项目有关的服务活动各有约100件，各约占总量的1%；此外，还有一些与发展规划编制有关的咨询服务活动。因此，从数量比例来看，规划援助项目大多数是以与开发项目有关的内容为主的，但另一方面，随着1991年来发展规划法律地位的提高，有关发展规划编制中意见书提出的方式、公开审查中发言准备等方面的咨询服务请求也在日益增加。

以上可以看出，规划援助项目的主要特色在于三个方面，即灵活服务、免费服务和专业服务。规划援助项目所提供的最主要的服务形式即电话服务，公众在任何时间、地点均可以来电话寻求帮助。除此之外还有各种服务内容和方式能够满足公众多样化的需求，这种灵活的服务方式为公众获得所需要的专业知识提供了最及时、最方便的途径和渠道。由于所提供的所有服务均是免费的，所以即使是资金缺乏的弱势群体和低收入阶层也能够方便利用。更为重要的是，该项目所提供的服务并不因为是免费的而影响其质量，志愿者中最主要的成员，大多是任职于政府部门、具有执业资格和丰富的从业经验的规划师。也就使得项目所提供的服务具有了较高的专业质量的保障。可以说，正是这样一种多样灵活、利用方便的专业援助服务，使得公众参与的推广和发展，具有了最基本和必要的专业基础准备。

（三）公众参与的主要特点

在英国，严密的法定程序下进行的规划编制、决策与执行，作为一种社会价值判断的过程与形式，公众参与使得在这一过程中的各利益相关方能够更加公平合理地对于社会全体的各种共同价值利益作出取舍选择与决定。综上所述，英国城市规划公众参与的特色，可以总结为以下三点：

（1）在规划编制的较早阶段就引入了公众参与的机制和渠道。在规划编制早期

---

① http：//www. planningaidforlongdon. org. uk. 2008－7－10.

阶段的主要任务是确定规划的内容和范围。在这一阶段，地方规划部门往往会通过寄送规划草案、召开展览会、在区政府或地方图书馆展示等方法，使得广大的市民、社会团体和社区组织有尽量多的机会了解规划方案和政府意图，并根据他们的意见和建议对规划草案进行修改。通过这样的形式，不仅有影响的社会团体、企业和组织，而且普通的市民个人也获得了反映意见的机会，这种方式让尽可能多的市民的参与机会得到了最大限度的保障，使得各利益相关方的矛盾尽早的暴露，并尽早地进行调解，从而为后期的规划编制工作建立了良好的前期基础。

（2）在公众参与城市规划的发展过程中，专业学会、市民团体、社区组织等各类社会团体发挥了十分重要的作用。各类社会团体的发展与成熟，推动了公众参与向有序的组织化的方向进一步发展，使得公众参与的过程中各阶层、各类群体的利益和呼声都能够得到合理有效的反映和传达，有助于切实提高规划决策的公正性与合理性。在这一过程中，社会的自我治理能力得到了锻炼，市民社会得以进一步发展和成熟。

（3）英国公众参与的快速发展与成熟化，还得力于各级政府在人力、资金、技术等各方面的大力支持与推动。政府在推动公众参与方面发挥的作用，一方面体现在各项法律政策的制定和实施，促进了政府职能与观念的转变，推动了信息公开和行政过程的透明，形成了有利于公众参与的宏观环境和基础条件；另一方面，政府对于各类公众参与活动，提供了大量的人力、资金与技术等方面的扶持和帮助，直接推动了公众参与的广泛开展与深化。可以说，如果缺少政府的大力推动和支持，公众参与也无法得以广泛开展与深入持续。

但是，随着公众参与城市规划的不断深入，各种新问题也随之出现。其中比较突出的就是，为保证广泛的公众参与与充分的协商审议而使得规划编制的费用与时间也随着增加。据统计，1990 年《城乡规划法》修订之后，有些地方发展规划的编制和审议通过平均花费了近 10 年的时间，编制周期的延长对于规划的执行与实施产生了十分不利的影响，也成为影响规划制度进一步改革的重要因素。如何在保证充分的公众参与的同时，使得规划决策的效率得到进一步提高，成为英国规划管理制度改革中需要重点考虑的问题。

三、日本

（一）公众参与的发展历程

近代日本的城市规划，一直是在中央集权体制下，通过强有力的行政手段的推动得以制定并有效实施的。直到 20 世纪 60 年代，随着《地方自治法》的公布实施，地方政府在城市规划方面的自治权才真正开始得以实现。

20 世纪 60 年代，在以反对公害、消费者问题、自然保护等为主题的市民抗议运动广泛开展，改革型地方政府逐渐增加的社会背景下，公众参与城市规划开始起步、萌芽。1968年，新《城市规划法》和《建筑基准法》全面修订。其中最重要的修订内容之一，就是明确了“城市规划决策权移交给都道府县知事及市町村级政府”，这使得地方政府在规划决策方面的自主权进一步扩大。同时，新规划法还增加了在规划编制和决策审议阶段引进公众参与程序等的相关内容。虽然新《城市规划法》在公众参与机制和法律依据等方面的内容还存在较多的问题，但当时的修订已经为各种市民活动得以广泛开展建立了坚定的制度保障。

20世纪70年代，改革型政府的各种政策已经得以实施，市民积极参与下的城市规划、建设广泛开展，一直以来的以城市基础设施建设、大型综合开发、物质环境规划为中心的城市规划，开始转向以居住环境改善、街区规划、社会规划为中心的“社区建设”。不仅是中央政府或都道府县政府，更基层的区市町村政府和广大的市民，也应该成为社区建设主体的意识逐渐普及。这一时期的市民运动的目的和主题，不再仅仅是单纯地反对政府的各种政策和规划，提案型、建议型的市民运动日益活跃。从这一时期开始，自下而上的市民自发参与社区建设的萌芽已经出现。

1980年，随着《城市规划法》和《建筑基准法》再次相继修订，地区规划制度开始实施。所谓的地区规划制度，就是将社区或街区内包括居住区道路、小公园、建筑物布局、性质、形态等社区和街区的主要构成要素的布局，以1/1000的详细规划的形式确定下来，并以此为依据，对街区中的建筑开发和土地使用进行控制管理的一种规划形式。除了规划内容和形式上的创新，这一规划制度还在规划决策程序上充分保证了区市町村地方基层政府的决策权和公众的参与权。在这样的制度环境下，以区市町村基层政府为主体，市民参与下制定地区规划和社区规划的活动开始逐步制度化。

与此同时，在一些区市町村，市民们自发地制定了“社区建设条例”，组织自主性的“社区建设协议会”，发起各种学习活动和社区规划编制活动，而区市町村政府也配合这些活动，或派出专家提供咨询，或提供各种资金补助。可以说，各级政府开始积极地支持市民参与社区建设和城市建设，各种扶持政策和手段日益完善是这一时期的主要特点。另一方面，随着政府扶持政策的完善和充实，在以市民为主体的参与型社区建设活动中，包括规划咨询公司在内的各种企业的参与日益增加。各种规划咨询公司作为市民组织与政府之间的中介，在为社区提供规划咨询服务上的社会需求也在逐渐增长。

如果说前一阶段的公众参与还主要局限于对政府提出的规划方案提出意见和建议并参与实施的话，在20世纪90年代随着公众参与、社区建设活动的日益成熟和深入，有越来越多的市民参与的社区建设和开发活动已经超出了这种政府主导型公众参与的局限性，从规划到实施和管理都是以各种市民团体为主体的开发项目进一步增加。其中既有居民自发组成合作社或其他形式的组织，进行合作型住宅改建、社区环境改善和生态环境保护等的活动，也有居民自发组织协议会等社区组织编制社区或街区规划，促进社区建设的活动。对于一些政府无法资助或不便于直接资助的市民活动，开始出现了一些新的援助型组织和制度，以便政府和企业站在中间的立场为市民活动的开展提供各种扶持和帮助，这主要包括了资金和技术两方面的内容。

在技术援助方面，有“社区建设中心”、“社区建设 NPO”（Non Profit Organization，非营利组织）、建筑和城市规划的各种专业团体、大学、研究所等作为参与型社区建设的中间力量，为市民组织和活动提供技术咨询、信息提供等帮助。在资金扶持方面，市民公益活动的资金来源主要分五种类型（图 4－6），①政府预算内的各种财政补助；②政府设立的基金或社团提供的资助或捐款；③由财团或公益信托提供的资助；④各种直接的捐款和捐助；⑤一些其他形式的资金帮助。

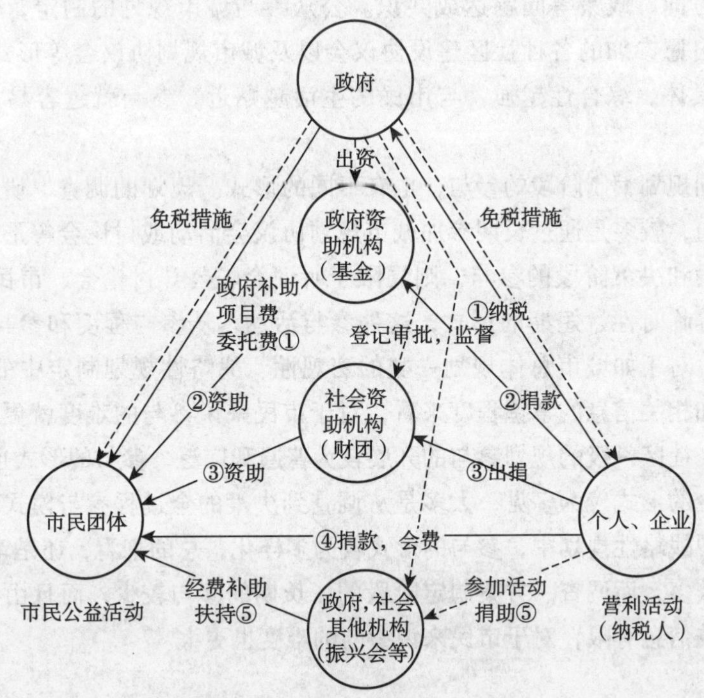

图 4－6　市民公益活动的资金来源

出处：卯月盛夫．社区建设基金与中间部门．建设协议型城市的技术和制度——参与型社区建设的展望 3（日本建筑学会编，2000）。

（二）公众参与的主要形式和特点

根据不同的划分标准，参与型城市规划的形式可以分为多种类型。按照活动的内容可以分为各种规划的参与以及开发活动的参与（自发的合作型住宅开发或商业开发项目）等；根据活动的规模大小，可以分为总体规划编制的参与、地区规划编制的参与、道路公园等单体设施规划的参与等；根据参与的阶段性，可以分为调查阶段的参与、方案阶段的参与、审议阶段的参与和决策阶段的参与等。

对于不同类型的活动和内容，参与的方式和程度也都有所不同。与各种规划编制中的参与相比，住宅或商业开发活动的参与和以道路、公园等项目实施为目的的规划参与，更倾向于短期性的、以解决问题为目的的项目形式。因为活动中较多地涉及到一些土地房屋所有者的利益以及对相关者的不同影响，时间的延长会出现由于利害关系的不同，而造成意见分歧逐渐严重，参与者之间矛盾日益加深。这一类项目中的参与形式，多是由私有业主自发组成各种合作社，通过合作社编制改建规划，并与政府主管部门开展对话、协商，并在政府的帮助下推进项目的实施。在城市总体规划、地区规划等的公众参与中，倾向于通过一段时间的磨合，在居民和政府部门之间进行充分讨论和协商的基础上，最后就城市或地区、街区的发展方向、政策等问题达成共识。公众参与城市规划的制定，较多是通过自发组织、自愿参加的各种社区建设协议会以及城市规划协议会等形式来实现的。规划内容越具体，综合性越强，与市民的生活越贴近，参与就越容易达到深入的程度。

但是不同规划编制阶段的参与，也有不同的形式。规划的调查、研究、方案编制阶段的参与，较多是通过长期参加城市规划协议会活动或讨论会等形式；而在规划的审议阶段和决策阶段的参与，则局限于听证会、公开讨论会、市民问卷调查、提交意见书等临时性、短期的形式，这种参与活动，从参与程度和参与人数来看，都十分有限。对于如城市总体规划一类的宏观性、战略性规划制定中的公众参与，从专业知识和相关信息的掌握程度来看，对于市民来说参与的难度就更大。从整体的情况来看，社区一级的规划参与的开展较为普遍和广泛，参与的形式也较为稳定；通常以协议会的形式较为多见，大多是从调查到决策的全过程参与模式。而城市总体规划等宏观战略性规划中，参与的形式较为多样化，总的来看，还是审议阶段的、短期的参与较多，而调查、方案制定阶段的、长期的参与较少，而且由于掌握的专业知识和相关信息有限，对于市民来说参与的难度也更大。

（三）公众参与的主要内容

1. 地区规划中的公众参与

地区规划中的公众参与，是在城市规划法中得到明确保护的。从地区规划的编制程序来看（图4－7、图4－8），首先，在地区规划开始编制的初期阶段，地区内居民首先需要对于本地区建设中的优点、缺点以及今后的发展目标和任务，包括区市町村政府的想法和思路进行分析、讨论。在这一阶段，许多区市町村政府都设立了专家派遣制度，为社区提供技术性的帮助。接下来，居民需要和区市町村政府一起合作，从地区规划的编制目录中，选择有针对性的内容，并制定相应的规划方案。根据《城市规划法》的程序规定，由居民和区市町村共同商讨制定的地区规划方

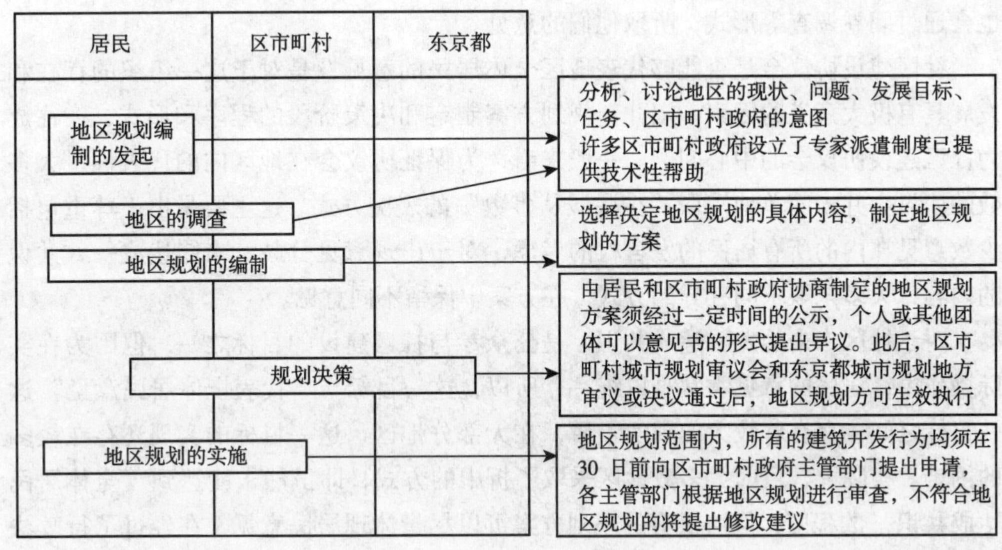

图 4-7　地区规划的编制执行过程

案，要经过一段时间的公示；公示期间，相关团体或个人可以以意见书的形式，提出自己的意见。之后，区市町村的城市规划审议会和东京都城市规划地方审议会审议通过后，地区规划才可生效执行。在制定了地区规划的地区，各种建筑行为和开发行为都需要事先提出申请，区市町村政府根据地区规划的内容，对其进行审查，对于不符合规划要求的，还将提出修改意见。

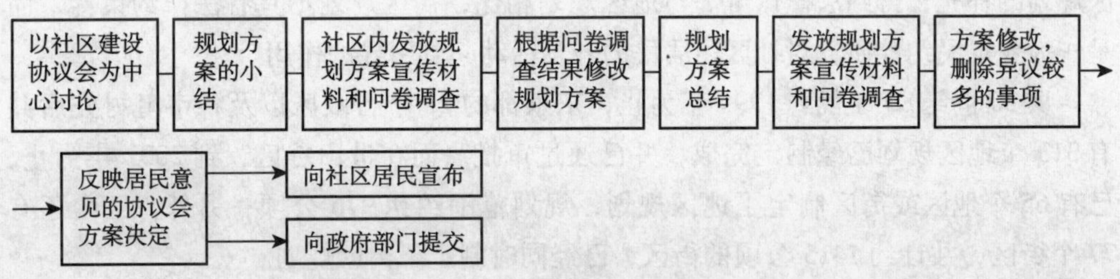

图 4-8　地区规划编制的具体步骤

在公众参与地区规划的编制中，社区建设协议会这一社区组织起着十分重要的作用。这一社区组织是由社区内居民自发组成、自愿参与，以促进社区建设和环境改善为目的的自治性组织。它不同于传统的社区组织，如町内会就具有一定行政色彩。作为社区内部的协调机构和居民之间平等交流意见的平台，社区建设协议会具有极为重要的意义。协议会通常设有常务委员会，来组织居民大会等活动，协议会的会议也是以公开会议的形式举行。为了保证组织的开放性，任何时间、任一居民都可以随时加入，多数的协议会对于会员并不收取任何形式的会费，其活动费用通常是依靠政府资助来解决。同时，协议会还会通过分发宣传单、举办各种寓教于乐的活动、上门问卷调查等各种形式，开展宣传，鼓励居民加入；对于非会员的居民，也会通过问卷调查等形式，听取他们的意见。

社区建设协议会是否能够代表地区全体居民的意见，是对于这一组织的存在和发展具有极大意义的因素，因此，规划方案制定和决策阶段的程序和形式，往往成为社区建设协议会的中心问题。一般来看，为保证协议会在地区内的代表性，大多数的协议会并未简单地采取“少数服从多数”的表决方式。这主要是出于尊重包括少数意见在内的所有居民的发言权的考虑，对于出现意见分歧、未能达成一致共识的内容，大多采取求同存异的方式，在方案中保留不同意见。

对于社区未来的发展达成共识，是公众参与社区建设的目标之一，但因为在实际操作中，居民的意见常常难以统一，所以，这一目标与“代表全体居民意见”这一目标之间，存在着较大的现实矛盾，在大部分地区，这一目标的实现还存在较多的困难。实际上，目前大多数地区采取了折中的方式，即虽然未能达到“全体居民达成共识”的程度，但协议会的规划方案可以尽量体现居民意见，在经过了行政法定程序之后，作为法定的“地区规划”，就可生效执行。

在东京都的世田谷区，则采取了地区规划和街区规划的两种制度，即社区建设协议会通过的规划方案，经过法定程序后，作为地区规划加以执行，但在内容上较为粗略，具体的数量指标和位置，将由政府主管部门根据实际情况合理决定。另一方面，对汇集了居民各种不同意见的更为详细的规划方案，在市民向区长提出建议之后，经过审查，也可作为街区规划得以实施。而且，在必要的条件下，经过法定的审议程序，即区政府和都政府的审议之后，街区规划的部分内容可以作为法定地区规划的补充，得到法律认可。与地区规划相比，街区规划不具有法律约束性，而是作为乡规民约性质，对社区内居民的开发活动起到引导的作用。

从 20 世纪 80 年代到 1999 年为止，东京都的 23 个行政区以及各市町村先后共有 313 个地区规划已经制定完成，并已通过审批。而在世田谷区，到 2002 年为止，已有 65 个地区或街区制定了地区规划，规划范围约达 976 公顷；另外，区内还有 77 个街区，共计约 1415 公顷的街区，已经同时制定了街区规划。

2. 城市总体规划中的公众参与

1992 年《城市规划法》修订之后，区市町村一级的城市总体规划的制定得到了制度化保证的同时，规划编制过程中的公众参与也有了一定的法律依据。根据《城市规划法》的规定，“区市町村级政府在确定本地区城市规划的基本方针之前，必须以召开听证会等形式，采取必要措施听取征求市民的意见”。关于规划制定后，法律规定，“区市町村在确定了基本方针之后必须立即向社会公布，并通知都道府县知事”。

根据有关研究调查①，到 1998 年为止。东京都 23 个行政区内有 16 个区，先后

① 吉村辉彦，原科幸彦. 城市总体规划编制过程中市民参与的现状分析. 日本城市规划学会学术研究论文集，Vol. 29：13－18.

制定了总体规划。大多数的区政府在制定总体规划的过程中，采取了不同形式的公众参与手法，根据其程序的特点，可以分为两种类型，即早期参与型和中期参与型。早期参与型是指在规划编制的早期阶段，即现状调查阶段，市民就开始参与到编制工作中来，而中期参与型则多是到方案完成后的评议阶段，才开始出现市民的参与。

在实际操作中，总体规划中的公众参与，一部分是通过参加各区的规划审议会、规划编制委员会或协议会等的会议，但是公众参与的机会十分有限，只有少数的协议会设置了几个可以自由应征的市民委员的席位；而且由于这些组织的成员中，多数是政府部门的专业人员或学术专家等，在以专家为主要成员的会议中，一般市民难以参与讨论，意见较难得到反映。另外，大部分的公众参与只是通过一些宣传材料，或者参加规划说明会，得到有关规划内容和审议程序等的信息，规划的宣传渠道也仍然有限，相关的宣传工作还不充分。这样的情况反映出，目前总体规划编制中公众参与的体制还未能形成，市民与政府之间的互动交流还未能全面开展，仅仅是政府向市民提供相关信息的单向交流。这种单向交流的目的更倾向于帮助市民更多地理解有关政策，使得政策的实施更加顺利。因此可以说，目前的城市规划决策体制，仍然是政府主导型的体制，而不是真正的参与。

为了促进规划编制、规划审议过程中的公众参与，近年来“市民委员制度”日益增多。这种制度是在有关规划审议的会议及委员会中，通过公开招募、自由应征的方式，设立一定的市民委员席位。设立市民委员的审议会，主要包括了所有作为政府咨询审议机构的常设机构，以政策制定或公共项目规划编制为目的开展活动，拥有固定的委员，持续地定期召开会议等形式的活动。

根据有关机构对市民委员制度实施情况的调查结果表明①，在东京都市圈的一都三县，共计143个地方自治体范围内，虽然在各地的地方法规以及相关的政府规定中，大多没有明确的规定和法律依据，但还是有85.3%的地方自治体采取了公开招募、自由应征的市民委员制度；在各种审议会中，有约10%吸收了市民委员；审议会中，市民委员所占的比例平均在10%～30%之间；有7%的审议会中，市民委员的比例达到50%以上。关于市民委员的作用，大部分的政府部门都表示，希望市民委员能提供与市民日常生活密切相关的、与专家不同的信息和意见，以此作为政策和规划制定的参考。

市民委员制度的实施情况同时也反映出，这一制度的效果和意义，首先在于使得政府部门听取到广泛、细致的市民意见的同时，有利于开展双向的意见交换和沟通。这一制度改变了过去政策和规划制定程序中的封闭性，使之更趋向于开放、透明。市民对政策和规划的意见更大程度地得到了反映，同时也提高了市民对于政策规划的信赖度，城市规划作为公共政策的合法性和正当性也相应得以提高。这一制

① 早川淳. 规划编制会议中引进市民委员制度的意义——市民委员制度现状调查报告. 城市规划，2003. Vol. 52. 日本城市规划学会.

度的另一个重大意义在于培养市民中的社区建设人才，并通过市民委员的宣传，进一步推动政策规划的实施。

但另一方面，市民委员制度也存在一些缺点。这些问题主要表现在，虽然这一制度的优点是有充足的时间听取市民委员的意见，但工作时间的限制使得参加者的范围十分有限，参加者大多是退休人员或家庭妇女，其他职业和年龄的市民的意见难以得到反映。这也是自由应征式抽取参加者的方式与从居民中随机抽取参加者的审查员制度之间较大的区别。此外，在相关的会议规则和会议运作方式的制度设计方面，也不是十分完善。如何启发市民委员的潜力，在会议中开展更有成效的讨论，是保证市民委员制度成功实施、提高规划和政策制定效率的重要问题。

（四）发展趋势与影响

以上可以看出，日本公众参与城市规划的发展，是与政府行政改革、地方自治运动，尤其是市民运动的兴起密切相关的。从起步期的20世纪60年代到现在，不仅公众参与的社会环境发生了深刻的变化，而且参与活动本身，从参与的形式、参与程度等都与初期有了极大的不同，而公众参与同时也对原有的城市管理体制产生了各种深远的影响。

从政府的立场来看，促进公众参与城市规划的意义，首先在于能够广泛听取意见，以减少规划决策的风险；其次是通过公众参与的开展，形成市民对于政府工作的监督和评价机制，以帮助政府提高管理效率和质量；第三是通过充分的协商和讨论，促使市民对于发展目标形成共识，这也是提高规划有效性、保证规划实施的重要基本条件；第四，公众参与城市改造，包括一些自助型开发项目，对于促进城市开发，尤其是一些城市中心地区和旧城区的再开发，不仅减轻了政府的压力和负担，而且对于综合改善这些地区的社会、经济和生活环境、提高城市改造项目的综合效益，都能发挥极大的作用。

总结日本城市规划公众参与的发展历程，从社会环境的变化来看，政府、与个人、社会的关系发生了十分深刻的变化。在日本，公众参与的起步与20世纪60年代风起云涌的市民抗议运动有着直接的关系。在初期，由于对政府失败的社会政策、城市开发政策和环境政策的不满，市民与市民团体对于政府及其政策、规划的态度大多是以消极对抗和反对为主；而今天，在各类市民活动中，对于政府及政策制定的态度已经转变为更加理性的协商、合作与参与，而政府对于各种市民活动和公众参与也采取了更加积极的扶持政策。这种变化深刻地反映出政府与社会之间正在形成一种更加积极的合作伙伴关系。这种关系的建立，一方面在于各类社会团体自我组织、自我管理能力的提高，社会组织化程度的提高使得政府与社会更加趋向于平等的关系，而非过去的自上而下的领导关系；另一方面，政府在各种法律制度的保障以及组织管理、资金和技术等方面所提供的扶持也是社会力量得以发展的一个重要原因。

在这样的背景下，各种公众参与活动在参与程度、参与阶段、参与形式方面都有了很大程度的扩展和延伸。过去的公众参与，更多的是短期的、被动的、以个人的形式参与由政府主导下的活动，内容主要以政策制定初期阶段的政策咨询、意见调查等为主；到近年来，公众参与多以社区组织或市民团体等自主组织的各类活动为主，参与的时间更加长，从政策制定的初期阶段，一直延伸到政策的决策，乃至政策、规划的实施和日常的管理。公众参与的领域，也从与生活密切相关的基层社区的规划、管理，扩展到城市总体规划以及各类城市政策的制定、修改与实施。

随着公众参与活动的不断深入开展，对于城市管理体制本身也产生了极为深刻的影响。包括城市规划在内的各项城市政策，在理念和内容上，从过去片面追求宏观经济的增长和以物质空间规划为主要内容，逐渐转向对于丰富的精神生活、文化生活的追求以及微观的城市生活层面和基层社区层面的各类服务性设施规划的内容增加。从规划的程序来看，在各种社区规划等微观和中观层面的规划制定中，自下而上的规划逐渐取代了过去自上而下的规划模式。在各种规划主体的作用来看，政府和技术专家的作用从主导型角色转变为提供指导的辅助型角色和合作伙伴的角色，而社区组织以及各种市民团体开始更多地发挥主体的作用。从规划体系来看，公众参与下制定的地区规划和其他形式的社区规划，由于其内容的针对性（针对地区内存在的具体问题而制定）、综合性（包含了各种设施规划与土地利用控制、建筑形态控制等内容），正在成为城市规划体系中重要的基础部分。

但是，这一变化随之也带来了社区规划与上位规划之间衔接、整合的问题。由于社区规划过多地关注本社区内的利益，这必然会带来城市发展的整体协调问题，尤其是一些对社区环境有影响的设施的规划、布局，往往会成为规划中的一个难题。例如，在垃圾收集站、垃圾处理厂、变电站等一些设施规划中，由于大部分社区激烈的排斥态度，从而使设施选址成为规划中新的难题。此外，对于社区规划合法性的争议也常常存在，如何界定社区规划的合法性和有效性在很大程度上取决于如何在最大限度的民主方式和程序内解决社区规划中的利益冲突，提高社区决策质量，这也是一个有待进一步研究的问题。

与英美等国相似的是，公众参与城市规划还带来了行政成本增加的问题。为了保证广泛的公众参与和充分的审议，城市规划编制的费用和时间都明显增加，在一定程度上给规划的执行和实施造成了负面影响。这一问题在英美等国的城市规划中也已经十分显著。因此，如何尽量降低由于引进公众参与规划而带来的成本上升已经成为相关制度研究中的一个重要课题。

第四节 比较与总结

根据以上分析，美、英、日三国规划行政体系的主要特征和差异，主要表现在政府间关系、部门职责划分、监督制约机制、决策程序与公众参与这四个方面（表4－2）。

美、英、日三国规划行政体系的特征比较　　表4－2

	美国	英国	日本
政府间关系	地方拥有高度的自治权；有限的中央调控	地方享有自治权的同时，也受到全面、直接、强有力的中央指导和干预	地方仅拥有极为有限的自治权，同时受到全面、直接、强有力的中央指导和干预
部门职责划分	立法、行政、司法相互监督、相互制约，司法对规划行政的影响较大；规划委员会拥有部分立法和法律解释、异议裁决的权限；规划行政的自由裁量有限	行政部门服务于议会，行政体系内部的仲裁调解机制与司法监督机制同时存在，近年来司法影响在减弱；行政的自由裁量权较大	地方议会的立法功能和行政监督作用、司法的影响十分有限，中央主管省厅拥有极高权限；地方行政的自由裁量权极为有限
监督制约机制	以规划委员会和议会为平台的行政救济渠道；以立法和司法监督为主；	以监察厅和巡视官制度为核心的行政监督体制、以公开审查会为平台的行政救济制度较为完善	依赖于行政主导的、以协议会为平台的协商协议机制解决纠纷，立法和司法监察制度不完善
决策程序与公众参与	地方议会和规划委员会在决策中的相互制约和监督；制度化、法定的参与权利和决策程序，规划公示、听证会、市民投票表决等多样化的参与形式	地方议会审议；制度化、法定的参与权利和决策程序，以方案协商、规划公示、公开审查会为主的各阶段的参与机制	以中央主管省厅的决策为主，形式化的规划公示和听证会制度，地区规划为主要的公众参与平台，其他层面的规划参与较少

一、规划行政部门的职能和决策程序

美国城市规划行政体系的突出特点：①高度的地方自治保证了城市规划管理作为地方事务，地方政府拥有最大限度的自主权；中央政府、州政府对于城市规划事务的干预和指导较为有限，主要通过资金扶持或金融税收等方式进行间接、灵活的引导。②在地方层面上，规划行政管理的自由裁量权较为有限。这一特点首先体现在，法律明确规定了规划行政部门仅有的政策执行的权力和职能，而不参与政策的制定，与此同时，规划行政行为受到来自立法机构——议会和准立法机构——规划委员会的严格监督。具体来看，规划行政人员不仅需要向市政府负责，同时也需要积极地向议会负责。③规划决策与规划行政中广泛深入的公众参与，促进了政策信息的公开和管理程序的透明，这使得政策制定和规划管理实际运行中的暗箱操作大大减少，从而实际上起到了限制规划行政自由裁量的作用。通过法律的参与权利保障和制度化的决策参与程序，以规划公示、听证会、市民投票表决等多样化的公众参与形式，使得城市规划行政部门在行使权力中的行为和过程都受到社会公众的严密监督。

从规划决策的程序来看，美国的特点是将之建立在议会与规划委员会这两个政治与非政治组织之间的力量平衡和相互制约基础之上的。这样，在解决了专业立法中民主性和专业性必须兼顾的问题的同时，也最大限度地减少了政治斗争对于专业政策制定的干扰。与此同时，在公众的直接参与、听证会制度的规范化、信息公开和程序透明等方面，美国规划决策程序也具有其鲜明的特征。

与美国截然不同的是，在英国，一方面地方自治制度保证了城市政府在规划行政方面拥有较大的自主权，但另一方面，中央主管部门通过制定法律法规、政策、执行标准等形式，对地方政府的规划行政进行强力干预、直接指导和严密监督。在城市层面，议会在规划决策和实施管理中都发挥着极为重要的作用，规划管理的主要决策都由议会作出，行政部门以为议会服务的形式开展行政活动。这样，对于英国的规划行政部门来说，就不仅需要向上级——市政府以及立法机构——议会负责，还需要对作为技术主管的上级——中央政府的主管部门负责。但是实际上，规划行政部门在实施管理过程中拥有较大的自由裁量权，可以根据地方特点和实际条件决定规划控制的具体标准和形式。作为英国地方自治的传统，议会有着与专业行政人员密切合作的传统，而非美国式的政治与行政的高度独立。进而，作为非专业人士，议员在审议城市规划的政策制定和开发管理中，必须依靠规划行政人员所掌握的信息和专业知识，这是议会与行政部门间合作关系得以持续的重要现实基础。

在不同的制度基础和立法体系之上，英国规划决策程序也与美国有着明显的不同。如前所述，英国规划决策程序的最大特点在于对协议协商程序的重视。作为规划决策程序的主要内容，方案协商、规划公示、公开审查的程序设置不仅发挥了在规划决策之前最大限度解决争议的协议协商机制的作用，同时也使公众能够充分地参与到规划编制、决策中的各个阶段。

日本规划行政体系的特点之一，首先在于中央集权和行政主导的体制下，地方政府在规划管理方面的自主权极其有限。从法律的内容和职责划分来看，中央政府具有实质上的立法权，除了规划法和建筑法中规定的委任事务之外，地方政府无权制定相关的法规条例。由于中央主管省厅对规划内容、形式、控制标准、规模等细节的详细、具体的规定，使得地方规划行政部门的自由裁量权受到极大的约束，其执行的职能（而非审查的功能）则更为突出。因此，中央政府拥有了法律制定和规划决策等多重权力，而地方政府实质上只有政策执行和提供项目实施保障等的有限职能。虽然相应设立了事前协议制度，以“行政指导”的形式使得地方在法定程序之外也获得了某种程度的裁量权，但规划决策和实施管理中有限的地方自治体制不利于城市根据各自的特点、条件制定有针对性的政策。另一方面，在地方政府层面，议会对于行政的监督制约作用也十分有限。因此，虽然从制度形式来看，日本采取了与美国相似的三权分立的模式，但从制度运行的实际状况来看，日本规划行政体制中中央集权和行政主导的实质，与美国式民主仍存在着极大的差距。

从规划决策程序的角度来看，日本的特点不仅在于其突出的行政主导的特点，更在于城市规划审议会这一日本特色的协商机制的运用。城市规划审议会在很大意义上已经成为行政主导的立法模式下一种较为有效的民主协商机制，在很大程度上发挥了专家学者作为社会力量对于行政决策的监督作用。但必须看到的是，这种监督作用的有限性决定了它并不能取代公众参与所能够发挥的作用，而在这方面，日本规划决策的制度设计中还存在着许多问题有待解决。

从美、英、日三国的经验来看，规划行政部门的职能设置主要取决于各国政治制度和地方制度中对于中央与地方政府关系的界定，以及在专业立法和政策制定中对于立法与行政部门之间权限范围的界定。在美国高度的地方自治以及政治与行政高度独立的制度基础之上，在城市规划管理领域中，地方政府规划行政部门的权限范围受到了明显的限制；而在英国，地方自治中中央对地方的宏观调控能力以及议会与行政的合作传统，使得地方政府在受到中央政府的指导、监督和制约的同时，规划行政部门在实际的管理中拥有了较大的自由裁量权；在日本，中央集权和行政主导的体制模式在城市规划行政领域也得到了完全的体现。在这一基础之上，规划行政部门的职能设置，在不同程度上对于规划决策程序的制度设计及其基本特征的形成，产生了独特的影响。美国以议会与规划委员会的制约平衡为核心的决策模式、英国以议会为主的决策模式、日本中央集权与行政主导型决策模式首先体现了在不同的民主制度模式下，规划决策的立法部门的不同选择。关于这部分的问题，在前一章节中已进行了充分的论述，这里不再重复。但是，在另一方面，从美、英、日三国的实践发展来看，在不同的立法制度模式之下，规划决策程序中却表现出某些相似的特征，这主要表现在以下两个方面：

（1）在这三种规划决策程序的制度设计中，都非常重视协议协商机制的建立。美国多样化的听证会制度、英国在方案拟定过程中充分的协商程序、日本审议会等柔性的协商平台等，无论采取哪一种形式，其核心目的就在于为各种利益主体提供充分的意见表达的机会，使得各类利益冲突和矛盾在决策和执行之前得以尽早暴露、尽早解决，从而降低决策的风险，提高执行的效率和可持续性。正因为城市规划作为重要的公共政策，只有在各利益主体就城市发展目标和实施手段的选择达成共识的情况下，城市规划作为公共政策的合理性、公平性和实施的有效性，才可能具备了充分的保障。因而，规划决策程序中协议协商机制的建立，就是为促进各利益主体的互动交流、社会共识的达成和利益协调，而建立的重要的制度性手段和渠道。在这一意义上，协议协商机制的建立必须成为规划决策程序中必不可少的重要组成部分。

（2）无论是在美国、英国，还是在日本，可以看到，公众参与的方式、内容、范围的设置已经成为规划决策程序中的重要内容。从规划决策的间接民主到以动议权制度为代表的直接民主方式，从公示、听证会到草案阶段的协议协商，公众参与的范围逐渐覆盖到规划决策的每个程序，公众参与的程度从形式化的听取意见逐渐深化为直接参与法案的设计与调整。从广泛的意义上来看，规划决策中的公众参与不仅提高了立法的民主化程度，同时也促进了政府管理的信息公开、程序透明，极大地推动了服务型政府的职能转变。具体来看，公众参与使得规划决策中的主体关系和权力结构出现了质的变化，这一变化进而导致了规划决策的程序设置开始脱离了传统的以专家咨询、立法机构审议的决策程序模式，而且对规划方案的内容本身以及决策结果都产生了突出的影响，可以说，公众参与正在成为一个影响现在及未来规划管理制度发展方向的重要因素。

二、规划行政监督机制

根据现代民主制度的基本原理和制度逻辑，规划行政监督机制的建立主要在于立法、司法和行政体制内部的三重监督作用的发挥，而在不同国家，由于国家制度和社会环境等的不同，规划行政监督机制的建立也明显偏重于不同的方向。从以上分析可以看到，美、英、日三国的规划行政监督机制各有其独特之处。美国的特点在于以规划委员会和议会的立法监督和司法监督的双重作用为主，英国的特点在于突出了以行政体制内的监督机制为主，而在日本则表现出规划行政监督机制建设的整体性滞后。这三个国家规划行政监督机制的形成有其各自不同的制度和社会背景条件，与此同时，从制度运行的效果来看，也各有其优势和需要解决的问题。

从美国的以立法和司法为主的规划行政监督机制来看，其主要特点在于监督机制的独立性。因为这种监督主要来自于行政系统的外部，因而能够更有效地避免官僚机制和专业偏见的影响，为公民提供基本权利的实质性保护，降低行政系统运行的政策风险和道德风险。美国规划行政监督机制的形成，主要建立在高度的三权分立的基本制度框架和抵制强权政府的社会环境之中；而作为另一个重要的影响因素，不回避正面冲突，通过双方质辩的理性方式来解决争议的文化观念，也使得司法途径往往成为寻求申诉裁决的重要渠道。这一方式虽然在行政监督的独立性和公正性等方面具有一定的优势，但是另一方面，也必须看到，主要依靠立法，尤其是司法的监督作用来保证行政的公正公平性，不可避免地会造成社会成本提高的问题。而且，这一模式在不同的制度环境和文化环境中，其适用性和社会接受程度往往会出现明显的差异。

与美国相比较，英国规划行政监督的突出特点则在于，在立法与司法监督的制度基础上，更侧重于行政体制内部的自上而下的监督机制的建立和完善。英国规划行政监督机制的形成和良好运行，首先，建立在尊重权威的社会文化和传统观念的基础之上；其次，行政官员较高的专业素质和道德水平使得行政运行的基本秩序得以建立，行政组织能够获得社会的基本信赖，其社会公信力得以维护；第三，严密完善和成熟的法律法规体系保证了行政监督能够严格地依法进行，不因政党的交替和环境条件的变化而出现动摇，保证了行政监督制度运行的持续性和稳定性。与美国相比，英国模式的优势就在于制度运行的社会成本相对较低，避免了社会冲突的尖锐化，但另一方面，如果缺乏以上制度形成的外部和内部的各种基本条件，依赖于行政自我监督的机制也必然会出现各种严重的问题。

与美、英两国在规划行政监督机制方面的制度完善程度相比，日本则相对来说为我们提供了一个反面的案例。在日本的例子中我们可以看到，在中央集权和强势政府的体制背景下，对于规划行政既缺乏体制内的监督机构的设置，也缺乏体制外的独立的监督机制的建设。由于行政监督机制的缺乏，虽然经济的高速增长在一段时期内掩盖了行政高效率表象下的种种问题，但当发展环境发生变化，其体制性漏洞所导致的政策风险和道德风险就会以各种形式暴露出来，从而导致各种严重的后果。

三、规划中的公众参与

随着城市中的经济、社会利益的日益多元化，要保证社会的公平和稳定发展，迫切需要通过各种技术的、经济的、制度的手段对城市发展中各种价值利益的矛盾与冲突进行协调，使得社会的各个组成部分和利益相关者，对于城市经济活动和社会活动的运行规则的建立以及对于城市未来发展方向的选择，达成认同和共识。而在严密的法定程序下进行的公众参与城市规划，作为一种社会价值判断的过程与形式，使得政策的制定能够更加公平合理地对社会全体的各种共同价值利益作出取舍选择与决定。公众参与城市规划的发展过程与政府行政改革、地方自治运动，尤其是市民运动的兴起密切相关。从起步期的 20 世纪 60 年代到现在，不仅公众参与的社会环境发生了深刻的变化，而且参与活动本身从参与的形式、参与程度等都与初期相比发生了极大的变化，公众参与同时也对原有的城市规划管理体制产生了各种深远的影响。

从美、英、日三个国家的发展历程和经验来看，各个国家以不同的方式在推动公众参与按照不同的进程轨道上发展。当美国的公众参与越来越表现出从间接民主向直接民主的制度发展的超前趋势，英国的公众参与则更侧重于以一种更为务实的方式，自下而上地推动规划管理中协商性程序的制度化和内容的充实，而日本的公众参与的发展虽然仍相对滞后，但从社区性规划开始起步的公众参与制度建设和实践，已经从规划管理体制的基础层面开始稳步发展。与此同时可以发现，虽然在形式、进程等方面存在着各自的特点和不同，但城市规划的公众参与的制度建设和实践却在某些方面表现出共同的特征和发展趋势。

从社会环境的变化来看，政府与社会的关系发生了十分深刻的变化。从 20 世纪 60 年代市民运动中鲜明的对立对抗，到公众参与广泛开展后政府与社会之间理性对话和协商合作关系的逐步建立，政府与社会关系的变化不仅反映了主体间力量格局的转变，从更深的层面上也代表了社会治理形态的质的变化和发展。这一发展潮流在不同的国家，只有形式和进程的不同，而没有质的差异。

作为推动公众参与不断深入和社会治理形态进一步发展的主要因素，无论是在市民社会的发展方面还是在政府管理领域，都出现了各种积极的发展趋势。

首先，社会力量的发展和市民社会的成熟是推动公众参与的主要因素之一。市民团体的大量涌现及其在社会治理活动中作用的充分发挥，集中反映了社会自我治理能力的显著提高和市民社会的成熟发展。各类市民团体的发展是公众参与得以有序开展的基础条件之一。社区组织作为公众利益的代言人，为公众参与提供了组织化的平台；环境保护、社区改造等非政府、非营利组织使得公众参与在各个政策领域得以推广和发展；各类专业性团体为公众参与的开展提供了专业知识和技术手段等方面的帮助，使得公众参与的效果和质量得以提高。

其次，政府职能转变及其行政改革为公众参与的深入发展提供了广阔的空间。在各个国家公众参与的发展历程中可以看到的共同特点是，政府信息公开和行政程序的透明化是推动公众参与得以起步的重要基础条件。而这一基础条件则是在以服务型政府为目标的行政改革的推动之下得以实现的。从另一个方面来看，政府对于社会团体的大力扶持，也是社会力量得以培育以及促进市民社会走向成熟的重要因素。没有政府在税收、管理和技术等方面的大力支持，各类市民团体的发展将经历更多的磨难和更缓慢的进程。因此，从更广泛的意义上来看，20世纪70年代以来公共管理理念和制度的变革，为公众参与的发展创造了良好的社会环境基础和充分的制度空间。

进一步来看，在政府与社会的关系层面上，政府与社会这两个领域的变化并非是独立发生和进展，而是相互交织、相互影响的。可以说，正是这两股主要力量之间的相互推动，使得公众参与得以不断的发展、深化，社会治理形态得以进一步的成熟。与此同时还需要看到，随着城市规划中公众参与的不断深入，它给现有规划管理制度的运行也带来了各种新的挑战和难题，这还需要从制度层面进行必要的调整和改革。

首先，由于公众参与的深入使得城市规划的政策议题出现了显著的变化，而这不仅使得传统的城市规划在形式和内容上出现变化，同时也使得不同规划之间的协调性和一致性成为城市规划体系的突出问题。美、英、日三个国家的经验都反映出这一问题对规划体系调整改革的重要影响。美国成长管理政策影响下的地方总体规划与区划的衔接问题、英国结构性规划与地区性规划的衔接问题、日本的社区规划与总体规划的衔接问题，实质上就是如何判断在公众参与条件下公众诉求作为规划内容的技术合理性与合法性的问题，以及公众的规划诉求体现在宏观规划之中需要解决的种种技术性和制度性的问题。从更深的层面来看，随着公众参与的推广和发展，社会还需要在如何协调公共利益和个体利益的关系，以及如何将其选择合理地反映在制度之中等问题上，进行更多的思考和实践。

其次，公众参与正在使得城市规划在制定、决策和实施中的主体关系间发生着显著的结构性变化，但与此同时，由于制度的不完善和公众参与在不同领域、不同社区间发展的不均衡，在某些情况下，公众参与的结果并不一定总能真实地体现公众的整体性意见和利益倾向，从而使得其结果与公众参与的民主化本意相违背，甚至可能出现被少数人利用的状况。进而，在不同的发展阶段和制度环境、文化背景之下，对于决策民主方式的不同选择，在很大程度上仍将影响着制度发展的进程。从这一角度来看，公众参与民主程序与相关制度的不断完善仍然是一个有待解决的重要问题。

最后，虽然公众参与在提高规划决策的民主化程度方面取得了显著的效果，但随着公众参与的推广和深入，管理成本的提高和行政效率的降低也成为一个难以回避的问题，进而影响着公众参与的进一步发展。这是以上美、英、日三国的实践中面临的共同的问题。从各国的发展经验来看，如何在逐步推进公众参与的同时，通过各种技术性和管理的手段使得相关的管理成本得到合理化的降低，实现行政效率的进一步提高，已经成为影响规划制度改革基本方向的重要因素之一，也是今后规划管理民主制度建设和发展的重要课题。

第五章

城市规划运行体系的国际比较

第一节 规划体系的结构与形式

一、美国

美国城市规划体系主要包括五种，即总体规划（General Plan），区划（Zoning），住宅细分控制（Subdivision Control），公图制（Official Mapping），协议（Covenant）。其中总体规划、住宅细分控制和公图制往往归属于同一个条例中，属于城市规划法体系；区划不属于城市规划法体系，而属于区划法体系；协议则类似于一种民事合同，属于民法范畴。各种规划的不同作用和功能划分是在各自不同的发展过程和历史中形成的。

（一）总体规划与区划的关系

城市总体规划是地方自治体正式公布的、有关未来城市开发建设的主要政策之一。在美国，总体规划被称之为 Master Plan，Comprehensive Plan 或 City Plan。追溯总体规划发展的起源，可以看到在美国历史的早期，城市的建设和管理中曾出现过三种重要的手段：①为城市建设而制定的设计图，这可以认为是今天总体规划的最早的起源；②土地的买卖、登记事务中使用的街区图和区画图，这一手段后来发展成为“住宅细分控制”；③管理公共用地时使用的所谓公图，其后被运用于公图制中。这三种规划手段都属于城市规划法的范畴。如果从前述五种城市规划之间的相互关系来看，总体规划代表了城市规划的根本目的，即对土地利用的控制和管理，而其他四种城市规划则是实现这一目的的各种手段。

从历史的发展过程来看，19 世纪 20 年代的“城市美化运动”可以说是现代美国城市规划产生的重要契机。这场运动是建设美好城市生活、积极推动美好城市建设的一场市民运动。它使得城市未来发展蓝图的描绘变得更加通俗易懂，从而明确了市民运动的目标，推动了运动的深入开展。这些当时描绘的城市蓝图，大多是一些建筑物和建筑群的平立面图和透视图，也是今天的城市总体规划的原型。

进入 20 世纪一二十年代以后，在市民运动中兴起的城市规划作为一项地方政府的公共职能，开始被社会广泛接受。其中，公众社会关心的焦点也从“美好城市”转变为“城市的效率”。因此，在城市总体规划中，对于地方政府的公共开发项目以及民间的住宅开发等项目进行空间协调的功能，变得越来越重要。20世纪20年代后期，联邦政府分别制定了《标准城市规划授权法》和《标准区划授权法》，总体规划和区划作为城市规划体系的重要制度性内容得到了正式的承认。从这一时期开始，许多城市开始制定正式的城市总体规划，但城市总体规划的编制和许可的权力被授予了政治中立性质的规划委员会，而非立法机构的地方议会。

战后20世纪50年代，在联邦政府提供的巨额城市开发补助金制度的推动下，全国各地的城市再开发和城市更新得以广泛开展。为了使获得联邦资助的城市开发项目更有效地推动地方长期、持续的发展，促进区域性的开发协调，制定总体规划成为协调各大型开发项目的重要的规划手段。与此同时，与城市总体规划相比，区划更多地受到了短期、局部利益以及政治性观点的左右和影响，因此受到了更多的批判和质疑。这一时期，联邦政策中对于区划的定位，更加强调区划与总体规划的统一，区划作为实施总体规划有效的，但非唯一的手段。同时，作为申请联邦补助金的条件之一，地方政府必须制定并实施总体规划，而且总体规划的编制本身也成为联邦补助的对象之一。这样，总体规划开始成为地方政府编制、实施城市规划的大法。

但是进入20世纪60年代后，城市规划的政策环境又发生了变化，对于城市总体规划能否有效发挥其协调功能产生了诸多的质疑。由于城市总体规划目标的长期性而带来的实施中的不可确定性，远期目标的制定过于僵硬而缺乏灵活性，规划内容过于强调物质性的内容，规划形式偏重于图面的表现形式等因素，城市总体规划的有效性和作用开始受到质疑和批评。

20世纪70年代后，对于城市总体规划的作用曾经拥有的绝对信赖，开始越来越淡薄。虽然有必要明确城市未来发展目标和开发管理的基本方针，但对于强调完美的图面表现和文字表述这样僵硬的形式固定下来的总体规划的有效性，社会公众的批判越来越多。因此，从这一时期开始，为提高规划的灵活性和实施的有效性，解决已有规划在环境发生变化的条件下进行有效修正和调整等问题，对于规划编制的过程中的公众参与越来越重视。注重结果的城市规划开始向注重过程的城市规划转变。

（二）区划制定的基本要求

区划是州在宪法赋予的权力范围内行使治安权的一种行为，而在大多数的州，地方政府都是在州授权法的授权之下制定区划的，区划的目的和内容不仅必须要符合州授权法和有关条例的规定，同时还必须符合联邦宪法的规定。根据联邦宪法中有关财产权保护的正当程序条款（第五修正案）和征用条款（第十四修正案）的规定，首先区划的目的必须符合治安权的宗旨。就是要符合“提高本州居民的健康、安全、道德和福利水平”的宗旨。如与这一宗旨有所偏离，则将被视为违反正当程序条款的违宪行为，被判决无效。当区划的控制手段违反了一定标准，也将被作为违反正当程序条款的违宪行为论处。这种标准包括：①手段和目的之间具有实质性的关联（substantial relation）；②非没收性质的管制；③非歧视性行为。

美国联邦最高法院1926年Euclid V. Amble案件的判决，确立了区划的法律地位，成为其后各城市区划法规的法律渊源。依据该判决，区划法规通过美国联邦宪法审查（Constitutional Tests）的条件为：

（1）区划的全面性：分区规划必须覆盖辖区内每一份财产；

（2）区划的公正性：同一个辖区内的所有财产必须获得相似的处理结果；

（3）区划的详细性：每个辖区分割成多个土地利用区域，辖区内必须有一部编制完善的区划条例，区划条例中必须至少涉及20个不同的土地利用类型。

一般情况下，区划条例是城市宪章的一个组成部分，是城市政府进行土地利用规制的唯一法定依据，同住宅细分法规、建筑设计审批规定以及其他的规划法规一起，组成美国城市层面的规划法规。

关于区划编制的基本要求，在1920年的《标准区划授权法》中有着较为详细的规定①：

"第一条　区划是从保障公共的健康、安全、伦理以及其他福利的目的出发，将一个地区划分为数类用地，对于地区内各种土地、建筑物等的位置、大小、形状、用途等，根据各类不同的标准进行控制的一种规划。

第二条　在同一区域中同一种用途的用地控制标准和内容必须是统一的。

第三条　区划条例必须以土地利用基本规划为基础，从以下目的出发进行编制：即缓解道路拥挤，火灾、社会恐慌等灾害的安全预防，健康和福利水平的提高，确保建筑物日照、通风条件，防止土地利用过密，避免人口过度集中，加强交通设施、给水排水管、学校、公园等公共设施的建设。区划条例在综合考虑各地区的特点和土地利用的特征的同时，必须能够起到维持建筑物的经济价值，在本地区内实现土地利用模式最优化的功能。"

此外，各州根据各地的具体情况，将历史建筑物、农业用地和开放空间的保护、景观保护、保证税收来源等也列为区划编制和实施的目标领域。

例如在纽约市，区划是一项政府法令，它源于联邦宪法赋予政府的管辖权（第十修正案）。经过纽约市议会审核的区划法规，是纽约市政府对城市土地的使用实施分区管理的法律依据。区划法规规定了每个辖区内所有土地的使用规则、建筑类型和高度、开发强度。完整的纽约区划法规由两部分组成：一部分是划定地域边界的区划地图，还有一部分详细描述了规划规则的条款，是对每一种土地的分类、用途和允许进行开发建设的具体标准。纽约的区划法规是一部完整的法律规定，政府必须严格执行。在城市开发建设过程中，如果某个建设项目需要修改或者区划需要调整，都必须按照法定的程序进行。

---

① Department of Commerce. A Standard State Zoning Enabling Act. 1920：3.

二、英国

（一）框架特点和内容

英国城市规划体系主要是由结构性规划与地区性规划两个部分组成，鉴于其特有的地方制度，不同地方行政区划的规划权限和内容也有所不同。发展规划（Development Plan）是对城市未来发展方向的具体化表述，是开发项目在规划审查时的主要法律依据。发展规划一般包括结构性规划或单元发展规划、地区性规划、矿产采掘规划、废弃物处理规划的四个部分（表5－1）。发展规划形式上一般由规划书及图纸两部分组成。规划书的内容表述一般由区域发展战略、目标、目的、方针的逻辑性结构展开。

结构性规划（Structural Plan）是由非大都市圈的郡级地方政府制定的区域发展规划，一般规划期限为15年。主要作用是在国土规划的既定政策方针下，确定区域发展及开发管理的综合性战略方向，并保证与地区性规划的统一协调。主要内容包括郡内各地区预定住宅开发数量、绿地、自然环境的保护、农村经济、城市经济、大型工厂企业商店等具有就业机会的开发、重要交通道路等具有战略意义的基础设施、矿产资源保护及开采、观光旅游娱乐、资源利用及循环。从1968年有关法律规定郡级地方政府必须制定结构性规划以后，公众参与的意见征询等程序的规定使得规划编制的周期大大延长。据统计，英国各地规划制定及审批的完成，一共用了15年的时间。

英国城市规划的内容 **表5－1**

规划名称	规划年限	规划制定机构	内容
结构性规划（Structure Plan）	15年	郡（非大都市圈）	在国土规划的既定政策方针下，确定区域、城市规划及开发管理的综合性战略方向，并保证与地区性规划的统一协调
地区性规划（Local Plan）	10年	地区	地区内开发控制的具体方针，土地利用开发具体方案，提出关于未来土地利用的详细具体的设想
单元发展规划（Unitary Development Plan）		六大都市圈单一行政机构	具有与结构性规划相似的功能及内容，包括矿产采掘规划及废弃物规划
矿产采掘规划（Mineral Local Plan）		郡（非大都市圈）或国立公园行政厅	资源开采及操作的具体原则及废弃物处理场建设管理方针，保证与结构性规划的统一协调
废弃物处理规划（Waste Local Plan）		郡（非大都市圈）或国立公园行政厅	内容包括规定不同种类废弃物的量及处理方式，废弃物处理产业资格审查标准，废弃物处理场的选址规划由结构性规划完成

注：根据以下内容整理而成：

1. A. Thornley. Urban Planning Under Thatcherism：The Challenge of the Market. London：Routledge，1991.

2. T. Brindley，Y. Rydin，G. Stoker. Remaking Planning：The Politics of Urban Change in the Thatcher Years. London：Routledge，1992.

在非大都市圈地区，结构性规划的下一级规划是地区性规划（Local Plan），一般由地区一级政府规划部门负责编制。地区性规划具有明确地区内开发控制的具体方针，土地利用开发具体方案，提出关于未来土地利用的详细具体设想的作用。地区性规划的期限一般为10年。在伦敦等六大都市圈，由于地方行政体系不同于非大都市圈地区，只有一级行政机构，因此结构性规划与地区性规划的内容都包括在单元发展规划（Unitary Development Plan）之内。因为地区性规划的制定没有被明确规定在地方规划部门的责任范围内，所以到20世纪80年代末期仍有很多地区没有制定这一规划。

另外，在非大都市圈，矿产采掘规划，废弃物处理规划也是发展规划的一个重要内容。但在大都市圈地区，这两个规划内容也合并在发展规划中，不再单另制定。

根据中央主管部门——环境部的行政文件，地方政府在规划的制定中必须考虑一些基本前提条件。这些前提条件包括：

（1）与上一层规划的协调统一。

（2）从土地供给、基础设施配套要求等资源方面考虑规划实施的可能性。

（3）经济目标。积极创造就业机会的同时保证相应住宅数量的供给，特别是在城市中心区，具体如城市中心区再开发项目、中心区与周边地区的发展平衡、汽车拥有率、失业率、平均工资水平等指标。

（4）社会目标。社会弱势群体的照顾，具体如保留多样化的就业机会、社会福利设施的配置、无障碍设施的规划、面向低收入层的福利性住宅建设的鼓励性政策。

（5）环境目标。所有与土地利用相关的环境保护措施。

这些前提条件的明确，实质上也是进一步明确了英国各类城市规划中必须重点考虑的主要内容和编制依据。

（二）结构性规划的改革

英国的城市规划体系从确立的初期开始，一直在配合经济、社会各方面的形势变化而不断地作出修改及变动。近年来变动最大的是结构性规划部分。从规划体系的框架性特点可以看出，结构性规划作为其他地方性规划制定的依据，在英国的规划体系中一直具有决定性主导地位，因此具有编制权限的郡级地方政府与规划部门也就具有了规划审查的极大权限。作为一个对于整体社会利益的极具战略意义及重要性的规划，结构性规划的内容具有非常严格的格式及逻辑性表述。特别是它不同于其他规划，不仅明确了地区将来发展的方针与目标，而且对于采取这一方针的原因及理由也有充分的解释。但是，也正由于这些特点使得结构性规划在内容上过于冗长。英国在20世纪60年代后期即开始了规划审议过程中的公众参与，这样的规划形式与题材内容已经非常不能适应新的规划编制审议程序的要求。同时，由于规划审议过程中公众参与的法定化，结构性规划的编制通常必须经过较长的编制及审定程序，才能得到通过，而一旦通过又不能配合实际形势的需要得到及时修正。面对这样的问题，关于结构性规划在开发管理中的实际指导意义与存在价值的争论日趋激烈。在这样的背景及鼓励开发的宏观政策导向下，规划体系的改革也势在必行。

从1979年开始，首先是简化了结构性规划内容，尤其是关于发展战略、方针的采用理由部分被全部删除，以缩短规划审议时间。1980年的《地方自治、规划和土地法》的规定，更进一步在编制程序方面，改变以往要求地区性规划的制定必须在结构性规划批准通过之后，内容必须服从结构性规划的方针，使得地区性规划可以先于结构性规划来制定，并规定其取代结构性规划作为规划审查的最终审批依据。这一政策性变动不仅根本地改变了规划体系中的结构性规划与地区性规划的从属关系，同时也使得开发审批许可权从郡下放转移到地区级政府及规划部门。1991年的《城乡规划法》中，大都市圈地区的结构性规划首先被废除，制定地区性规划成为地区级政府规划部门的法定义务（图5-1）。

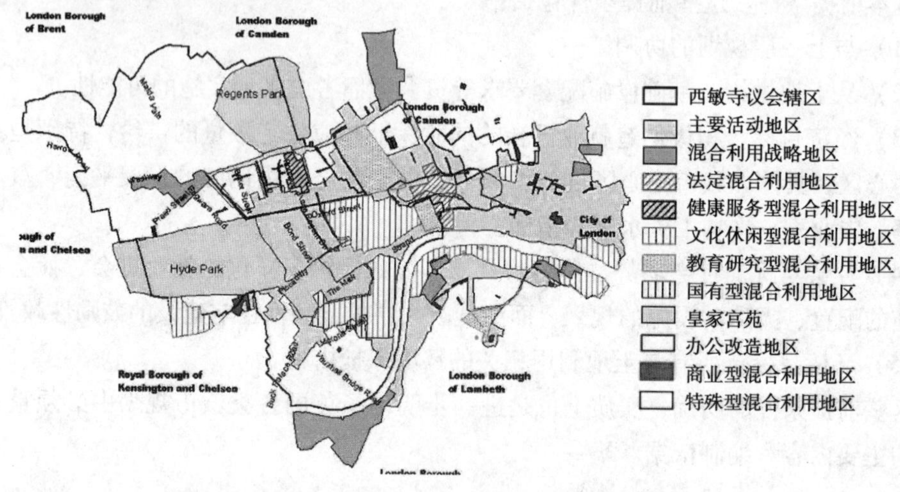

图5-1　伦敦西敏寺区单元发展规划

出处：http：//www. westerminster. gov. uk.

从近年来英国规划体系的政策性变化趋势中可以看出，作为区域发展宏观战略的结构性规划在规划审查以及指导地方规划编制方面的作用逐渐被否定，取代它的是更具体、详细、更具有规范性的地区性规划。与此同时，规划管理及开发审批、许可的权限也正在从区域性行政机构的郡，向管理地区具体事务的地区一级地方政府及其规划部门转移下放。从中央政府发表的一系列文件中，可以看到对于规划体系的政策性改革的意义及目的的多种解释，其中最重要的则是区域及城市规划及管理体系必须能够适应瞬息万变的区域经济发展形势，创造适应经济增长的物质条件及政策、社会环境，帮助城市抓住转瞬即逝的发展机遇。这就要求规划体系必须改变以往规划内容过于注重宏观战略、抽象冗长而又不具有具体的指导意义、编制程序过于繁琐僵硬的缺点，提高规划的前瞻性、灵活性、机动性，建立能够预测区域及城市发展趋势与走向，具体指导开发管理，解决开发中实际问题的管理程序与管理体制。

这也正是英国区域与城市政策在从政府主导向市场主导型转变过程中，对于规划体系提出的新的要求。可以看出，配合规划体系的结构性改革，英国还采取了规划审查程序的简化，规划审查依据的规范化及政府裁定权限与自由度的缩小等多种项制度改革（详见第七章），都是为了配合市场经济或开发主导型区域政策而进行的变革。

（三）非法定规划的作用及类型

非法定规划的类型及特点　　**表5-2**

规划类型	特点	规划的作用	
		发展规划的部分内容的详细具体化	作为临时性的规划审查依据
规划概要（Planning Brief）	对于指定的开发用地，阐述对于开放强度的要求	一般用地的开发要求	大规模战略性开发用地的开发概要
设计指导（Design Guide）	不特定用地，对应于不同的开发类别阐述开发设计的指导性要求	地区及开发项目的设计指导	城市设计方案

非法定规划是指由地方政府自己制定，未经公众参与审查的临时性规划。由于一般发展规划制定程序的繁琐及修改、审议时间的冗长，一般地方规划部门都会制定一些非法定规划作为开发许可的临时性依据；同时，当发展规划的内容缺少对于规划审查的针对性及具体指导意义时，根据对发展规划的部分内容的详细具体化而制定的非法定规划也很常见。

非法定规划一般有规划概要（Planning Brief）及设计指导（Design Guide）两种形式（表5-2）。规划概要起着对指定的开发用地规定其开发强度要求的作用，实际中又可以分为一般用地以及大规模战略性开发用地两种情况，前者相当于地区控制性详细规划，而后者相当于开发区规划。规划概要中，往往会对该地区或地块的开发内容、开发强度和配套设施等的要求，进行详细规定，从而为开发商制定开发规划方案提供明确而又具体的指导。近年来，随着开发许可中规划协定（Planning Agreement）的形式日益增加（详见第六章第一节），在规划概要中，有关规划义务（Planning Obligation）的内容和标准也成为主要内容之一（图5-2）。

设计指导一般适用于不同用地、不同类别的开发项目，以期对开发设计提出指导性要求（图5-3）。设计指导在实际中也有两种形式，一是一般地区及开发项目的设计指导，二是个别地区的城市设计方案。

这些非法定规划的作用主要体现在开发控制过程中。由于发展规划的政策性较强，往往只有对城市整体发展方向、目标和基本方针的描述，而无法作为规划实施和开发控制的依据，因此，非法定规划作为一种技术性文件，在规划管理、尤其是在开发控制中起着十分重要的作用。在开发许可过程中，非法定规划的内容，往往直接决定着审查的结果，例如如何对项目规划方案进行调整，是否需要向开发商提

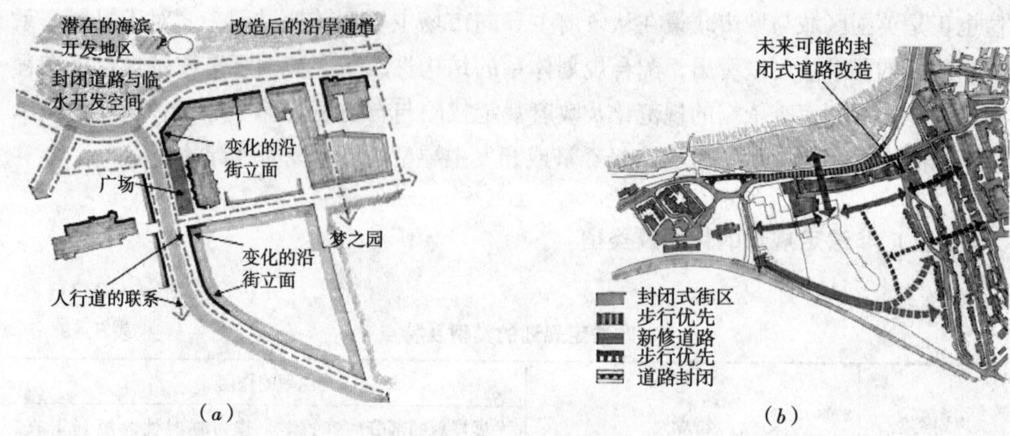

图5-2　埃林顿地区规划概要图例

出处：Thanet District Council. Arlington Planning Brief. http：//www. thanet. gov. uk.
(*a*) 埃灵顿地区设计指南；(*b*) 地区道路规划方案

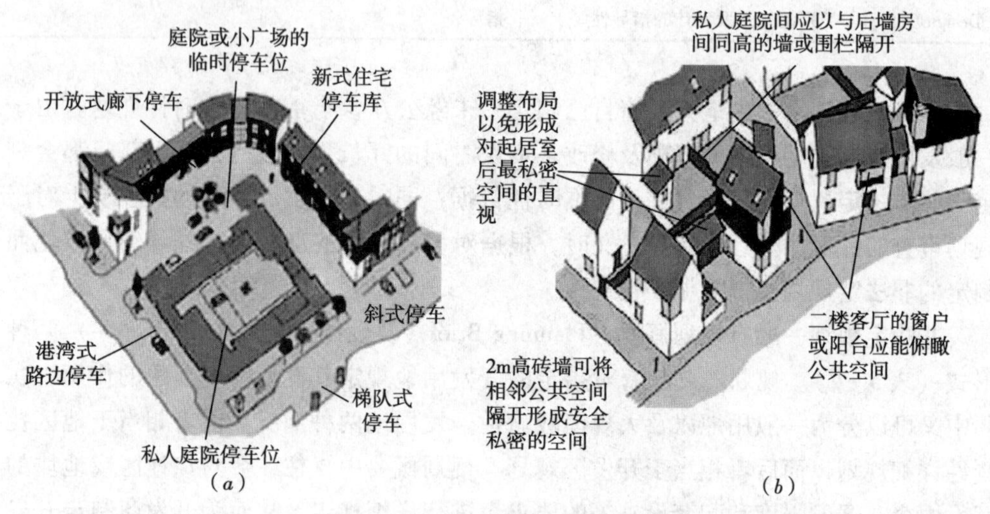

图5-3　肯特郡设计指导

出处：Kent County Council. Kent Design Guide 2005/06. http：//www. kent. gov. uk.
(*a*) 停车区设计；(*b*) 住宅布局私密性设计

出其他的附加性条件（Planning Condition）。如果根据非法定规划，需要提出的附加许可条件较多，还需要考虑是否以规划协定的方式给予开发许可等等。

从理论上讲，非法定规划是对发展规划的政策导向、目标、方针等的具体详细的解释和细化，这一过程自然是由地方政府的规划行政人员来完成。但由于非法定规划通常不需要经过议会审议等民主立法程序，所以非法定规划的合理性和公正性往往会成为公众质疑的焦点。因此，随着应用的增加，对于非法定规划的要求，不再只是作为规划行政部门内部掌握的技术性文件，对地方议会的说明义务和向公众公示与提前通知的义务，就成为保证非法定规划的合理性与公正性的重要措施。

三、日本

根据《城市规划法》的规定，日本城市规划的内容主要包括以开发控制为目的的规划和项目规划这两方面的内容。

以开发控制为目的的规划主要包括了：

（1）宏观性的区域划分：根据城市化发展和人口、产业等的发展分析和预测，将城市规划范围分为城市化地区和城市化控制地区。对于城市化地区，作为建成区和未来十年集中发展的地区，采取促进城市化开发的政策，而对于城市化控制地区，则严格控制非农业开发活动。这主要是以由都道府县制定的整备、开发和保护方针（简称整开保方针）的形式出现的。

（2）中观的土地利用规划和开发许可制度：将城市化地区分为12种土地利用类型，其中包括了7类居住用地、2类商业用地、3类工业用地，并以《城市规划法》和《建筑基准法》为依据，通过开发许可制度和建筑审查制度，对各类开发活动的开发性质、开发形态（以建筑用途、建筑密度和容积率控制为主）进行控制；这一制度类似于美国的区划制度。

（3）微观的地区规划：以加强街区开发的整体性为目的，对街区内道路、公园、建筑物的位置、形态和用途等内容进行详细规定的规划形式。

项目性规划主要包括了城市设施和大型综合开发项目这两个主要内容。根据《城市规划法》的规定，所谓的城市设施包括了道路、公园、给水排水管、住宅区内的义务教育设施、批发市场、火葬场、畜牧场、垃圾焚烧厂以及对周围环境影响较大的设施等11类主要设施，而大型综合开发项目则包括了土地区划整治项目、新住宅区开发项目、城市再开发项目、工业团地建设项目、住宅街区整治项目、新城市基础设施整治项目等6类项目。

在日本的城市规划中，一方面通过以开发控制为目的的规划对城市范围内各类开发性活动和建设活动进行控制、引导，以保证城市整体有序发展，同时不对城市规划项目的实施造成影响或阻碍；另一方面，则通过对于主要城市公共设施和地上项目的选址和开发内容进行规划，来达到促进城市发展、改善城市环境的规划意图。

根据《城市规划法》的要求，城市规划的编制是从城市规划地区的指定，即确定规划范围开始的，然后再确定规划范围内的主要设施和主要开发项目的布局及内容，进而逐步制定并实施有关的土地使用规划、城市设施规划和城市开发项目规划。城市规划地区的确定需要由都道府县一级的政府部门来执行。城市规划地区的确定不一定局限于行政区划，实际上往往更倾向于已经形成一体化的城市地区的范围。根据《城市规划法》的规定，城市规划一旦决定，政府和实施项目的公共部门就同时拥有了对于预定开发地区内的建筑开发进行控制、土地征用、土地优先收购、征收城市规划税等的管理职能和权限。这种法律体系的实质就是对于作为公共开发项目预定地区内的土地开发、土地买卖和各种建筑活动，在项目开始之前就进行限制和管理，以保证规划项目和设施建设的顺利进行。

这些城市设施的建设以及开发项目作为法定的城市规划项目得以确定之后，不仅在土地征用、规划控制等方面能够得到法律保障，同时中央政府还通过提供项目补助金的方式，来推动这些项目的实施。而中央政府也正是通过对城市规划的审定和提供项目补助金的方式，加强了对于地方规划和城市发展的影响力，使得宏观的发展意图和规划理念，能够在地方性规划和地方性开发项目中得以实现。

除了这些法定项目之外，自20世纪70年代后期以来，为了促进大城市地区，尤其是住宅区的改造，又出现了作为非法定规划项目的密集型住宅区整治促进项目和大城市地区的住宅区综合整治项目。这类项目制度的实施，主要是以鼓励民间资本参与公共设施和城市再开发为目的，项目的开发方式十分多样化，虽然不具有法定规划项目的强制性条件和时间限制，但是由政府提供项目补助金，在土地所有者等各方达成共识的基础之上，逐步完成规划的制定和实施。这类项目由于预算的限制和协商机制的不完善，目前还没有得到大范围的推广。

日本城市规划体系的特点之一就是过于重视项目规划，而放松了对于个体开发活动的控制管理，这就在实质上给予了土地所有者在没有城市规划项目的地区可以自由地进行开发的权利，给开发管理带来了一定的问题。因为，日本的宪法规定，“财产权的内容必须符合公共福利的原则，并由（国家）法律进行相应的规定”的原则，这就意味着地方政府无权通过制定条例对土地利用和开发等个人财产权进行限制。同时，在《民法》中规定了，“土地所有者在法律限制范围内拥有自由使用、收益和处分其土地的权利”。其次，在开发许可制度和区划地区容积率指标设定方面，也存在着各种漏洞，造成无须经过许可的小规模开发（$0.1hm^2$以下的开发项目）迅速增加，而大城市中心区的容积率制度，由于设定的容积率标准过高，实质上成为促进高密度土地开发的工具。这样一些制度上的问题，造成了对于私有土地所有权的过度保护和开发限制过度宽松，而城市发展的整体效率却得不到保证。规划体系和土地制度方面的这些问题，虽然在一段时期内起到了促进城市再开发的积极作用，但在进入泡沫经济期之后，其负面影响通过地价暴涨和开发热一起爆发了出来。

第二节　规划的内容

一、美国

（一）城市总体规划的主要内容

城市总体规划是规划期限为10年的长期性规划，包括了土地利用、交通设施、各种公共设施及公共开放空间的规划方案。在美国，城市总体规划的功能主要有以下三个方面：①协调各种公共项目，明确政府的相关政策；②作为区划、住宅细分控制、公图制等各种规划管理手段的依据；③明确未来土地利用的蓝图，对于各种土地开发活动和土地市场行为进行引导。传统城市总体规划的内容主要包括了各种目标、原则、标准和方案等，其表现形式主要是以图面为主，近年来正在逐渐向以文字表述来阐明政策原则的方向转变。在很多情况下，包括了大量的历史记录、现状调查和分析资料，由华丽的文章组成的城市总体规划是十分多见的。

总体规划的内容往往包括土地利用、交通设施、各种公共设施及公共开放空间的规划方案。大多数州法中都会对地方编制总体规划时提出内容方面的要求。例如，加利福尼亚州对于地方政府编制总体规划的内容进行了规定，要求规划中必须包括以下七个方面的内容：

（1）土地利用方面：市或县的人口密度、建筑密度、各类土地利用的布局等。

（2）循环方面：所有交通政策的内容，根据地区内土地利用的发展和变化对于未来开发和基础设施的需求预测而作出的基础设施规划。

（3）住宅方面：掌握各收入阶层的住宅需求及其变化，制定相应的住宅政策。

（4）保护方面：主要涉及水环境、大气环境、农业用地、濒危动植物等自然资源的保护问题。

（5）开放空间方面：主要包括关于长期的开放空间保护规划。

（6）噪声方面：城市中的噪声问题及其防治措施。

（7）安全方面：掌握地震、地质、洪水等各种自然灾害的危害性，并制定相应的防灾政策。

此外，州立法部门还会经常对总体规划的规定内容进行调整；地方政府也可以根据本地区的实际情况适当增加其他的内容，一般来说除了州的规定内容之外，地方总体规划中一般都会增加3～4项内容，例如人力资源开发、经济发展、历史城市保护、景观规划等。

在土地利用方面，总体规划中将对市内各种土地利用的布局、密度的现状和未来发展预测进行说明，主要以概念性的政策说明为主。住宅、商务办公、工业、开放空间、农地、矿物资源和休闲设施这七类土地利用的布局是总体规划必须包括的内容，但仍以概念性的说明为主，只有与公共设施有密切联系的一些土地利用才必须进行具体的布局和选址的说明，例如教育设施、公共建筑和广场、未来的排水和废弃物处理设施预留地等。另一方面，土地利用方面的内容还必须包括人口和建筑物的密度标准，但其中的数字并非作为规划控制的指标，而可以理解为是对总体发展政策所描绘的蓝图进行的一种具体的注解和说明。土地利用方面的规划内容还必须与其他部分的规划内容相统一，其中尤其是与交通方面的规划内容关系密切。在关于未来开发项目的分析说明中，一般必须包括由该项目的开发带来的相应的交通影响分析和所需交通设施的内容。

虽然传统的城市总体规划的内容主要以物质性环境规划为主，但近年来更倾向于将人力资源开发、产业振兴等政府各种公共行政的内容都包括进来。在许多州，还要求城市总体规划的编制中要包括社会资本改善计划（Capital Improvement Program，CIP）的内容，也就是市政中心、图书馆、博物馆、消防站、公园、道路管线、污水处理等公共设施与基础设施的公共投资项目5年财政计划。有的州，如内华达，规定没有制定社会资本改善计划的城市，不得对私人开发项目征收建设费和影响费。社会资本改善计划一经地方立法机构批准后，第一年的计划自动构成下一年度的财政预算，以后每年进行审核调整。这时，政府才可以开始对项目拨款，进行可行性研究、征地、建筑与工程设计、发行债券、施工等工作。此外，为实施城市总体规划，各政府机构之间、政府与社区团体、非营利组织、私人公司之间往往会签订“开发协议”（详见第六章）。有的州，如亚利桑那、科罗拉多等，对合同的内容提出了具体要求，并要求必须经当地立法机构批准。

（二）区划指标的内容

在美国各个城市，区划法规没有统一的格式和内容；各城市可以根据自身的条件和管理需要制定区划。一般来看，大多数的区划法规主要包括了土地用途的分区、相容性规定、开发强度、周边影响规定、标识规定这五个方面的内容。

（1）土地用途分区：一般又可以分为基本用途区（Zoning District）和特别用途区（Special Purpose District）两大部分。基本用途区的划分是区划中最基本和主要的内容，是指用于满足城市基本功能要求，适用于城市大部分地区的功能分区，是城市的主要分区类型，涵盖了城市绝大部分甚至全部地区。特别分区用于实现特定的意图，适用于城市中某个或某类在某方面有特殊性的地段，如纽约市的曼哈顿区、哥伦比亚特区的国会大厦区等。

基本用途区一般划分为单体住宅、集合住宅、社区商业、大型商业、工业和农业等基本类型（表5-3），不同城市都会根据本地条件，对基本类型进行细分。各城市区划法规的土地使用类型，有的简单地划分为几种基本类型，也有的细分到几十种类型。例如纽约市的区划法规中，对基本用途区进一步的细分，居住区细分为四类，商业区细分为八类，工业区细分为三类（表5-4）。

美国各城市区划法规的土地用途划分 **表5-3**

城市	基本用途区
纽约	居住区、商业区、工业区
芝加哥	居住区、商业商务区、工业区、市中心区
波特兰	居住区、商业区、就业和工业区、开放空间区
哥伦比亚特区	居住区、特别意图区、商住混合用途区、商业区、混合区、滨水区
旧金山	居住区、商业区、工业区、邻里商业区、混合用途区、滨水开发区、开发空间区

纽约市区划法规的土地用途细分 **表 5-4**

基本用途区	用途细分
居住区	一户独立式住宅区、独立式住宅区、独立式和半独立式住宅区、普通住宅区
商业区	地区性零售区、地区性服务区、滨水休闲娱乐区、普通商业区、限制性中心商业区、普通中心商业区、商业娱乐区、普通服务区
工业区	轻工业区、工业区、重工业区

出处：纽约市城市规划管理局网站 http：//ww. nyc. gov/planning。

（2）相容性规定：所谓相容性是指对于在某种用途的地区内能否进行某类设施或建筑的开发的规定，即土地用途之间的相容性。在区划法规中一般是以各用途区的用途规则（Regulations）的形式出现的。一般分为普通许可（Uses Permitted As-of-Right）、特别许可（Special Permit）、附属性许可（Supplementary Use Regulations）这三种。普通许可的用途指符合区划法规规定，被认定为合法，应被核发建筑许可证的用途。特别许可的用途指只有在满足一定特殊条件的情况下才能被允许的用途。特别许可证在颁发之前一般要召开公众听证会，并遵守区划条令中的一些具体规定。附属性许可的用途是与同一分区地块中允许的主要用途有明显附属关系的用途，一旦主要用途被允许，则在满足一定要求的情况下，其附属用途也会被允许。

（3）开发强度规定：在区划法规中，容积规定（Bulk Regulations）会对不同地区的各种土地用途的开发强度进行限制，一般包括了与地块有关的规则、与地块中的建筑物或构筑物有关的规则、与地块中的院落有关的规则、其他补充使用强度规则等。例如，纽约市区划法规中，容积规定就包括了开放空间与建筑面积规定（Open Space and Floor Area Regulations）、开发密度规定（Density Regulations）、地块面积与宽度规定（Lot Area and Lot Width Regulations）、庭院规定（Yard Regulations）、高度与后退规定（Height and Setback Regulations）、建筑最小间距规定（Minimum Required Distance between Two or More Buildings on a Single Zoning Lot）等①。

（4）周边影响规定：对周边影响的规定是指为限制建筑物对周边地区产生的影响而作出的规定，以达到将该建筑物及其土地使用类型所产生的影响减少到最低的目的。因此，对不同的土地用途的周边影响规定也有所不同，如对停车位数的规定普遍应用于大多数的建筑物，但标准各有不同；在工业用地中，往往规定必须对生产性设施采取适当的遮蔽和景观美化措施。

（5）标识规定：区划法规中一般还会对各类建筑的标识、标牌进行规定，主要

① Department of City Planning（New York City Government）. New York City Zoning. http：//ww. nyc. gov/planning.

包括允许的标识类型、标识内容限制、最大高度和突出尺寸、表面积、最大数量、照明规则、特殊地段的特别要求等。

在区划条例批准后，所有的建设和开发项目都必须按照规定的内容而实施，对于与区划条例相符的开发方案的审批无需举行公共听证会（除非区划条例中有特别规定）。如果在实施过程中，由于种种原因而需要对区划条例进行调整，则需要按照严格的法定程序进行。

（三）其他城市规划

除了城市总体规划与区划之外，美国城市规划还包括了住宅细分控制、公图制和协议等内容。

住宅细分（Subdivision）是为了出让或修建建筑物而将一块用地划分为两块以上用地的行为。住宅细分控制是由地方自治体制定相应的开发标准，对于这类行为进行控制的一种城市规划。住宅细分控制实际上相当于一种开发许可制度，不论何种规模、何种类别的用地均为其审查、控制对象，而且住宅细分控制与房地产登记制度相联系，是一种全方位的开发控制手段。与政策性较强的区划项目相比，住宅细分控制具有较强的技术性的特点。

公图制（Official Map）是为了保证将来建设公共设施所需用地的一种规划手段。也就是将已有的和规划的道路等公共设施的用地详细、准确地标注在公图制中，地方议会一旦通过、批准之后，就将禁止在这类用地中进行开发和建筑活动。在公图制中记载的公共设施，主要以道路为主，其他还包括了公园、学校等公共设施。这一类公共设施的用地规划虽然在总体规划中只有远期规划和笼统的描述，但在公图制中则是在考虑近期项目实施可能性的基础上，对相关设施的用地进行了更为明确、具体、详细的规定。地方政府依据公图制对于私有土地的开发进行限制的行为，属于地方政府治安权的领域，因此一般无需进行补偿。

从发展过程来看，协议（Covenant）这一管理手段的产生时期要早于区划制，可以说是美国现代城市规划体系形成时期，对于区划制度的产生起过重大影响的一种制度，也可以称之为“区划制度之母”。从其目前在城市规划管理体制中所发挥的作用来看，这一制度起到了将区划制度进一步严格化的作用。所谓协议，是房地产业主之间，或开发商和土地所有者之间签订的一种协议，其内容一般记录在土地及建筑物的产权登记书上，当发生产权交换的时候，所记述的义务和权利就由新的所有者继承。一般协议中所规定的内容和限制对象非常广泛，而且由于协议所规定的义务和权利与产权登记相结合，所以能够有效地对所属土地和建筑物的开发行为进行限制。但是另一方面，这一协议主要是业主间自愿达成的协议，并不是行政干预的结果。

二、英国

从本章第一节的分析中可以看出，由具有政策性和灵活机动性的发展规划，与通过具体详细的指标规定将这一灵活机动性有效地限制在一定的范围之内的非法定规划组成的双元结构的规划体系，是英国城市规划体系不同于其他国家的主要特点之一。

由于英国城市规划对于政策性的强调，在城市规划的内容中，往往注重对于城市发展的主要政策方向、内容的描述。在《城乡规划法》第二部分第31条和第37条中，就分别对结构性规划和地区性规划的内容和形式进行了明确的规定。例如第31条中规定，“任何地区的结构性规划都必须是一种文字性说明（Written Statement），其中需要包括对地方规划机构在地区土地开发利用等方面的政策以及实施方案（包括物理空间环境改善与交通管理的措施等）以及中央主管部门在有关通达等文件中规定内容的描述（Discription）”，第37条中规定“地区性规划应包括文字性说明（Written Statement）、图纸（Map）和其他必要的图表（Diagram and Illustration）等”。

与美国注重规划指标的系统规范性相反，英国城市规划中仅有少数的指标性内容。规划指标的内容，不仅根据各地的规定各不相同，而且相应于区域及城市经济、社会状况的变化也时有变动。一般地区的规划指标除包括位置、用途与密度三大基本要素外，还包括所需公共设施的种类及水平指标、建筑形态设计、特殊地区的高度控制指标、道路与停车场指标等内容。另一个在规划审查中常用的规划指标是容积率。这一指标原是为控制大城市的产业开发，分散就业机会的目的而采用的。但是近年来，在宏观政策上产业分散的方针已经取消，而在微观的开发控制中，容积率对于建筑物体量的控制又没有直接作用，因此这项规划指标在1994年后已不再在规划审查中使用。

因此，在英国城市规划中，最主要的内容就是区域与城市发展中的经济、社会问题的解决对策以及今后的发展方向。对应于国家宏观政策的变革，英国规划内容一直以来也在发生着显著的变化。

（一）经济开发

促进就业型产业经济的发展，是战后以来英国区域及城市政策的中心内容之一。如前所述，直到20世纪80年代为止英国采取了限制在大都市圈内的产业发展，鼓励企业在北部等落后地区以及卫星城等城市周边地区进行投资开发的政策；在具体的空间规划中，严格执行了功能分区的原则，以保证城市良好的居住环境及产业聚集效益的提高。20世纪80年代以后，由于城市服务型经济的兴起而带来的经济结构及产业成长环境的变化，大都市圈的产业限制政策被取消，并且鼓励用地限制少的小规模企业开发项目在城市内的发展。首先，在城市规划中放弃传统的功能分离的方针，对于轻工业以及办公型企业，只要对噪声、地区交通量、环境污染等没有明显影响的，都允许其与住宅用地混合；对于有利于创造地区就业机会的开发项目，特别是 150m^2 以下的小规模开发项目优先审批。在环境部发给地方规划部门的指导性文件中，进一步明确提出改变 1986 年以前采取的保护现有就业机会的被动政策，通过多样化的产业发展，保持地区经济竞争力，提高劳动环境品质，来吸引投资，创造新的就业机会。

（二）环境保护

从 20 世纪 70 年代开始，环境保护就已经成为英国区域及城市政策的重要课题，可持续发展也已经成为发展规划的主要政策理念之一。对于环境问题的关注以及可持续发展概念对于发展规划的影响之广泛与深远，很难在本文作出全面性的总结，只能在比较显著的两个领域作些介绍。

其一是，与交通量的产生有关的土地利用规划，问题的焦点主要是能源消费及道路交通方式对二氧化碳排放量的影响。环境部的行政文件中明确指出，“发展规划中必须考虑到新的开发项目对于能源消费的影响。交通移动方式对于二氧化碳排放量的影响是十分明显的，减少其排放量的一个做法是，选择较汽车交通量及移动距离较少的土地利用分布，或可选择能源利用率较高的公共交通或自行车、步行等交通方式的土地利用分布，并以此来管理引导新的开发项目”。特别是在 1994 年的一个行政文件中，进一步明确了这样的方针，“住宅用地尽量安排在不被汽车利用所制约的交通便利的地区；预计交通量较大的办公用地尽量安排在公共交通便利的市区；商业活动，尤其需要安排在没有汽车也能够方便利用的城市中心区”。对于郊外大型商业设施开发项目，集中性的交通量预测、可达交通方式、对于环境的影响、与现有商业设施的关系都成为重要的规划审查内容。另外，在制定地区性规划时，从整体上采取集约型城市结构与土地利用规划，以减少城市化对环境的破坏，也已成为一个普遍采用的规划方针之一。

环境问题影响较为显著的另一个领域是历史性环境的保护。这一领域既包括历史性建筑物、历史街区等历史性环境的保护，同时也包括对于一般建筑物的设计指导与控制。历史性环境保护的政策，在市场经济、开发主导的政策转型过程中，不仅没有被放松，反而有加强的趋势。特别是历史性环境的周边地区，对于新开发项目的建筑设计的要求就更加严格而具体。

（三）社会公平

城市规划中对于社会问题的重视始于城市中心空洞化日益严重的 20 世纪七八十年代。在探讨这一问题的对策的时候，在城市中心区改建项目中，除住宅及基础设施等物质性环境的改善等传统手法以外，通过提供及改善以社区为基础的教育、就业培训、卫生设施等综合性的经济、社会条件，从而从根本上解决以城市贫困等社会问题为根源的城市中心空洞化问题成为城市改造的重要手段与途径。从这一时期开始，城市居住区改建项目中住宅政策与社会经济政策的结合成为城市政策的主流。英国在工业化初期就已经开始了采取政策手段保障低收入劳动阶层居住条件的实践，尤其是住宅政策更强调其社会福利性与公益性的理念与政策导向。在这样的背景下，20 世纪 80 年代后的发展规划中，十分重视社区公益性、福利性设施的建设配套，在相关的用地提供、审查许可方面都采取了政策性的倾斜。

英国近年来出现了许多专门从事社区改建的非政府及非营利性的社区组织，很多城市居住区改建项目就是由这些组织来策划完成的，规模较大并有一定代表性的如住宅发展协会（Housing Association），住宅发展协会在全国有 2200 多个机构，由这一协会开发改建的住宅已经占到全国住宅总量的 5%。这些社区组织所承担的改建项目中，除了面向低收入层的福利性住宅的开发管理以外，通常还包括了很多社区服务项目，如少年儿童教育、就业培训、就业信息提供、社区小企业创业咨询等等。此类社区组织，正是在项目资金筹措、规划设计技术性资源、用地保证、规划审批方面都得到各级地方政府大力支持下，逐步发展起来的。除此之外，对于一般的商业性开发项目，在项目审查过程中，根据地区的实际需要要求开发商在项目中相应增加有关福利性住宅建设以及对于扶贫设施的援助等内容，近年来也已明确地成为规划审查的重要部分。

以上可以看出，近年来英国城市规划内容方面的变化，主要有这样三个特点：①20 世纪 90 年代之后，英国的发展规划已不再片面追求产业的合理空间分布，而更强调通过物质性环境规划的手段以达到改善经济、社会、环境形势的目的；②与此同时，发展规划的内容，在物质性规划与非物质性规划两方面都有所增加。物质性规划的增加包括建筑设计审查的严密化及规划指导内容的规范，主要由非法定规划来完成；非物质性规划的增加则在于以发展规划为手段来促进经济发展、社会公平、环境保护的相关内容的增加；③发展规划的形式逐渐从具有严密性的图面表现逐渐倾向于在条文解释及理解方面更具有灵活性政策方针的文字表述，使得发展规划摆脱传统的强硬刻板的缺点，提高规划对于瞬息万变的经济发展的机动应变能力。

三、日本

（一）总体规划

在 1992 年规划法修订之前，日本的城市规划体系是以划线制度和区划制度为核心构成的，主要是由都道府县政府（即区域性政府）指定跨越市町村范围的城市规划区域，并相应制定具有总体规划功能的、城市规划区域内的“整备、开发和保护方针”（简称整开保方针）。在 1992 年的规划法修订中，编制城市总体规划成为基层地方政府——市町村政府的法定义务。根据1993年建设省下发的文件中提出，“要在市町村总体规划中，明确城市建设发展的具体目标，综合、全面、具体地制定各规划地区的发展目标、整备方针和设施规划等”。市町村城市总体规划的形式可以包括文字和图面两种，规划内容包括城市发展的整体构想和各地区构想两部分，其内容应尽量以图面形式具体化。

市町村城市总体规划的重要作用可以总结为四个方面。其一是利用现有的城市规划体系，从宏观上强化城市的地域划分和土地使用区划的目标，并使之加以落实，以条例的形式灵活设定特别区划。其二是控制城市发展的结构形态，改善城市环境，从政策上处理好与区域发展的联动关系，为城市的发展创造更多的机会，并可以通过政策区的形式，将未来的土地开发许可，提前通过契约的形式控制起来。其三是推动地区规划的编制和实施，对地区规划进行直接引导和约束，使地区规划在更大的范围内把握方向。其四是在总规编制过程中间接地对各行政主管部门编制的专项规划中的区划进行协调，并通过协议的形式使之相对稳定下来①。

由于日本城市规划体系一直没有明确的层次性，因此，在市町村城市总体规划制度引入之后，出现了一定程度的混乱。大多数学者认为，在1992年市町村城市总体规划制度引入之后，日本城市规划体系就形成了以区域性总体规划和城市总体规划、规划方针和规划实施手段为特征的“两段两层”的结构②，即在区域层面上，在由都道府县制定的在城市规划区域中实施的整开保方针以及区划制度；在基层城市的层面上，在市町村范围内的市町村城市总体规划以及地区规划制度。在这里，整开保发针或市町村城市总体规划由于其对地区内开发的指导性而具有总体规划的特征，与前二者相比，区划制度和地区规划制度所具有的规划实施性手段的特征更为明显。

从市町村城市总体规划编制和实施的情况来看，这一制度目前面临的主要问题在于该规划的法律约束力和实施效力问题、市町村规划与都道府县规划等上位规划的纵向协调问题。首先，根据目前的规划法，市町村城市总体规划的实施只能通过地区规划而无其他手段，而且市町村城市总体规划对于其他特定的城市规划也不具有约束力，因此目前的法律制度条件下，市町村城市总体规划的法律约束力和实施效力仍十分有限。其次，1998年规划法再次修订后，虽然在一些地区，城市规划区域的指定权限已转交市町村政府（即基层政府），但在一些大城市地区，城市规划区域仍然是由都道府县政府来设定的。由于各地方的市町村的行政区域与城市规划区域之间的重叠、交叉关系十分复杂，市町村城市总体规划与都道府县层面的总体规划之间在规划制定区域的划定、规划目标、规划内容、实施手段方面都需要进一步进行有效的协调。此外，除都道府县的整开保方针之外，各地方往往还制定了各

① 李京生．日本的城市总体规划．城市规划，2000，4：2－4．

② 渡边俊一．城市规划的概念和功能．日本都市法：166－170．

种专项规划，如住宅总体规划、绿化总体规划等，市町村规划与这些专项规划之间的职责划分也有待进一步明确。

（二）区划制度

区划制度是从1919年第一部规划法开始就已建立的规划手段之一，但与美国的区划制度不同的是，日本区划制是在规划法和建筑物法相互依存、相互配合的基础上而形成的，其中规划法为区划制提供了土地利用中的规划条件等控制的法律依据，具体的开发控制则是通过基于《建筑物法》的建筑审批得以实现的。

规划法中对于用地分类的规定在最早的1919年法中只有居住区、商业区和工业区三类，经过多次修订之后，现行规划法中的用地分类增加到12类，即Ⅰ类居住专用区，Ⅱ类居住专用区，Ⅰ类中、高层居住专用区，Ⅱ类中、高层居住专用区，Ⅰ类普通居住区，Ⅱ类普通居住区，准居住区，邻里商业区，商业区，准工业区，工业区，专用工业区（表5－5）。用地分类不断细化的主要目的在于用地的专用化和功能的纯化，提高城市环境质量。在对各类用地内土地利用形式进行限制的同时，规划法和建筑物法通过6种指标对用地内建筑物的形态进行控制，这6种指标为容积率、建筑密度（建筑面积占用地面积的比例）、墙壁后退、高度限制、斜线限制、日照规定。

日本区划制度的用地分类　　　　**表5－5**

<table>
<tr><th>1919年</th><th>1950年</th><th>1968年</th><th>1992年</th><th>说明</th></tr>
<tr><td rowspan="7">居住区</td><td rowspan="7">居住区</td><td rowspan="2">Ⅰ类居住专用区</td><td>Ⅰ类居住专用区</td><td>保护低层住宅的居住环境，最大高度为10m，商业和办公建筑的最大面积为50m^2</td></tr>
<tr><td>Ⅱ类居住专用区</td><td>保护地层住宅的居住环境，最大高度为10m，商业和办公建筑的最大面积为150m^2</td></tr>
<tr><td rowspan="2">Ⅱ类居住专用区</td><td>Ⅰ类中、高层居住专用区</td><td>保护中、高层公寓的居住环境，商业和办公建筑最大面积为500m^2</td></tr>
<tr><td>Ⅱ类中、高层居住专用区</td><td>保护中、高层公寓的居住环境，商业和办公建筑最大面积为1500m^2</td></tr>
<tr><td rowspan="3">普通居住区</td><td>Ⅰ类普通居住区</td><td>保护居住环境，商业和办公建筑最大面积为3000m^2</td></tr>
<tr><td>Ⅱ类普通居住区</td><td>保护以居住为主的环境</td></tr>
<tr><td>准居住区</td><td>确保住宅和车辆设施之间的协调</td></tr>
<tr><td rowspan="2">商业区</td><td rowspan="2">商业区</td><td>邻里商业区</td><td>邻里商业区</td><td>设置为邻里居民服务的商店，禁止剧院和舞厅</td></tr>
<tr><td>商业区</td><td>商业区</td><td>设置商业和其他商务设施</td></tr>
<tr><td rowspan="3">工业区</td><td>准工业区</td><td>准工业区</td><td>准工业区</td><td>在与住宅相邻的建筑中允许没有严重危害的小型工厂</td></tr>
<tr><td rowspan="2">工业区</td><td>工业区</td><td>工业区</td><td>设置工业设施</td></tr>
<tr><td>专用工业区</td><td>专用工业区</td><td>大规模工业区，禁止住宅</td></tr>
</table>

除上述12类土地区划之外，还有一些补充性的特别区划，如高度控制区、防火区等，这些特别区划一般是以相关的专项法为依据而设立的，仅仅是针对部分地区而设立，具有特定的目的。

由于日本地方行政体制的特点，城市规划的行政法令在全国范围内是统一的。因为城市规划的基本法是由中央政府有关省厅统一制定，实施的标准和要求也通过中央向地方下发各类通则、细则等形式，进行了具体详细的解释和规定。因此，在日本的区划制度中，土地用途的分类标准，同类地区的控制标准，乃至建筑审查和规划审查的申请表格等，都是全国统一的。无论城市规模大小、功能等级或是各不相同的形态结构，全部采取一致的用地分类和控制标准，就必然会对规划实施的效果产生影响。例如商业用地容积率统一规定为4～10，这意味着无论城市的规划或地区特点和开发条件，即使是历史风貌保护区内的商业用地其最低容积率也可以达到4，而这无疑将极大破坏原有的景观。

（三）地区规划

1980年建立的地区规划制度是为了弥补1968年的规划法和1970年建筑法中对于开发建筑活动控制上的不足，在借鉴德国B－规划和瑞典的地区规划后而建立的。地区规划将规划对象的街区未来发展目标以1/1000比例的图面表现出来，主要包括了地区内生活型道路、小公园等的规划，建筑物的位置、用途、形态等的控制标准，各类土地利用的控制这三部分的内容。具体来看，地区规划中需包括地区规划和地区整备规划这两个规划，其中地区规划明确了规划的目标和方针，地区整备规划则提出更为具体的实施方法和各种权力限制的方法。但实际上，法律规定，各地可以根据自身的具体特点和条件相应选择规划的内容和控制指标，因此，每个地区规划的内容都可能是各自不同的。

地区规划的内容主要包括了以下三点：

（1）整治、开发、保护的方针：即在街区层面上明确今后社区发展的基本方向，制定地区规划的目标、土地利用控制、地区设施和建筑物的整治方针。

（2）地区整治规划：根据基本方针，在城市规划确定的用途地区和容积率指标范围内制定的具体规划。具体内容和规划范围可以根据地区的具体情况而定，主要包括地区设施的布局和规划、建筑物性质、最高或最低容积率、最高建筑密度、最小开发用地规模、建筑红线、建筑物最高和最低高度、建筑物形态和设计控制、建筑物及广告灯的色彩和形状、围墙结构等。

（3）控制内容：为实现地区规划的目标，制定建筑物等的开发控制条例。

地区规划制度的适用地区包括开发整备型地区、修复型地区和保护型地区三类。

开发整备型一般是指实施过土地区划整治等项目的地区，但建筑开发未能得到有效的控制管理。针对这类地区的问题，规划中需要保持适当的开发密度，限制开发类型和土地使用性质，促进地区景观质量的提升。修复型地区一般是指道路等公共设施还未得到整治的地区，地区内的住宅建设分散、无序。这类地区的规划需要考虑利用现有的道路、绿地，保持适当的密度，以形成建筑环境有序的街区。保护型地区一般是指各类公共设施较为齐备、居住环境较好的地区，但难以保证良好环境能够持续。这类地区的规划需要使其保持较为适当的密度，维持整体良好的环境。

“地区规划”制度是以与市民生活密切相关的某一地区或街区为对象制定的较为详细的社区建设规划。一般是应地区居民或市民组织的要求而制定，地区规划的编制和审议必须保证充分的公众参与。地区规划的审批和决策权在于区或市町村等基层地方政府，面积在 $3hm^2$ 以上的地区规划须由都道府县一级政府审批。例如东京都内目前已有 313 个地区规划通过了规划审批。

从地区规划的法律效力来看，它所起到的开发控制的作用主要体现在四个方面：

（1）在通过了地区规划的地区，所有的开发、建筑活动均需向区市町村等基层地方政府的规划部门提出报告，基层规划部门可以根据地区规划等对其开发内容和方式提出修改建议，但无权进行强制性执行；

（2）如果区市町村政府将地区规划的内容在纳入有关地方条例中的话，则可以通过建筑审查制度保障地区规划的强制力；

（3）在开发许可审查中，预定建筑物的用途必须符合审查要求；

（4）地区规划中有关道路位置的内容也对地区内的开发活动具有相应的限制力。

第三节　比较与总结

根据以上分析，美、英、日三国城市规划运行体系的特征和差异主要表现在框架和内容、规划的法律效力、规划灵活性和功能定位这四个方面（表 5－6）。

美、英、日三国城市规划运行体系的特征比较　　表 5－6

	美国		英国			日本		
框架与内容	总体规划	区划	结构性规划	地区性规划	非法定规划	市町村总体规划	用途地区制和建筑审查	地区规划
法律效力	中	强	强	强	弱	弱	强	中
规划灵活性	无控制性指标，人口密度和建筑密度是说明性指标	规划约束力大，行政的自由裁量权有限	以指导性指标为主，在自由裁量的基础上确定实施标准			自由裁量权极小，统一性指标的约束力大		
功能定位	开发控制的依据		城市战略的一部分，开发控制的依据之一			项目实施的工具		

美国自20世纪20年代后期，联邦政府分别制定了《标准城市规划授权法》和《标准区划授权法》之后，总体规划和区划作为城市规划体系的重要组成，得到了正式的承认。总体规划的功能主要是协调各种公共项目，作为各种规划管理手段的依据，明确未来土地利用的蓝图，对于各种土地开发活动和土地市场行为进行引导。总体规划的内容往往包括土地利用、交通设施、各种公共设施及公共开放空间的规划方案以及人力资源开发、经济发展、历史城市保护等，主要以概念性的政策说明为主。区划的功能主要是作为实施总体规划有效的但非唯一的手段，内容主要包括土地使用类型、开发强度和周边影响限制等三个方面。因法律体系的影响，美国的规划体系具有层次结构单一，但功能内容明确的特点。从规划体系的层次结构来看，不仅缺乏区域性的宏观规划，而且总体规划的制定在很多城市也未普及，总体规划对城市开发的引导作用仍十分有限，真正发挥规划控制、引导作用的主要是区划，因此区划在开发控制中的实用性功能十分明确。由于美国区划的内容、形式和标准完全由地方议会决定，可根据当地的情况，制定相应的控制种类、控制标准、用途控制和体量控制的对应关系等。区划的内容，尤其是指标体系和控制标准的规定十分详细，通过体系化、规范化、标准化的规划指标系统，来完成对开发活动的控制和引导，保证政策目标的有效实施，是美国区划制的主要特点。这一特点也同时反映出美国城市规划管理制度设计的重要原则，即通过法律内容和规划指标的规范化，减少概念性标准和理论性原则的设定，使得规划具有明确内容的控制指标和可操作性实施手段，从而限制行政人员的自由裁量权，以避免行政执行中的随意性，防止权力的滥用。

英国规划体系的结构层次主要包括了宏观的结构性规划（Structural Plan）和地区性规划（Local Plan）这两个层次，分别与郡和区的规划行政体制相对应。从功能划分来看，结构性规划的作用在于明确相对宏观的区域范围内城市开发和土地利用的基本政策和开发控制的方针，为地区性规划提供依据和框架，而地区性规划则更多地着眼于为本地区内的开发提供土地利用规划等政策性指导。规划指标主要包括位置、用途与密度三大基本要素，以及地区所需公共设施的种类及水平指标、建筑形态设计、特殊地区的高度控制指标等，但这些规划指标并不是强制性指标，而是作为规划审查中规划人员与开发商交涉时的起点，在制定时已经留有余地，也允许在实际执行中有所变动。此外，规划人员与开发商协商时，为争取更多的社会公益也会提出的一些非统一性的机动性规划要求作为附加条件，如公共开放空间、交通类设施、福利性设施等。与美国的区划相比，从内容、形式来看，英国城市规划的政策性特点十分突出，而并不强调规划指标的应用性和可操作性，在规划指标的体系化和标准化方面并没有规范系统的要求，但这一特点正是以具有较高自由裁量权的规划行政体制为核心而运行的。可以说，以城市规划的政策性和导向性为突出特征的城市规划体系，正是代表了以规划行政的自由裁量权为基础，来推进城市政策和城市规划的灵活、有效实施的英国城市规划管理制度的核心特征之一。

日本城市规划体系到20世纪80年代为止，在整个经济高速增长期中主要是以宏观的国土规划、区域性规划和大型公共项目规划为主而构成的，20世纪90年代以后才逐渐建立起地方性的城市规划，如市町村总体规划、地区规划。在现行的规划体系中，从结构构成的特点来看，从区域性的都市圈规划和都道府县宏观规划、宏观层面的市町村总体规划，到中观的用途地区制，以及微观的地区规划，规划体系的层次结构较为完整，各层次的规划相对较为充实，功能划分较为明确。但是，受中央集权体制的影响，从内容和形式来看，由于《城市规划法》规定了城市规划的基本内容、形式和实施手段，从而使得地方的城市规划也表现出明显的一致性和统一性，这种规划体系所带来的问题在作为开发控制手段的用途地区制中表现得尤为明显。用途地区制中对应于不同类型的用地性质，制定了全国统一的体量控制的规划标准，这无疑极大地影响了规划管理和开发控制的实际效果。从各类城市规划的功能来看，城市规划的实际意义更多地在于它在公共项目实施中的工具性作用。除了作为规划实施工具的用途地区制之外，城市总体规划作为开发控制依据的法律地位不太明确，这也导致了其对开发的政策性作用的发挥仍十分有限。可以说，城市规划体系的种种问题，是日本中央集权型规划管理体制和国家主导型区域开发机制等背景下的必然产物。2000年之后，随着规划管理权限从中央向地方的下放，地方性城市规划的法律地位和实际作用正在逐步得到改善和提高，其规划内容也正在随之逐渐丰富而具有更多的地方性特征。

比较美、英、日三国的城市规划体系，如果将其各自的特点进行简单总结的话，美国城市规划体系的突出特点可以说主要在于作为开发控制法律依据的区划所具有的实用性、可操作性和规范性，以及作为政策导向的总体规划的薄弱；英国的特点则在于地方规划作为开发控制依据所具有的政策性和导向性；日本的特点则在于国家主导性规划的完善和地方规划的薄弱。可以看出，城市规划体系的框架结构、内容形式及其法律地位，主要取决于城市规划管理制度建设的整体特征，以及在此基础上对于各类规划在制度框架、政策体系以及实际的开发控制中的功能定位。而这一制度性功能定位的形成，又必然与其行政制度和政府管理的基本特征有着密切的联系。从这一意义上来看，城市规划体系中种种看似是专业性的技术问题，在实质上仍然是来源于政治、经济、社会结构中的制度性问题和政策性问题，因此，这些技术问题的解决和管理手段的选择，也必然需要从公共利益的公平分配的角度和经济、社会发展的实际需要出发，着眼于规划管理制度的整体设计，予以取舍和判断。

第六章

城市规划实施体系的国际比较

第一节 开发许可的基本程序

一、美国

以开发项目的规划审查为核心的开发许可制，是通过对土地开发活动的控制和引导，实现城市规划政策意图的重要途径和方法。在美国，区划条例是地方政府影响土地开发的最主要手段，也是开发项目规划审查的主要依据。区划条例一旦经地方立法机构批准通过，就必须严格按照其规定执行。在20世纪20年代，开发项目的审查在更大意义上主要是一种建筑审查，或建筑审查与区划审查的结合。也就是说，审查的重点在于建筑条例的内容，而非土地利用等规划内容。早期的区划条例往往遵守1926年欧几里德村判例所建立的法律框架，对于许可与禁止的土地利用类型作出详尽的规定。但在1920年的《标准区划授权法》中，只字未提有关开发许可（Permit），而仅在第8条中提到，“地方立法机构有权执行立法通过的区划法以及其他相关法规”。很显然，虽然《标准区划授权法》并未就规划审查程序给出明确的法定框架，但从其内容中可以看出，当时的立法者认为，区划应该是明确的、不轻易更改的，这样规划审查就是以区划为依据、具有明确结论，而不是模糊不清、结果难以预料的审查行为，土地开发的结果才更具有可预见性。唯有如此，才能限制行政权力的滥用，同时使得私人财产权的保护与维护公共利益形成良好的平衡。正是这样的原因，使得从区划制度建立初期开始，规划审查就被设定为一种依照权力进行许可（As-of-right Permit）的行政审查（Administrative Review）行为。因此从20世纪20年代以来，在开发许可的规划审查中，规划行政部门的自由裁量受到严格的限制，甚至在某种程度上可以认为，这只是一种“审核”，而非真正意义上的审查。

但是，从20世纪60～70年代开始，规划审查中的行政行为开始发生变化，行政审核性质的规划审查开始被自由裁量的审查所取代，规划审查中的行政自由裁量权逐渐增加。在规划审查的结果中，除了许可和不许可之外，有条件许可（Conditional Use，Special Exception）和特例许可（Variance）等的案例大大增加，各种包容型区划（Inclusionary Zoning）、重叠型区划（Overlay Zoning）、混合用途型开发（Mixed-use Development）等新的开发控制技术手段和形式不断出现。规划审查中的这些变化，主要来源于允许分期开发、鼓励创新性的项目设计、保留开发空间、保护环境敏感地区、通过集约开发降低基础设施投资成本等城市开发机制和发展政策导向变化所造成的影响。另一方面，在城市郊区，工业园区、超大型购物中心、分期开发的住宅区等超大型开发项目，已经成为主流。这也意味着，当土地开发的规模不断扩大，开发控制的目标和手段也需要相应地进行调整，从以小地块的开发控制、协调建筑间相邻关系为重点，转为着眼于以街区为单位的大型开发项目的宏观调控和公共配套设施建设的引导。在这些因素的影响下，很多地方采取了开发预留地区（Holding Zones）的方式，将区划空白地区划为平均1~5公顷的大型地块；这种情况下，开发方往往需要申请区划变更，以提高开发密度和强度；而规划行政部门也因此获得一定的自由裁量权，以便有效控制开发项目的实际进程。在实际的规划审查过程中，行政裁量下的有条件许可往往成为区划变更的必然结果；与相邻地块业主间的大量协商性活动和审查结果的不确定性也影响着规划审查的每一个阶段。

规划审查程序的另一个变化是，由于自由裁量型许可的增加，导致了政府内部多重审查日益普遍。随着越来越多的州制定了环境保护法，开发项目在提交开发申请的同时，往往还需要提交详细的环境影响报告。不仅如此，由于某些特定的环境法规的限制，如湿地保护，使得一些开发项目还需要接受州，甚至联邦政府机构的审查。这样，在地方政府内部，对开发项目的审查不仅局限在规划委员会和议会，而且往往还有环境委员会、城市设计和历史文化保护委员会等多个部门。每一个部门的审查都是基于自由裁量的审查，而且往往还包括听证会的程序。

即使按照常规的流程规定，规划审查也需要经过规划局、工程局、建筑局，甚至警察局等多个职能部门的审查，因此，审查的效率往往取决于程序设定的结构，如一站式服务（One-stop Shopping）的程序设置往往具有更高的效率。当然，这还取决于负责审查人员的专业素质和主观意愿，提供给申请者的信息（如表格填写格式说明，审查办理流程说明等），行政决议的时限规定等等因素。这些因素有些可以通过法规条例进行规范和调整，而有些，如审查人员与其他部门协作、为申请者提供说明的主观愿望以及对规制条例的程序性问题的认识等，则往往需要依靠加强地方政府内部的行政领导力和管理，才能得以推进。另一方面，在各个地方，来自于社会公众的压力也在迫使地方政府，不断加强对审查程序的管制，以降低城市发展的速度。这一因素对开发许可程序的影响越来越明显。

作为较早建立了现代规划管理制度的城市，纽约的开发许可等规划管理制度在美国大城市中具有较高的代表性，加利福尼亚州、马里兰州等规划管理较为完善的州，也相继制定了类似的管理体制和法律制度。具体分析纽约案例，可以帮助我们了解美国开发许可程序的基本特征。

纽约从20世纪70年代开始，对于土地开发的审查程序进行了统一的规定，即被称为“土地开发审查统一程序”（Unitary Land Use Review Procedure，ULURP）。这一程序的适用范围包括了城市范围内所有的新建、改建、开发申请、用途变更等所有公共与私人的开发活动。关于这一程序，主要在《纽约城市宪章》中第8章第

197 – c 条中进行了详细具体的规定。审查程序的主要步骤包括①：

（1）申请人提交相关材料。主要包括申请书、开发申请获批前出现的规划修改内容、环境影响报告书及相关资料等。规划管理局在收到申请材料的5天内，将所有材料的复印件送交至相关社区委员会（Board of Communities）、自治区委员会（Board of Boroughs）和自治区主席（Presidents of Borough）。

（2）规划管理局负责对申请人提交的所有材料进行验定，并将验定结果送交议会，以保证审查程序的顺利进行。如验定工作在材料提交后6个月内仍未完成，申请人以及相关社区委员会、自治区委员会和自治区主席均有权向规划委员会提出申诉；规划委员会须在申诉提出后6日之内，完成材料的验定或就材料的补充和修改向申请人提出明确的意见。

（3）相关社区委员会和自治区委员会在收到验定材料后60日之内，需要按照规划委员会规定的方式进行公示，召开听证会，听取所有相关社区的意见，并向规划委员会及自治区主席提交听证会的书面报告。

（4）自治区主席在收到社区委员会和自治区委员会提交书面报告的30日之内，须向规划委员会提交相关的报告、意见书或弃权书。

在社区委员会、自治区委员会和自治区主席没有在规定时间内完成其审查责任或放弃审查的情况下，审查程序将自动进入下一个阶段。规划委员会未能在规定时间内完成对开发申请的审查，则可以被视作否决的决定。否则，可依据相关条款规定，提请议会审查或按州法律提交审查。

（5）在收到自治区主席提交材料的30日之内，规划委员会须对该项申请作出批准、修改后批准或不批准的决定。批准或修改后批准的决定需要获得至少7名以上委员的赞成票。对于所有批准的项目，规划委员会均应召开听证会。开发申请项目听证会的通知，需提前10日登载于指定媒体，其复印件须邮寄至所有相关社区委员会、自治区委员会和自治区主席。规划委员会否决或修改社区委员会、自治区委员会和自治区主席提交的意见时，均须对相关决定作出书面的解释。

规划委员会应编制：①相关的指南、程序要求和规则，为社区委员会、自治区委员会和自治区主席履行本条款内各自的职责和权限提供指导和帮助；②本条款中相关申请材料的最低验定标准；③本条款中申请材料验定后审查的时间限制。

（6）规划委员会将决议批准与修改后批准的有关项目申请材料的副本，包括所有申请材料、社区委员会、自治区委员会和自治区主席的意见，提交议会和相关的自治区主席，所有材料应在决议后6日内完成。规划委员会提交材料50日之内，议会需召开听证会，提前5日发出会议通知，并在上述50日之内作出最后决议。决议通过须获得议会成员的多数赞成。如议会未能遵照上述要求作出决议，则视为议会同意规划委员会的决议。

---

① New York City. New York City Charter（Amended through July 2004）.

规划委员会须对听证会通知的提前公示事项，制定程序规则；相关通知应以规划委员会许可的方式在相关地点进行公示；通知公示的失败不能影响和损害规划委员会、议会和其他机构决策的合法性。

（7）议会需要在规定时间内将最终决议的文字材料送交市长。议会决议应被视为最终决议，除非市长在收到文字材料的5日之内向议会提出书面的反对意见。议会在10日之内可以依据2/3成员的表决结果，对市长的书面意见进行否决。

从以上规定可以看出，纽约市的规划审查主要包括了规划局的材料验定、社区委员会的开发方案公示和公众意见收集、自治区委员会和自治区主席提出意见、规划委员会审议、议会审议这五个基本程序。开发许可程序中，各相关主体的职责和权限范围十分明确，规划局负责申请材料的验定，保证材料内容真实合法；社区委员会负责收集整理和总结社区居民的意见；相关自治区委员会和自治区主席负责提供该行政区有关机构的意见；规划委员会负责项目审议并提出结论；议会负责对批准的项目进行复查。各相关主体还拥有不同程度和范围内的否决权和申诉权，从而形成了行政主体间权责明确、相互制约的管理体制。开发许可的五个基本程序，每个阶段各自明确设定了30～60天的处理时限，这对于提高审查速度和管理效率，避免责任推诿，具有十分重要的意义。纽约市开发许可程序的特点还在于为公众参与提供了明确的制度保障。在规划审查前期，以社区委员会为公众参与的主要平台，为相关社区居民提供了有效的利益表达渠道；在审查过程中的每个阶段，都建立了相应的信息公开机制和以听证会为主的协议协商机制，保证了行政的公开透明；在规划审查的决议阶段，有关规划委员会对于决议内容的说明义务的规定，在很大程度上提高了社区意见对于决策的影响力，避免了公众参与的形式化。

二、英国

在英国，开发控制（Development Control）同样是通过对于开发项目的审查许可制度来进行的。对于开发项目进行规划审查，是地方政府的法定权力。根据1947年《城乡规划法》的规定，原则上所有土地与建筑的开发行为都属于开发控制的范围，但20世纪80年代后期开始，城市发展政策调整后，基于鼓励开发的原则，有一些小规模开发和基本用途未改变的开发行为被重新定义为非审查对象、或无须审查的“特别项目”，所以，规划审查的范围有所缩小。而且，近年来，缩小审查对象范围的趋势仍在持续。例如，在2006年DCLG发布的“地方开发控制体系调整导则”（Guidance on Changes to Local Development Control System，DCLG01/06）中进一步提出，通过制定地方开发指令（Local Development Order，LDO）的方式，在地方政府的自由裁量范围内，可以进一步免除某类开发项目或一些地区的审查要求。其中，已在规划和相关政策中指定的历史保护区域、环境敏感区等地区除外。

一般来看，在开发许可过程中，开发方首先要就其地块的开发拟定规划纲要，并向地方规划行政部门征询意见和协商，在获得对开发纲要的认可后，再作详细规划设计，申请开发项目的规划许可。所以大多数的开发项目，在开发许可的行政程序开始之前，大多数的申请方都会通过非正式的协商协议获得规划行政部门的指导，以提高申请的通过率。一旦提出申请，开发许可程序正式启动，所有的开发项目都将被记录在案、登记成册，以便市民查阅。开发项目的审查程序中，首先由规划行政部门进行现场勘探、调查之后，提出建议方案，最后由规划委员会或地方议会裁决，但在多数情况下，规划行政部门的提案都会通过，因此规划行政部门在规划许可的审查中实际上具有较大的自由裁量权。

开发许可的结果主要有三种形式，许可、有条件许可和不许可。其中有条件许可是指在开发方接受一定附加条件情况下给予的开发许可，这些附加条件往往包括公共空间和设施的开发等公益性开发要求。如果开发项目未获得许可，或对开发许可的附加条件有异议，开发方可以在6个月内向规划复议委员会和环境大臣提出申诉。按照法律规定，提出申诉者有权要求召开公开审查会（Public Examination），如果申诉者同意也可以采取书面审理的方式，实际操作中采取书面审理方式的上诉者约占80%。公开审查会由环境大臣任命的监察员（Inspector）主持，按照准司法程序，申诉方、规划行政部门可以进行交叉提问，而且在监察员同意的条件下，土地所有者、租借者、与开发项目有关的市民个人或团体也拥有陈述以及向诉辩双方提问的权利和机会。最后，由监察员或环境大臣进行最终裁决。

作为开发许可的一种形式，除了上述的有条件许可等之外，规划协定（Planning Agreement）的方式也越来越地出现在开发许可程序中。所谓规划协定，是指地方政府从土地开发规制的目的出发，经过充分的协商之后，与土地开发方之间就开发方式、内容的调整等，自愿签订的一种具有法律效力的协议。对于地方政府来说，规划协定是以协议方式向开发商提出一些附加的条件和要求，以推动规划目标的有效实施，获得在一般开发许可中难以实现的公共利益的一种有力的开发控制手段，这类公共利益也被称为规划义务或规划增益（Planning Obligation，或称Planning Gain）；对于开发商来说，规划协定是尽可能保证规划审查顺利完成、保证开发项目顺利实施的重要途径。这里需要注意的是，规划协定与有条件许可不同，规划协定的附加条件必须是在双方自愿条件下签订的，而有条件许可则是强制性的，不需要获得开发商的同意。规划协定一旦签订，协议内容将与个人固定资产税一样，同时附录于官方的土地登记账户内。规划协定不仅对于地方政府和土地开发方等协议的签订人具有明确的法律约束力，在土地转让给第三方的情况下，对于新的土地所有者仍然具有同样的约束力。规划协定一般采取署名证书（Deed）的方式，一旦出现违反协议内容的行为，法院可以立即采取强制执行的措施中止开发行为。

作为规划协定的法律依据，最早在1909年的《住房与城市规划法》（Housing，Town Planning ect Act，1909）中就已经出现，但当时的规划协定并不具有明确的法律效力，实际应用也十分有限。1947年的《城乡规划法》中规定，规划协定需得到中央主管大臣的认可，1968 年取消了有关大臣认可的规定，但当时这一方式的运用也仍未普及。直到 20 世纪 70 年代，随着房地产开发热潮的兴起，地方政府一方面需要加强对开发活动的规划控制和规划审查的质量，同时还需要缓解由于公共基础设施建设压力而带来的地方财政的紧张状况。在这一背景下，规划协定作为积极治理（Positive Governance）的有效方式，才开始得以广泛应用。1971 年《城乡规划法》第 52 条（Section 52 Agreement），再次对于规划协定进行了详细的法律规定，但是，随着规划协定的广泛应用，开发商方面对于规范规划协定内容的呼声逐渐强烈。因此，从 20 世纪 80 年代开始，中央主管部门陆续出台了各种导则和规定，对于地方政府在规划协定中的相关行为进行规范和指导。

1981 年环境部的调查报告与 1983 年出台的通则（DOE，1983）中明确了规划协定的三个基本原则，即规划协定内容对于开发项目的实施具有明确的必要性，协定内容中提出的要求程度与开发项目的规模、内容相适应且具有充分的合理性，开发方负担的程度与纳税人负担、设施使用者负担相比具有合理性。此外，作为规划协定适用的前提条件，必须是在法律规定范围内无法实现的许可条件（Planning Condition），方能使用规划协定的方式。此外还对规划义务（Planning Obligation）的内容提出了四项具体要求，一是与道路、给水排水管开发有关的要求，二是第一项的要求可以以建设费金额的形式提出，三是规划义务必须与开发项目直接相关，四是综合开发的情况下，各类设施的综合用地平衡需达到允许范围。

1991 年环境部的《规划协定通则》（DOE，1991）中，进一步放宽了对于规划协定内容的要求，对于符合宽泛意义上的城市规划目标的内容都予以认可。在 2005 年社区与地方政府部（梅杰政权后规划事务的中央主管部门）的通则（DCLG，05/05）中指出，规划义务的提出必须满足五个条件，即对地方规划目标的实施具有重要意义，提高开发项目的规划合理性，与开发项目直接相关，从开发项目的规模和类别来看是公平合理的，以及其他方面的合理性①。总的来看，中央政府对于地方政府采取的规划协定的做法，采取了积极推动，同时加强规范指导的态度。

1990 年与 1991 年修订后的《规划与补偿法》（Planning and Compensation Act，1991）第 106 条对于规划协定的法律依据进行了较大程度的修订，除了地方政府与开发商双方自愿签订的规划协定之外，引入了单方承诺（Unilateral Undertaking）这一概念，即开发商自愿提供开发方案调整或资金补偿等的承诺，以获得开发许可的行为。单方承诺形式的出现，主要来源于开发商对于地方政府提出规划协定内容的不满，进而导致规划协定无法签订，乃至开发项目无法进行。由于该原因导致开发商向中央主管部门提出申诉的案件逐渐增多，而中央政府无法也无权替代地方政府与开发商进行协商，只能扮演协调中间人的角色。这一矛盾导致了开发许可中协商周期的反复和延长。为缓解这一矛盾，提高规划审查的效率，单方承诺的模式作为

① ODPM Circular 05/2005. Planning Obligations. July 2005：29.

抑制地方政府向开发商提出过度要求的措施之一，才首次在相关法律中正式出现。因此，在现行的法律制度下，规划协定与单方承诺是地方政府实现规划义务的两个主要途径。在近年来大型开发项目日益增加的发展背景下，作为地方政府，以规划许可为条件，在不导致协商交涉破裂的前提条件之下尽可能地努力获得更多的规划增益，是规划协定作为开发控制手段日益普及的主要原因。

从以上分析可以看出，规划协定的模式十分突出地反映了在英国的开发许可程序中，地方政府与开发商之间的协商过程，具有非常重要的作用。可以说，在所有开发项目的审查过程中，开发许可的结果和附加条件的内容、程度等常常取决于规划部门与开发商之间的协商过程和内容。在通常情况下，花费数月进行协商的开发项目也是十分常见的。协商交涉的目的对于双方来说，都是为了尽可能多地获得自身的利益。为实现这一目的，具备一定的谈判筹码和谈判策略就成为协商过程中必要的两个因素。在英国的规划审查中，地方政府谈判筹码主要来源于其掌握的规划许可的法定权限，而开发商的谈判筹码则来源于在与地方政府协商破裂的情况下，拥有向中央政府申诉的法定权力。在协商过程中，地方政府往往会采取延长谈判时间的策略迫使开发商妥协，因为审查时间的延长对开发商来说，往往意味着开发成本和市场风险的双重问题；而开发商的谈判策略则在于动用自身雄厚的财力聘请专业咨询人员和律师，以提高谈判能力。

在规划审查的前期，地方政府与开发商之间分歧往往是十分巨大的，但随着协商谈判的进行，双方的妥协和让步使得两者之间的差距逐渐缩小。从结果来看，影响协商成功的关键可以说，就在于双方谈判筹码之间的平衡点和谈判策略有效性之间的平衡点，这两个平衡点的主要决定因素，则主要取决于当地的经济发展状况和开发商的开发预算、成本等经济因素。首先，地方经济发展的宏观景气状况对于地方政府在规划审查中谈判筹码的分量高低，具有十分重要的影响。也就是说，在失业率较高、经济衰退严重的中心城区，地方政府往往对于有助于创造就业机会的开发项目持欢迎的态度，这就使得谈判筹码的平衡点明显偏向开发商一方；但如果情况相反，在郊区居住开发需求比较旺盛的地区，开发商往往急于启动开发项目，在这种情况下，地方政府拥有的规划许可的筹码就会明显重于开发商拥有的申诉权的筹码。其次，开发预算和成本的影响，主要体现在谈判策略的有效性方面。地方政府采取延长协商周期的做法，必然会导致开发成本大大提高，从而对开发商的最终判断和妥协程度产生较大的影响。因此，对于地方政府来说，为了避免协商破裂，必须掌握的底线就是提出的条件和要求不能超出开发商的成本和预算允许范围。因此，对于规划师来说，除了掌握空间规划设计的专业技术之外，了解地方房地产市场的基本趋势和相关的房产经济知识，也是提高谈判策略有效性的重要因素。

以上可以看出，英国的开发许可制度不同于美国及日本，没有一个以严格的数量指标体系为开发控制依据的区划法体系。开发控制和规划审查不是严格依照规划指标来判断是否给予许可，主要是由地方政府根据发展规划、既定的政策方针、该地区的开发状况等各方面的条件，进行综合考量，并在与开发商进行充分的协商交涉及讨价还价之后，作出的裁定。为了推进城市规划政策意图和目标的实施，使得公共利益得到具体化的实现，开发控制作为规划实施的主要手段，主要是建立在协商性的开发许可制度基础之上的。这样的开发许可制度虽然在审查内容和判断依据上具有明显的不规范性和不明确性，但另一方面也使得地方政府具有较大的裁量权，可以根据具体情况作出相应的灵活决定，当然这在很大程度上是建立在规划行政人员具有较高的专业素质和较强的职业道德意识的条件下，才能得以实现的目标。

三、日本

开发许可制度和建筑审查制度是日本城市开发控制的主要手法。其中建筑审查是建筑行政范围内的管理事务，主要根据《建筑物法》的规定和区划，由建筑行政部门对开发项目进行审查。此外，根据规划法的规定，城市规划区域内的开发行为必须由知事或市长许可方可实施。开发许可制度的目的是为了保证市街化区域和市街化控制区域规划方针的实施。通过这一制度，来引导开发行为符合城市规划的要求，从而保证有序的城市空间按照规划逐步形成和发展。

在日本城市规划法中，对于需要进行开发许可的“开发行为”作出了明确规定(第4条第12款)。所谓“开发行为”是指为提供建设建筑物或建设特定工程所需的土地，而改变原有土地的性质和形状的行为。规划法还对开发行为的规模进行了具体的规定，原则上市街化地区内1000平方米以上的项目或工程，在未划线的城市规划区域内3000平方米以上的项目或工程，均须经过预先的开发许可的审查方可实施，而市街化控制地区内除有计划的大规模开发项目之外不对任何开发项目给予许可。此外，在《城市规划法实行令》第29条、《城市规划法》附则等文件中还规定，根据地方长官（知事或市长）颁布的行政规则，开发许可对象的规模可缩小到300平方米，而达不到上述规模的小型开发活动则无需经过开发许可。

除此之外，还有各种法律规定了各类“不需经过开发许可的开发行为”，其中主要包括以下五方面的内容：在市街化控制区域内需要的小规模设施（农林渔业所需的建筑物、住宅等和车站、学校、公共福利设施），由国家和都道府县政府开发的项目和工程，作为城市规划项目和其他项目等进行的开发，作为防灾设施进行的开发，通常的管理行为和轻度行为等。正是由于这些相关规定使得许多开发行为被排除在开发许可制度之外，尤其是大量小规模的开发活动以及没有建筑物的土地利用性质的改变（如农业用地转为没有建筑物的工业垃圾堆积用地）均无需开发许可，从而直接造成市街化地区内开发许可控制对象的大幅度缩小；而在原则上不给与开发许可和建筑许可的市街化控制地区，也出现了大量作为例外的建筑行为。

在日本的开发许可制度中，与区划制度相结合，开发控制指标主要包括了建筑物种类、建筑密度、容积率、建筑高度、道路斜线、相邻斜线和日影规制这七大类，其中主要以建筑形态的控制为主。更为重要的是，在日本特有的规划体制背景下，在很长一段时期内，作为开发控制主要依据的规划法规和控制指标都采取了全国统一的标准，地方政府无权进行任意的调整和修改。政策和法规体系的全国统一，不仅使得地方规划部门在开发许可中的裁量权受到了极大的限制，也使得开发控制的针对性明显降低，从而动摇了开发许可作为开发控制的主要制度工具的作用和地位。从这一角度出发可以认为，日本的开发许可制度实际上接近于行政执行，而非行政审查。从1999年和2006年的《城市规划法》的两次修订之后，中央集权型的规划管理和开发控制体系才有所改变，地方政府在规划决策、开发许可制度实施等方面的权限有所扩大，但制度调整后的实际运行效果如何，原有的问题是否能得以解决，这些问题都还有待更长时期的实践的验证。

第二节　开发控制的目标和方针

一、美国

（一）城市发展政策的演变

以上可以看出，美国从20世纪20年代规划制度建立初期形成的以行政审查为核心的开发许可制度，从20世纪60年代开始出现了向自由裁量型审查转变的趋势；开发控制的着眼点从对城市中心小地块的建筑开发活动的控制，转向对未开发地区大地块和超大街区的大型开发项目的控制和引导转变。这一变化的出现，实际上和这一时期土地开发机制、城市发展环境、城市发展政策导向的变化有着密切的关系。总的来看，主要有四个方面的因素，催生和推动了这些政策变化。

首先，20世纪60年代以来风起云涌的市民运动，是导致城市发展政策导向出现变化的重要因素。正如前一章的分析和论述，20世纪60年代以来的市民运动中各类社会团体快速发展，公众力量迅速壮大，政策制定和实施中的公众参与逐步得到了推进。在这一背景下，传统城市发展政策中不受到重视的低收入群体住房问题、环境保护问题，乃至城市快速发展所导致的一系列经济、社会问题等，逐渐成为了政策制定中的主要议题，这都为20世纪70年代以后成长管理、精明增长等政策理念的形成、推广和实施，打下了坚实的社会基础和充分的环境条件，进而使得开发控制的政策目标更加多元化。

其次，从20世纪60～70年代开始，美国城市郊区化的快速发展导致经济、社会矛盾日益激烈，这一因素使得发展政策导向和开发控制的基本方针开始出现了显著的变化。在美国，郊区化快速发展导致的经济、社会问题主要表现在农业用地快速减少等导致的城市自然生态环境的破坏，基础设施供应不足或和土地开发的不匹配导致了无序的乱开发、土地资源的浪费和交通拥挤的加剧；郊区化中社会排斥和社会空间分化现象的加剧导致了中心城区与郊区的社会隔离现象严重、中心城区经济、社会状况严重衰退，进而影响了城市整体的社会稳定和经济持续稳定发展。因此，从这一时期开始，城市发展政策的导向，开始从鼓励开发和快速发展，向控制城市发展速度、提倡有质量的增长，即成长管理、精明增长等新的发展理念转变。政策理念的转变反映到开发控制中，就表现为鼓励能降低土地开发中环境影响和环境负荷的规划和设计，与基础设施的容量、空间布局和供应时序相配套的土地开发控制和引导，经济型住房与混合用途居住区的开发引导等，开发控制出现了多元化的导向和目标。

第三，从20世纪60～70年代开始，美国城市郊区化发展开始进入了一个新的发展阶段，即从以居住人口的郊区迁移为主，向商业以及商务办公功能的郊区迁移的转变。这一转变对于城市土地开发机制产生了明显的影响，其中突出的特征就是郊区多功能设施的开发显著增加，开发的规模明显扩大；大型的商业购物中心、高新科技产业开发区、多功能居住区的开发等大规模、多功能的开发，成为主导的开发模式。土地开发机制的变化，使得针对小地块开发中注重相邻建筑空间关系的调整和单体建筑开发强度控制的传统开发控制机制，必须要进行相应的调整。因此，在这一背景下，针对大地块、大街区的开发，注重整体宏观控制和分阶段的开发引导、各类公共设施配套建设的开发控制机制，就成为适应开发环境变化的必然产物。

第四，从20世纪70年代开始，由于整体经济增长速度的放缓，地方政府开始出现了程度不同的财政困难；与此同时，政治的保守化使得联邦政府宏观政策导向也出现了明显的变化，在住房保障、城市开发等方面的政策扶持和资金扶持大幅度削减。这些因素导致了地方政府财政资源的紧张状况日益严重，例如，在经济中心城市的纽约，城市政府甚至曾经面临着破产的危机。而另一方面，中心区内教育、文化等公共设施缺乏，而商务办公设施开发所带来的就业机会并不能使中低收入阶层的居民直接受惠；郊区的低密度开发不仅对低收入阶层的社会性排斥日益明显，而且也使得对交通、给水排水等基础设施的需求大大增加。这些因素都加剧了政府公共财政投资的压力，因此，在某种意义上可以说，低收入阶层聚集的城市中心区和中产阶级聚集的郊区之间，由于城市社会空间分化加剧而带来的社会矛盾尖锐化，同时影响到政府财政投资的分配，进而已经上升为城市治理中重要的政治议题。在这样的背景下，在一些地方政府的规划管制中，开始出现了以开发利益公共还原为核心的政策导向（也被称为土地价值捕获，Land Value Capture），其中主要包括了公共设施的捆绑式开发、开发项目的强制收费（Exaction）等多种形式。其出发点不仅仅是解决现实意义上的公共设施建设资金问题，更深刻的含义还在于通过各种开发控制手段，使得土地开发的收益能够更多、更直接地还原到本地区的公共项目中，从而实现将城市开发管理与城市社会经济问题的解决相联系，推动城市规划的建设性和社会性目标得以有效的实施。当然，这也带来了一个结果，就是行政自由裁量权的扩张。

显然，发展政策导向和社会环境的变化使得开发控制的目标日益多元化，城市发展中的环境、经济、社会等问题的日益尖锐更迫切地要求开发利益公共还原的原则在开发控制中得到现实具体的体现，土地开发机制的变化要求开发控制更多地着眼于对土地开发活动的宏观调控和引导能力的加强，城市发展环境的快速多变也要求规划实施和开发控制的手段更具有灵活应对的能力。可以看到，多元复杂的发展格局等现实条件与政策导向这两方面，都要求区划制度改变其传统的特征，在实施中提高灵活性和应变性，这就使得规划实施和开发控制必然出现一系列的重大变化；而在开发控制的目标、机制和手段不断变化的同时，也就必然导致了自由裁量型审查的增加和行政裁量空间的扩大，自由裁量型审查成为适应城市发展现实需要的必然结果。

自由裁量型规划审查的日益增加使得美国规划实施与开发许可制度出现了质的变化。传统区划的制度设计在理论上是一种完全排他性的规定，开发申请一般由规划管理部门审查后，只有“是”或“否”两种答案，审查程序也基本属于简单的行政行为，但是自由裁量型审查使得开发许可的结果中增加了有条件许可这一新的可能性。这一程序设置的依据本来是考虑到，在对相邻地块和周边地区的影响控制在最小限度等条件下，某些土地利用类型之间也可能存在合理的相容性，例如在商业地块上修建小型的汽车修理铺。但是，随着自由裁量型审查的日益增加，规划审查开始从简单的行政行为，变为向公众公开的、允许公众参与的决策讨论过程。尤其是在公众对于由开发造成的环境以及经济、社会等各种影响日益关注的情况下，各地方逐渐扩大自由裁量的审查对象范围的做法，可以说正是对这种要求的积极呼应。其次，对地方政府来说，自由裁量型审查的程序设置和有条件许可的结果有利于对开发商施加更大的影响力，在有些大型开发项目中有条件许可的内容甚至包含了数十条附加的条件，其结果与征收开发费（Exaction）等的做法十分类似，只要是与开发项目有关的内容都可以作为附加条件，例如绿化配置、经济型住宅建设、交通拥堵缓解费等。

在美国各地，大多数的情况下自由裁量型审查的程序和结果，最终都得以进一步政策化和合法化，成为规划管理的制度性内容。例如，《旧金山城市宪章》就规定，该市的城市规划委员会在自由裁量的权限下，可以对任何开发项目进行审查。由于自由裁量审查的程序设定，地方政府和市民获得了传统区划制度中所没有的开发控制和引导的机会，但同时，自由裁量审查也使得开发时期延长，对于开发商来说，即使是符合区划规定的开发项目，也有可能由于任意审查而被附加其他的条件或被否决。由于开发项目在规划委员会或是议会能否得到政治上的支持愈加难以判断，从而使得项目获得许可的预期值大大降低。

（二）开发利益公共还原制度的形成与发展

美国在19世纪的城市化发展中，就已经出现了因街道、排水系统建设而征收的特别受益税（Special Assessment，SA），例如《堪萨斯市宪章》（Kansas City Charter）曾规定相邻街区的土地业主应按照具体受益状况分摊路面铺装的支出，其理由在于受益人因公共开发和改造而获得了不同于其他居民的特别利益，这部分特别利益不是受益人付出额外劳动而获得的①。虽然在额度分摊的公平性方面存在一定的争议，但特别受益税制度作为开发利益社会还原的主要制度手段之一，在20世纪70年代之前发挥了重要的作用。

20世纪70年代后，由于财政赤字和政治的保守化，联邦补助金大幅度削减，使得公共设施的建设资金压力成为地方政府的突出问题。另一方面，低收入阶层聚集的城市中心区和中产阶级聚集的郊区之间城市社会空间分化加剧的同时，城市功能布局的不合理使得交通、给水排水等基础设施的需求大大增加，这进一步加剧了政府财政投资的压力。在此背景下，在开发控制中积极推进开发利益公共还原的土地价值捕获（Land Value Capture）手段开始得以广泛运用。从20世纪70年代开始，首先在一些大城市的中心区，在开发许可中开始实施对开发项目的强制收费（Exaction）政策和捆绑式开发政策。其后，在一些非大城市地区和郊区也开始以"社会资本建设项目"（Capital Improvement Program）的形式，要求开发商承担相应的基础设施或经济型住房等的建设费。可以看出，这类做法的现实意图不仅仅是解决城市建设中的资金问题，更在于将城市开发管理与社会经济问题的解决相联系，缓解社会矛盾，推动城市的和谐发展。

目前在美国，开发利益公共还原主要包括了开发者负担、受益者负担以及针对土地增值的税收这三种类型。开发者负担是指由开发者来负担因开发项目引起的公共设施与基础设施的建设费用，这主要是通过规划管理手段得以实现（详见第六章第二节）。受益者负担的方式，是指政府通过设定特别征税地区（Special Assessment District，SAD），使得特定的公共项目的受益者负担公共设施建设和运营管理费用的方法。这一做法来源于早期的特别收益税制度，西方现代经济学为此提供了理论依据。西方现代经济学认为，在理论上城市土地增值可细分为绝对地租增值、级差地租增值和垄断地租增值这三个部分，三种增值收益的产生分别来源于不同经济主体的土地资本投资效应②，既来自于土地产权人的投资和经营，也源于政府对于基础设施、公共设施的投资建设以及良性的政策影响；从更广泛的意义上说，更来自于全体社会成员为城市发展所作出的努力和贡献。但是，由于不同主体的土地资本投

---

① Jeffery J. Smith，Thomas A. Gihring，Financing Transit Systems Through Value Capture. American Journal of Economics and Sociology，November，2004.

② 杜新波，孙习稳. 城市土地增值原理与收益分配分析. 中国房地产，2003（8）：40

资效应的外部性和融合性，因此，很难从整体收益中明确地划分出各自的利益归属和来源。虽然这使得开发利益内部结构的界定难以找到明确的量化标准，从而成为制度实践的主要难题，但是，经济学理论提出通过收取"庇古税"① 的方法，还是可以在一定程度上实现公共投资的外部效益，解决开发利益的公共还原问题；这就为西方发达国家20世纪中期开始建立土地增值税等现代土地税收制度，实现开发利益公共还原，提供了重要的理论支撑。

在美国的特别征税地区，除了财产税之外，不动产所有者还需按照特定公共设施项目的受益程度和自身财产的增值程度交纳一定的特别税，政府在指定特别征税地区后发行非征税债券，特别区内交纳的税金则用于债券资金的返还。在实际操作中，近年来的政策更倾向于对特别区内所有不动产所有者采取统一征税的方式，例如地区内无子女的家庭也同样要为学校建设交纳一定的税金。在特别征税地区的制定过程中，根据法律规定必须要得到地区内半数以上产权人的同意。

二、英国

（一）区域与城市发展政策的演变

以自由裁量为核心的开发许可制度的建立，不仅与英国特有的地方自治的社会治理形态和传统有着密切的关系，而且也可以说是英国战后国家政策导向和社会发展环境背景下的必然选择。

在战后复兴期以及其后的一段时期，建设福利型国家作为一项基本的国家政策，对于城市规划的制定和开发控制具有十分重要的影响，可以说，在这样的背景下，以城市规划和发展政策的实施为目的的开发许可制，必然成为推行福利型国家政策的重要而有强有力的施政手段和工具，在英国，这一制度的核心就是规划部门拥有的自由裁量权。以自由裁量为核心的开发许可制，与这段时期土地开发权国有化、新城建设、强制性的产业分散与区域开发等强有力的开发政策推进，都反映了国家对地区经济、社会发展进行大力干预的政策导向和政治理念。

战后的20世纪40年代，南部以伦敦为中心的大都市地区的电机、化学、航空、汽车等轻工业的兴起更加重了北部地区的产业衰退问题。从战后到20世纪80年代，随着北部传统工业地区的失业问题及以伦敦为中心的南部大城市圈的超密集发展所代表的南北产业经济差距的逐步加大，如何缩小南北区域产业结构的差距及产业空间分布不均，消除因此带来的区域发展的差距，最终解决地区的失业问题成为战后

① 庇古税是英国经济学家庇古（Pigou）最早提出，他认为当个体的经济行为直接影响到其他个体的经济利益，就存在经济的外部性；外部性存在导致市场价格扭曲，政府应该纠正这种扭曲，可以通过向厂商增税来实现。只要政府采取措施使得私人成本和私人利益与相应的社会成本和社会利益相等，则资源配置就可以达到帕累托最优状态。这种纠正外部性的方法也称为"庇古税"方案。

英国区域与城市政策的焦点课题。

1945 年至 20 世纪 60 年代末的战后复苏时期，针对战前就开始的传统产业的衰退及其引起的北部地区严重的失业问题，英国的区域政策主要采取了以 1945 年公布的《工业分散法》（Distribution of Industry Act）为代表的从南向北的产业分散政策。1945 年以后制定的《卫星城镇法》（1946 年），《田园城市法》（1947 年），“开发地区（DDs）”的指定（1958 年），《地方雇用法》（1960），《办公及工厂建设限制法》（1965 年），《选择雇用法》（1966 年），都是为了促进从南部密集地区向北部等衰退地区产业分散的同时，在指定的地区内通过各种优惠政策吸引企业的投资，以促进衰退地区的产业结构多样化，进一步创造新的就业机会。这一系列的区域开发政策大都是在强有力的福利性财政补助、税收优惠政策以及政府主导型开发模式等政府直接参与的背景下而得以实施的，例如由政府主导的指定开发地区的基础设施建设、新建工厂的融资、工厂建设投资补助的发放。到 1966 年，享受政府财政补助及优惠税收政策的特别开发地区由 1958 年的 5 个增加到了 165 个，对于南部大都市地区的产业落地限制也逐步加强，除工厂外的一般企业也被列入限制之列。

为解决南北区域经济差距问题而采取的产业分散政策持续到 20 世纪 80 年代，不仅未能对北部的产业复兴起到有效的推动作用，还由于伴随着严格的大城市产业发展限制产生了城市经济、社会结构的变化，从而导致伦敦等大都市中心空洞化问题日趋严重。与此同时，20 世纪 80 年代后期开始，服务型产业的兴起，制造加工业开始向劳动力成本较低的发展中国家转移，使得产业衰退及失业问题不再是北部地区特有的问题，而成为全国各地的普遍现象。这样，20 世纪 80 年代以后，城市中心再开发及社区建设逐步成为英国区域及城市政策的中心课题。

1973 年加入欧盟后，社会对环境问题的关注迅速高涨。20 世纪 70 年代开始，社会公众对于区域以及城市的社会、经济、环境等各项问题日益关注。在解决城市中心空洞化问题过程中，对于贫困的产生及循环、居住环境恶化、社区衰退等问题的关注及其思考，促使城市政策逐渐倾向于采取物质性空间环境的改造与城市经济、社会环境的改善相结合的形式。同时，各种市民团体以及非政府、非营利组织日渐扩大，政府决策、城市管理、再开发活动中各种形式的公众参与也同时增加，并逐步成为各项政府决策过程中不可缺少的一个环节。

20 世纪 70 年代开始，英国政府开始了对战后区域开发政策中的福利性补助及大城市产业发展限制政策的反思及逐步修正。以撒切尔首相为代表的英国保守党政权所倡导的市场经济主义，取代了战后一贯采取的市场批判主义的政策主导地位，在各项区域政策中得以贯彻与执行。福利性补助以及对大城市产业发展限制开始缓和并逐步取消，政策的重心开始向为刺激民间投资的税收减免政策转移。1972 年“区域开发补助”（Regional Development Grants，RDGs）制度的设立是其中一个重要的政策转折点。应该注意到，20 世纪 80 年代西方国家产业的海外转移、国际间竞争的加剧、市民社会力量的增强及各项决策活动的公众参与的普遍化等经济、社会形势的变化，也使得这一政策的变化成为必然。撒切尔政府的市场主导型区域开发政策的重点可以总结为，加强民营企业在区域开发中的主导地位，不动产先导型的城市再开发，对于重点小企业及服务型经济的扶持等三点。其最具代表性的政策手段为“城市开发公司”（Urban Development Corporations，UDCs），“企业特区”（Enterprise Zones，EZs）及“规划审批特区”（Special Planning Zones，SPZs）这三项制度的设立。

英国在经历了20世纪50~60年代的战后复兴期，20世纪70年代的经济转型期，20世纪80年代的城市中心区空洞化的恶化时期，20世纪90年代的环境保护与可持续发展关注时期，共四个不同时期。从这些不同历史时期的政策经验可以看出，英国的区域城市政策在政策导向、施政手段、决策过程、运作方式四个方面经历了不同的变革。在战后复杂的经济、社会形势的变化过程中，以就业问题为中心的经济发展问题，自然及历史环境的保护为中心的环境问题，在开发及住宅政策方面的社会弱势群体利益的保障及维持社会公平为中心的社会问题，已经成为英国区域及城市政策制定的中心课题。而作为解决这些问题的政策手段，各个不同时期也有着不同的特点，较明显的则是从20世纪80年代开始的从发放补助金，提供基础设施建设等政府直接参与，到以加强市场竞争，通过市场优化资源配置的市场主导型的施政手段的转变。政府只是通过个别重点对象的财政补助及优惠税收政策进行宏观调控，改善政策环境。同时，决策过程中公众参与程序的法定化，政府部门及公共投资项目运作中政府与企业、社会之间合作的广泛化，都是旨在降低决策风险，保证社会公众利益，使得政府的政策制定与项目运作更能适应市场机制的要求，提高政府部门的效率与效益，从而促进有序的市场竞争与经济发展。

基于以上分析，作为自由裁量型开发许可制度的基础，区域与城市发展政策导向在20世纪80年代以后出现的变化，可以总结为两点：其中之一是在长期经济衰退的环境下，市场优先的政治导向下带来了规划管理政策开始向开发优先转变。政策导向的变化进而引发了对原有开发许可制的批判，因此，变化之二则是削减地方政府与规划部门自由裁量权的社会呼声愈加强烈。可以说，这两种变化实际上具有相同的意义。

20世纪80年代之后，英国的城市开发政策导向的转变引发了规划管理制度的变化。这主要体现在三个方面：

（1）随着1980年后各项法律的修订和新法规的出台，出现了经济区（Enterprise Zone）、简化规划区（Simplified Planning Zone）、城市开发公司等一些新的开发手段和开发方式。作为优惠政策，这些新的开发手段具有无须获得开发许可的特权，这可以看作是在现有开发许可制度之外形成的一种新的开发控制机制。除此之外，1987年的《用地分级规则》（Use Classes Order）大幅修订后用途控制的放宽，以及1988年《一般开发规则》（General Development Order）中的政策放宽等，环境交通部的法律性文件以及其他专项法修订中表现出来的这些新的政策方针，在1990年

《城乡规划法》的修订中得到了统一的阐述。这意味着原来必须经过审查的一些项目被重新定义为非审查对象，或无须审查的“特别项目”，开辟了“开发许可制度的绕行途径和特区”①。

（2）在环境交通部的法律性文件影响下，一般的开发许可制度也发生了极大的变化。在1980年的《开发控制：政策与运用》② 这一后来被认为是撒切尔政权时期第一个重要通告中，对于今后开发许可的实施提出了两条主要原则，第一是尽可能地提高开发许可的审查速度，第二是在审查中对项目应该尽量给予许可权。为了使得这两条原则得以有效实施，环境交通部要求地方规划部门，首先，在8周之内必须对开发申请作出审查结果，如超过时限，申请者有权向环境大臣起初不服上诉。其次，为提高审查的批复速度，允许地方议会将一定的审查权移交给规划行政部门。此外，为促进经济发展，对于一般开发项目，尤其是对地方经济发展具有重要意义的中小型开发项目，如无明确理由原则上都应给予许可。此后，1985年的《许可附加条件的运用方法》这一通告中提出了进一步具体的指导，不仅要求地方规划部门在开发许可中提出的附加条件必须是“必要且适当的”，而且还对许可附加条件进行了详细的范例性说明。这一系列的通告、规则等使得在20世纪80年代前由地方政府自由裁量权下严格执行的开发许可制度，在审查依据的明确性以及附加条件的必要性方面，受到了很大程度上的约束。

（3）在一般性开发项目的开发许可中，规划协定（Planning Agreement）这类多样化的开发许可方式日益增多。在20世纪60年代以前基础设施和公共设施的不足往往是影响开发申请被否决的重要因素，但20世纪70年代开始，中央政府要求地方政府在规划控制中，以鼓励开发为主导方针，更积极运用规划协定的手段，使开发方负担必需的基础设施建设费，以解决鼓励开发与基础设施不足的矛盾。通过规划协定这种方式，对于地方政府来说能获得在一般开发许可中无法实现的公共利益（Planning Again），推动规划目的的实施；对于开发方来说，由于规划协定是由地方政府和开发方之间达成的协议，绕过了一般性的审查程序。在现实意义上，地方政府与开发商“互利共赢”机制，正是规划协定这一许可模式得以广泛使用的重要原因之一。而另一方面，地方政府对于规划协定的广泛使用，在现实意义上，也是对于撒切尔政权后地方政府财政权限的大幅削减而导致的地方财政压力和公共投资缺口的加大等问题的对应策略。

（二）开发利益公共还原制度的发展

土地的价值往往是由它在城市空间中的位置，以及对土地利用起支撑作用的基础设施及周边环境的条件所决定的。城市规划作为一种公共干预的手段，对土地的

① A. Thornley. Urban Planning under Thatcherism. London：Routledge，1991：102

② DOE Circular 22/80 Development Control：Policy and Practice. 28 November 1980.

价值起着极大的影响。开发利益公共还原的理念，作为规划实施和开发控制的主要目标，对于英国开发许可制度的形成和发展演化具有十分重要的意义。

有关开发利益公共还原的概念，最早出现于美国社会经济学家亨利·乔治（Henry George）在1879年出版的不朽名著《进步与贫穷》中。在这一著作中，乔治提出了影响最为广泛的土地增值管理理论。他认为土地的价值之所以增加，是人口的集聚和生产的需求，而非某个人的劳动或投资引起的，因此土地增值的收益应归全社区所有。但由于人口不断增加引起地价不断上扬，人们对土地增值收益的预期也越来越高，轻易不肯出让土地，导致严重的土地囤积问题，地价进一步上涨，生产因此停滞。土地的垄断者集聚了大量的财富，而没有获得土地的人不得不忍受贫穷与饥饿。生产的衰退与贫富差距的日益扩大直接导致了19世纪末期西方世界的工业衰退。虽然对乔治论断的争议颇多，但他关于土地价值的论断成为后来开发利益公共还原概念的形成和制度化奠定了重要的理论基础，在西方世界影响十分广泛。

与此同时，当早期的经济学研究开始关注土地开发收益分配的不公平问题及其所造成的严重的经济、社会后果时，同一时期的城市规划理论也已经开始思考这一问题的解决途径。1898年，在英国学者E·霍华德著名的"田园城市"理论中，他不仅提出了近代工业城市功能布局和形态规划的理想方案，更重要的是他同时提出了开发利益公共还原的理念，以及通过政府主导土地开发经营来实现理想城市的重要方法和途径。他认为，城市的经营主体应将城市土地公有化，并对土地使用权转让进行限制，以利于政策的实施；城市发展中创造出的开发收益是社会全体努力的结果，因此，开发收益中的一部分应作为社会发展基金予以保留①。田园城市理论对于世界范围内城市规划的理论探索和制度实践产生了深远的影响，而开发利益社会还原的理念也成为了近代城市规划制度发展的起点和基石。

英国在15~17世纪的法律中，就有在堤防建设、排水管建设或道路扩建等公共项目中向项目受益者收取特别地方税的制度。在英国，所谓开发利益（Betterment）的概念在早期被理解为由于公共投资而带来的土地增值。进入20世纪后，在1909年以及1932年的《住宅、城市规划法》等法律中都规定了，"政府有权对由于规划和规划项目的实施而带来的土地增值部分收取50%到75%的税收"。这一政策的基本理念是基于规划对于土地价值的形成具有极大作用，而城市规划的制定和实施同时也需要一定的财源保障这一基本认识。因此，开发利益的实现需要考虑规划带来的土地价值的增减和对规划的补偿这对互为表里的利益关系。开发利益也被定义为，中央或地方政府行为（包括项目执行等积极行为和规划控制等消极性行为）所带来的土地、房产的增值。但是，在发展的早期，这些政策制度并未得以有效实施，因为规划带来的房地产增值无论是定性还是定量，都难以准确计算。

进入20世纪之后，西方发达国家在完成向现代行政国家转型的过程中，行政权

① （英）埃比尼泽·霍华德．明日的田园城市．金经元译．北京：商务印书馆，2000：95.

力对经济、社会生活的干预进一步加强，城市化的快速发展和对公共服务需求的增长使得公共投资的领域日益扩大，城市规划中的行政管制出现了从早期的限制土地建筑开发的消极管制（Negative Governance）向以形成良好的城市空间和满足公共服务需求为目标的积极型管制（Positive Governance）的转型，而这就意味着城市规划对于开发利益的形成和分配具有了更为显著的影响，开发利益分配中的社会公平问题也更为突出。在此背景下，针对公共项目的“受益者负担”理论开始形成，也就是将公共投资项目的成本合理分担和收益公平分配相关联，根据产权人的受益程度确定其应承担的成本，以实现开发利益的社会还原。

1941 年英国著名的《尤斯沃特报告》（Uthwatt Report）提出，城市规划对于土地价值的影响并不作用于其总额的变化，而主要在于对开发利益的空间性分配和再分配，也就是说规划在使得某些土地获得增值利益的同时，其他土地也会因规划控制而遭受利益损失，在这两者之间必须建立补偿机制和利益平衡机制①。显然，这一时期对开发利益的关注已经从公共项目本身的投资效应，扩大到了城市规划、公共政策的市场影响和增值效应方面。这一理论观点使得开发利益的内涵得以延伸，从而为早期的开发利益公平分配理念提供了现代规划制度背景下的具体阐释，并在制度实践领域得到了积极的响应，极大地推动了第二次世界大战之后英美等西方国家以实现开发利益公共还原为目标的开发控制政策与开发许可制度的实践和发展。在《尤斯沃特报告》的影响下，1947 年《城乡规划法》的出台试图通过“开发权国有化”的方法解决这一问题，并将开发利益的公共还原与开发补偿结合起来。根据该法规定，按照 1948 年当时测算的全国土地的未来开发价值，向土地所有者发放总额为 3 亿英镑的一次性补偿，从而将开发权收归国有，并在此基础上建立开发许可制度，开发方获得开发许可后需向政府缴纳土地增值部分的开发费。

虽然在战后复兴初期，英国曾尝试通过“开发权国有化制度”的实施建立开发利益公共还原制度，并使之与损失补偿机制联系起来，但 1953 年旧的《城乡规划法》废除之后，一次性补偿金的发放就已中止。虽然开发权国有化的理念得以保留，但《尤斯沃特报告》中设想的开发利益公共还原与利益补偿的互补关系未能建立。其后，开发利益公共还原的理念仅仅是通过土地征用制度的方法来实施的。一种是政府收购土地后，将其中一部分作为项目用地，并通过以项目完成后土地增值的价格出售或出租其余土地的方式，获得土地增值利益，即所谓 Recoupment 的手法。另一种是在土地征用补偿中，如果土地所有者拥有的相邻土地因公共项目的实施而出现土地增值的情况下，土地征用补偿款中将扣除（Set－off）该土地的增值部分。此外，该时期的利益补偿主要是通过非常有限的规划限制补偿和征地补偿来操作的。这样，开发利益的公共还原与利益补偿这两类制度的操作和实施都非常有限，未能起到平衡社会整体开发利益的作用。

---

① J. B. Cullingworth, Vincent Nadin. Town and Country Planning in the UK. London: Routledge, 2001: 160.

这一状况在20世纪60年代后期开始出现变化。由于这时期宏观政策开始倾向于鼓励开发，获得开发许可的土地所有者的开发利益不断增大的同时，在基础设施和公共设施配套建设方面，地方政府面临着越来越大的财政压力。在这一背景下，社会对于开发利益公共还原的呼声再次涌现。因此从这一时期开始，一些新的制度手段开始出现，其中包括1965年《财政法》中的资产增值税制度、1967年《土地委员会法》中的土地增值税制度、1976年《开发用地税法》等。在20世纪60~80年代之间的多次政权交替中，虽然制度形式屡屡变化，但开发利益公共还原的政策理念在这段时期内得以继承和发展，而所谓“规划增益”（Planning Gain）作为开发控制的一种手段，也是从这一时期开始出现的。规划增益通过有条件许可和规划协定的方式，要求开发方付费或增加开发内容，以负担相应的公共设施开发费用。这一方法的出现正是对当时要求开发利益公共还原的社会呼声的一种回应。从另一角度来看，20世纪70年代以来，城市经济的衰退和城市中心空洞化问题的日益突出，也使得开发控制对社会经济发展的影响作用日益受到社会质疑，而这一时期撒切尔政权时期的制度改革，也使得地方政府财政和规划权限不断缩小。在多重压力之下，地方政府采取了规划增益的方式，解决了鼓励开发与基础设施不足的矛盾，实现了开发利益公共还原的目标，而这也可以说是为缓解自身压力而作出的现实选择。

从以上的历史回顾和政策分析中可以看出，作为英国开发控制的目标和方针，一方面受到不同经济、社会发展阶段国家宏观政策变化的影响，而出现了多次的调整和转折；但与此同时，作为推动城市规划政策意图的实施、实现公共利益具体化的主要工具，从规划制度形成的早期开始，开发控制就始终贯穿了在开发利益公共还原这一主题下的制度探索和实践活动。也正是在这一将公共性具体化的主题下，开发控制对财产权的制约才能够得到社会公众的认同，在严格贯彻这一理念的基础上，政府与社会公众之间才能建立基本信赖关系，以规划行政官员为主导、以自由裁量为核心的开发许可制度才能够被社会所接受；也正是在这一主题下，这一开发许可制才得以不断发展和成熟。

三、日本

（一）区域与城市发展政策的演变

1. 第二次世界大战前期

从日本现代城市规划制度形成的早期开始，控制城市规模的快速扩大，尤其是郊区住宅区的无序开发，就成为规划管理和开发控制的主要目标。20世纪10年代开始，东京的城市发展就已经开始进入了郊区化时期，城市规模不断扩大。20世纪20~30年代的东京城市建设中，受到最大关注的问题就是如何控制城市规模的快速扩大，尤其是郊区住宅区的无序开发。因此，通过城市规划等手段，对于城市的发展和扩张进行适当的引导、管理的需求日益增加。1919 年《城市规划法》和《市街地建筑物法》的颁布实施，正是在这一时代背景下产生的。从 1919 年这两部法律公布实施开始，日本引进了欧美等国的城市规划制度和手段，“区划制度”、“建筑线控制制度”、“土地区划整治”等一系列近代较为先进的、具有代表性的城市规划制度逐步得以建立，各种城市规划和管理的技术手段得以开发、运用。1919 年《城市规划法》实施之后，1925 年颁布了第一次区划方案，这个区划方案中仅提出了居住、商业和工业这三种用地分类，而且各种用地的开发控制内容和标准都十分宽松。例如，对于工业用地和未分类地区，均没有提出任何的开发限制。可以说，这次区划方案的主要目的是在于控制城市工业用地的扩展，还没有将保护城市居住环境作为开发控制的主要目的。

2. 战后复兴期

在 1945～1955 年的战后复兴期内，城市发展表现为逐步增长的趋势。住宅建设和道路等基础设施的建设成为这一时期城市建设的中心内容。延续战前的规划理念，控制城市规模的扩大仍是主要政策目标之一。

区域开发和城市建设的制度性框架的构筑是这一时期政策内容和制度建设的重点内容和主要成就。《住宅金融公库法》（1950 年）、《公共住宅法》（1951 年）、《住宅公团法》（1955 年）、《道路整治法》（1952 年）、《首都高速公路公团法》（1959 年）、《建筑基准法》（1950 年）等一系列法律的颁布实施，使得日本的城市建设和城市开发从启动期就纳入了法制的轨道。此后，在经济高速增长期大显身手的政府主导型开发模式的制度框架的构筑，也是在这一时期就已经完成。同时，1950 年的《首都建设法》和 1953 年的《首都圈整治法》标志着以都市圈为单位的区域性规划体系的建立，这就使得此后很长一段时期内，日本大城市建设和城市开发的推进，很大程度上是以国家政策的理念为中心，以大型国家和区域性项目为载体而开展的一体化开发为主。

从这一时期开始，建立在政府主导型开发和中央集权式规划体制的基础上，以物质空间规划带动经济发展规划的规划模式逐渐建立，同时也反映了这一时期按照经济发展规划的目标和方向相应制定国土规划、区域规划和城市规划的自上而下的规划模式、城市规划和空间规划为经济发展服务等本质特征。正如一些日本学者所指出的，“这就使得城市规划需要更多地考虑国家以及宏观发展的动向，以及如何才能更多地引进国家级项目（并获得相应的资金），而不是更多地考虑城市自身的条件和需求”。以上城市规划体制的特征对于开发控制的导向和方针的制定与实施，必然产生了重要的影响。

3. 高速增长期

在 1955～1970 年的经济高速增长期，各类产业设施进一步向东京等主要都市圈地区聚集，城市交通堵塞、基础设施不足、居住环境恶化、开敞空间缺乏等城市问题日益严重。从这一时期开始，日本城市发展政策的导向和规划理念，开始从过去的消极被动地控制城市规模，转向疏散、引导过度集中和膨胀的城市功能，促进副中心地区的发展，提高中心城市的整体活力上来，也可以说，从对城市规模的关注，转向了对于城市功能布局、空间布局的关注上来。具体来看，主要采取了通过一些大型公共项目的实施，引导城市产业功能布局和城市结构转型的措施。这一时期城市建设的重点主要放在了为控制产业设施开发的聚集，促进产业设施的分散，而采取的积极开发周边地区的政策。在1958年的“第一次首都圈整治规划”和1963年的“东京都长期规划”中，均提出规划的首要任务是“控制并分散人口和产业设施的过度集中”，并提出为了实现这一任务，需要积极推进以下两个措施的实施，即对于具有一定规模的工厂和学校的新增项目的控制，以及在周边地区建设工业卫星城市以分散以上的设施 。在区域与城市开发中，交通、住宅、公共配套设施等一体化开发模式和以公团①为主体的开发模式发挥了极大的作用，各种大型区域及城市开发项目的制定和实施，仍主要以国家政策和区域规划推动为主。但是另一方面，在郊区新城等开发项目的实施过程中，民间开发商的实力开始逐渐成长。由于人口压力和住宅需求的双重驱动下，对于公团的公寓住宅和郊外的单体低层住宅的需求极为庞大，民间资本，即房地产开发商的住宅开发开始有了很大的发展。20世纪50年代末期，即高速经济增长刚刚起步的时期，中小型开发商的乱开发中出现的质量低劣等现象，成为了引起社会关注的重要问题。1961年的《住宅用地建设等控制法》和1964年的《住宅用地建设事业法》中，试图通过总量限制的方式对于中小型开发商的项目进行严格的控制。但结果表明，缺乏以开发项目为对象的细致严格的开发控制，总量限制并不能减少乱开发对于城市发展带来的负面影响。

在这一时期，区域与城市开发在政府主导模式下得以快速推进，基础设施和城市开发等大型公共投资项目的规划和实施成为推动城市经济发展的重要措施，在这一时期，如何保证大型公共投资项目高效、顺利地得以实施和推进，也成为规划管理和开发控制中的主要课题和目标。在中央集权的规划体制背景和经济快速发展环境下，开发控制的目的与其说是为控制和引导各类城市开发活动，以实现城市发展的宏观目标，更确切的说是为实现大型公共投资项目提供必要的前期准备和实施服务。也正是在这一主导思想之下，为了保证这一核心目标的实现，提高规划行政的效率，对于小型民间开发项目的控制和引导成为被忽视的管理领域。

4. 稳定增长期

从1970～1990年的稳定增长期，前期的产业分散政策未能奏效，随着城市经济的发展和国际经济环境的变化，产业转型带动了工业设施开始向地方分散的同时，第三产业和商务功能进一步向东京等大城市聚集，而土地的投机性开发和房地产泡沫进一步加剧了这一趋势，并导致居住向远郊区分散。这一时期城市政策的主要目

① 经济高速增长时期，日本为加快基础设施与公共住宅等的建设而成立了日本道路公团、住宅整备公团等特殊公共团体，利用政府的财政补贴，完成各项具有公共性的开发项目。

标是，通过大力推动商务核心城市的建设，加强区域性交通网络、如区域高速公路网和城际轨道交通网络的建设和完善，积极引导城市功能的分散，以促进多核型城市结构的形成。在东京、大阪等大城市，各种大型城市开发和再开发项目得以大力推进，这些项目代表了这一时期城市建设和开发项目大型化、综合性和超前性的特点。虽然作为政策主导性项目的特点没有较多改变，但由于社会舆论中对于扩大地方自治权、增加民间开发的呼声日益强烈，开发项目中政府与企业合作进行联合开发的模式日益增加，而在一些基层规划的制定中，市民参与也有一定程度的扩大。

在经济高速增长、城市开发日益活跃的同时，人口和产业向中心城市高度集中，开发混乱、地价上涨，使得一系列的城市居住、环境等问题变得日益突出。积极推进以市民和地方自治体为主体的城市建设的潮流，与进一步推进以利润追求为导向的民间开发的潮流，成为了20世纪70年代城市政策讨论中的两个主要论点。与此同时，反对无序、无规划、以利润追求为中心目的的商业开发的市民运动开始大量出现。在这一时期的市民运动中，公众关注的焦点问题大致可以分为两个方面：一方面是在国家、地方政府、开发商的城市开发项目中的土地区划整治问题、道路公害问题、日照权问题、自然和历史遗产保护问题等，另一方面是道路铺装、灾害预防、公园规划、大中小学校和图书馆以及其他公共设施建设等居住环境方面的问题。有关日照权的纠纷也是这一时期引起极大社会关注的城市问题之一。日照权纠纷虽然是在开发商和周边居民之间产生的矛盾，但是产生纠纷的原因则是形形色色的。有的是通过《建筑基本法》审批的公寓住宅项目中出现的问题，有的甚至是《建筑基本法》的容积率制度本身的问题。

在此背景下，20世纪60年代末期《建筑基本法》、《城市规划法》等城市规划方面的一些基本法律得以修订。1968年的《城市规划法》给予了地方政府以更多的城市规划管理权限，地方政府的积极性得到了较大的提高。配合这一时期行政改革的浪潮，城市规划领域也开始进入了所谓“地方性的时代”。各地的地方政府积极探索适应各自地方条件的城市规划管理体制，出现了多元化的体制和规划手法，在城市开发中，政府与社区合作协商的“协议会模式”日益增多。可以说，在城市政策制定和城市开发中，国家政策主导和政府项目主导的模式在这一时期开始出现了较大的变化，民间力量有了显著的增长。但是，城市规划管理体制和开发控制的主导方向，与前一时期相比并未发生根本的改变。正是由于缺乏对民间开发的有效调控和引导，而导致了房地产泡沫的出现。可以说，房地产泡沫的出现，凸现了战后以来日本城市规划管理体制和开发控制方面的深刻问题和严重缺陷。

5. 后泡沫经济期

20世纪90年代后的后泡沫经济时期，日本城市发展无论是在经济方面，还是在人口规模方面，都进入了战后前所未有的负增长时期。以东京、大阪等大城市为主的大规模政府主导型开发项目中，规划目标与实际发展水平的脱节以及经济、社会发展环境的快速变化而导致项目实施难以为继。在这一时期，政策推动型开发项目在规划和实施中的盲目性开始表现得十分明显，这一问题所导致的资源浪费和巨额财政负担的恶果也成为这一时期各级政府不得不面对的一个难题。由于泡沫经济中房价、地价高涨加剧了居住人口的远距离外迁和郊区化的扩散，也加重了中心城区经济、社会活动的衰退。与此同时，经济全球化、信息化和老龄化对城市生活和产业发展的影响日益明显，社会价值观的多元化不仅带来城市生活方式的转变，也使得城市建设、开发的社会环境有了又一次巨大的变化。

这一时期城市政策的目标与前期单纯强调促进经济增长和城市发展的政策相比，明确提出了提高城市生活性功能的目标，同时更重视城市自身的环境改善和整体发展。为实施这一目标，提出了进一步促进各项功能空间布局的调整，加强就业与居住功能的平衡的方针。在以生活型城市为目标的城市建设中，城市开发的模式也从以前的政府主导型，更多地转向以民间开发和区市町村基层政府为主体的开发模式。因此，这一时期城市政策和开发控制的重点，可以说主要在于促进城市中心地区住宅的供应和土地再开发，恢复中心城区居住功能和经济活力的同时，推动远郊区和小城镇地区产业功能布局的合理化，引导郊区大型超市等开发活动的布局在配合公共交通和基础设施布局的条件下适度集聚。

（二）开发利益公共还原制度的发展

如前所述，在英美两国城市规划制度建立的初期，开发利益公共还原的理念就作为城市规划实施和开发控制的主要目的之一得以建立。受到西方规划理论的影响，日本在城市规划制度形成的早期就建立了开发利益公共还原的理念。在20世纪初期日本最早的城市改造项目——东京市区改造中就建立并实施了所谓“受益者负担制度”，通过向利用扩建道路开发有轨电车的交通公司征收一定的费用——“电铁纳付金”，以偿还道路改建费用。这一制度随着1919年第一部《城市规划法》的颁布实施得到了进一步的扩充。除了有轨电车建设项目之外，城市规划道路建设项目中也建立了受益者负担制度，该制度规定沿线所有土地业主必须负担一部分道路扩建费用（新建道路的1/3、改建道路的1/4），负担金的征收范围是道路边界线起向外、在路宽5~10倍范围内的土地业主，负担金的计算方法是其中一半按照项目范围内土地面积的比例计算，另一半根据各地块沿街面宽的比例来计算。

开发利益公共还原理念在城市规划领域的实践，通过受益者负担制度在1968年《都市计划法》的修订中得以延续，而且在相关领域的法律制度中也有明确的表述。例如，在《土地基本法》第5条中规定，“当地价根据人口、产业、土地利用的变化以及社会资本整备的状况，以及其他社会经济条件而变化的情况下，可以根据受益情况适当要求相应的（成本）负担”。同时，在税制的第14、15条中规定，“当土地所有者因社会资本整备而获得巨大利益的情况下，可以要求适当的成本负担”。根据这部法律的规定，所谓需要还原给公共事业的“开发利益”，并不包括一般情况下的地价上涨，而是指由于城市规划和公共投资项目的实施而带来的地价上升。

日本规划制度中的开发利益公共还原的理念，正是基于对这一部分特定利益进行公平分配的原则而建立的。

在日本，城市规划的实施和城市开发中开发利益的公共还原主要应用于如道路建设、住宅开发、铁路和地铁沿线的土地开发、排水系统建设等领域。具体来看，开发利益公共还原的制度手段主要有三种，即由项目主体收购项目周边土地的做法、向土地所有者征收项目负担金的做法，以及向土地所有者征税的做法。由项目实施主体直接收购周边土地的做法，其目的在于使项目实施所产生的外部利益内部化，也就是在项目内部建立基础设施开发与土地开发的开发利益平衡。在一些由地方政府或公共团体实施的开发项目中，为保证开发项目的顺利开展而进行的前期土地整治中，往往会采取收购周边土地的做法。此外，在由私营电铁公司投资的城际铁路或地铁开发项目中，往往采取预先收购沿线土地、铁路开发与沿线住宅开发相结合的手法，以保证开发利益在开发项目中的还原。

第二种实施手段也就是通常的受益者负担制度。首先，《都市计划法》第75条规定，“排水系统建设项目的受益者须负担一部分的项目建设费”，在大多数地方主要是按照每平方米负担额的标准，进行一次性的征收。从制度设计的角度来看，该制度设置的目的主要在于解决排水设施的建设费用问题，而不是开发利益的公共还原。根据日本排水系统协会的资料，日本排水系统建设费的5%～6%来源于受益者负担金。其次，在《住宅开发指导纲要》中也规定，“公共设施周边的土地所有者进行土地开发时，可根据（公共设施）开发利益的受益情况要求其负担一部分的公共设施建设费”。由于公共设施开发对周边土地利用价值和资产价值提升的直接影响十分明显，所以一般认为该制度在实施中较易被公众接受。但实际上在较长一段时期中，由于担心制度实施可能造成地价上涨、开发成本提高、住宅供应不足、小规模乱开发增加等负面影响，大多数地方都未对住宅开发项目征收公共设施建设的受益负担金，这一制度的实施仅限于少数的大型住宅开发项目。再次，1985年针对城市轨道交通建设项目出台了相应的受益者负担制度（表6-1）。轨道交通受益者负担制度的内容不仅包括原有的开发者负担部分建设费的方式，还包括了如提供部分建设用地、面向居民征收特定税收等多种方法，但由于在企业界、社会公众舆论、专家和政府部门之间对开发利益的内容、范围的界定一直都未能达成共识，所以该制度的实施和应用仍十分有限。

轨道交通建设项目受益者负担制度　　**表6-1**

制度名称	受益者	负担内容
新城开发者负担制度	新城地区开发商	按照基价提供轨道交通建设用地，负担是供给面以下工程费的1/2及其他费用
住宅开发指导纲要负担	沿线地区开发商	无偿提供轨道交通建设用地，全额负担施工面以下工程费，并部分负担其他建设费

续表

制度名称	受益者	负担内容
协议负担	沿线地区开发商	按照协议承担线路延伸及加强运力工程的部分费用
设站负担	车站及周边地区开发商	全额负担工程费，无偿转让车站用地，建设车站广场及相关道路
铁道建设经营者所得外部利益内部化	开发商	用保留地向轨道交通建设方支付代行实施分区规划项目的费用，建设方将所得土地升值部分用于轨道交通建设
旧城市规划法受益者负担金制度	沿线土地所有者、土地长期租用者	承担旧城市规划法受益者负担金及建设费的1/4，按照与地铁车站的距离远近设定负担金额
连接工程分担金	开发商、周边企业	分担轨道交通车站与大楼之间的联系通道工程费用
超额征税及法人居民税、企业税等特定财源的运用	全体市民、作为征收对象的企业等	超额征收法人居民税、其增收部分作为资金积累，补助轨道交通建设项目
地方自治体“铁道整备基金”制度		

出处：日本土木学会编．交通整备制度和课题．东京：鹿岛出版会，1998：69；天野光三．都市的公共交通．东京：技报堂出版社，1999：105．

征税是开发利益社会还原的第三种方法。日本的税收制度中相关的税收是固定资产转让税、固定资产税、城市规划税和遗产继承税这四种。固定资产转让税作为所得税中的一种，不论地价上涨的原因是由于市场变动，或自行投资，或公共投资，都同等对待地征收税金。固定资产税则是依据每三年一次的评估、按照标准税率（1.4%～2.1%）进行征收，而城市规划税的设立本来是出于“扩充受益者负担制度”的目的，但征收额度则是依据固定资产评估结果、按照标准税率（0.2%～0.3%）征收的。遗产继承税是针对高额遗产征收的税种，其征收范围十分有限。可以看出，以上各种税收中，如固定资产转让税、固定资产税和遗产税的征税目的和征税方法，与城市建设的开发利益公共还原的出发点并无直接联系，城市规划税虽然是从扩充受益者负担制度的目的出发而设立的，但其税金计算方法未将市场变动导致的地价上涨与公共投资带来的地价上涨进行区别处理，因此不能有效地反映出开发利益的实际状况，从而丧失了原来的征税目的。正是由于以上种种问题，使得这些税收并未能将经济高速增长过程中由于公共投资带来的巨大开发利益有效地还原给社会。其次，由于这些税收的大部分都将成为国库收入而非地方财政收入，因此，对于解决地方公共设施项目建设费用没有直接的帮助。

从日本20世纪初期就已开始的开发利益社会还原的制度建设和实施情况来看，从战前经济复兴、战后经济高速增长期，乃至其后的泡沫经济时期，开发利益公共还原的制度在开发利益的界定、费用征收对象的确定、征收方式和征收目的的明确等方面，一直存在诸多有待完善之处。在这样的条件下，已有的相关制度在实施过程中受到市民及企业界的强烈反对和抵制，制度的实施十分有限，例如受益者负担制度就仅仅在排水系统建设项目中才得到实施，这对进一步的制度建设和实施起到了极大的制约作用。20 世纪 90 年代之后，日本经济进入长期衰退，各大城市的地价持续大幅度下跌，社会经济条件的变化使得该制度建设和实施又一次面临新的考验。

目前，日本规划管理领域中开发利益公共还原制度的进一步发展所面临的主要问题有四个方面。①是开发利益的范围如何界定的问题。其中包括了诸多问题，如哪些项目应该成为制度实施的对象，项目中开发利益的内涵以及受益方式如何明确等。例如在综合开发项目中如何将特定项目的开发利益与其他项目的开发利益进行区分等，都是首先需要明确的问题。②是需要还原给社会的开发利益的时限确定问题。在出现地价升值的情况下，应该在产生土地交易、土地业主获得实际的开发利益时完成开发利益的公共还原，还是在开发利益即使未能实际兑现的情况下也应该完成利益的公共还原？③是开发利益计算的可能性。尤其是在经济衰退和地价整体下跌的情况下，即使公共项目的实施产生了开发利益，但在市场地价变动中很可能表现为负增长。在各种情况下如何合理计算开发利益的问题，也是影响该制度合理性的重要所在。④是开发利益中哪些部分需要还原给社会的问题。实现开发利益公共还原的目的不外乎是出于公共设施建设费用的公平负担，或为了稳定地价，或是为解决公共设施建设费用问题，明确制度建设的出发点是保证制度建设合法性和正当性、提高其社会接受程度的关键。与此同时，公共还原的目的不同，还原的方式也必须要进行相应的调整。

总的来看，日本开发利益公共还原的制度建设和实践活动中表现出与英美两国所不同的特征。在日本，开发利益公共还原的相关制度主要表现为受益者负担方面的制度建设，而且其适用范围较为有限，实际应用主要集中于道路交通、给水排水系统、公共住宅等公共投资项目领域，成为一种为解决公共投资项目本身的收益再分配而采取的措施。正是由于这一本质特征进而导致了日本开发利益公共还原的制度内容和主要手段以资金补偿为主，并不涉及到开发项目的规划控制方面的内容；而且，这一制度在城市规划管理体系的发展过程中并未演化成为具有广泛意义的开发控制的理念和手段，因此对城市规划实施和城市整体开发控制的实际影响和制度性意义也较为有限。更为重要的是，在具有中央集权的基本体制特征和政府主导型开发机制的环境条件下，规划管理和开发控制的体制和机制建设都以保证公共项目的顺利实施为中心，因此，针对市场型土地开发机制的城市规划体系尚未成熟，城市开发的宏观调控机制还有待完善。而只有建立在这些基础条件之上，开发利益公共还原的理念才可能真正融入开发控制的制度和实践之中，成为规划实施和开发许可制度的核心与灵魂。

第三节 开发控制的手段和内容

一、美国

随着开发控制的政策导向、程序机制出现了重大的变化，自由裁量型审查的增加使得开发控制的手段也表现出更大的灵活性和多样性。在实际操作中，有大量而广泛的开发控制手段，给予了规划管理部门一定的自由裁量的权力，使得区划在实施过程中发挥出更多的灵活性。这些手法除了传统的区划变更以外，还包括特例许可（Variance）、开发协定（Development Agreement，DA）、各种创新性区划、捆绑式开发和影响费等。

另一方面，随着自由裁量型审查的增加，对开发商要求的条件日益增多，如何保证这些条件得以实施也成为重要的问题。在美国，规划的决策、审查与规划的实施往往属于不同部门的职责范围，在审查中设定开发条件的规划部门对于规划的实施不负有责任，大多数地方都是由建筑安全局等部门来负责检查、监督规划的实施。违反区划规定在法律上属于轻微的犯罪行为，对于违反区划规定的土地所有者或开发商可以通过法庭传唤的途径施加压力，或处以罚款，乃至逮捕拘禁的惩罚；对于在建工程则可以采取命令停工整改、禁止使用违章建筑等的手段。但由于管理部门往往并不对处罚案件进行追踪调查或核实，所以罚而不改的情况较为常见。为解决这一问题，有些城市将违反区划行为的法律定义从轻微犯罪改为违法行为，这样，对于违反区划的行为有关管理部门就像交警处理违反交通规则事件一样，具有了随时处罚权，而不需要经过繁杂的法律程序。但由于在法律约束力方面，自由裁量审查和有条件许可中附加的条件要低于区划固有的规定内容，所以违反自由裁量审查中的条件并不等同于违反区划，这样如何有效实施各种自由裁量审查中提出的条件仍没有有效的制度保障。

（一）特例许可

特例许可一般包括“用途特例许可”（Use Variance）和“标准特例许可”（Variance from Standards）这两种。所谓用途特例许可是指在不进行区划变更的条件下对不符合区划规定的土地使用类型的开发进行许可，而标准特例许可是指对不符合区划规定的开发指标的开发进行许可。从理论上讲，特例许可的法律依据是当土地所有者按照区划条例要求进行开发具有一定困难（Undue Hardship）时，为其免除困难而使用的一种灵活的规划管理手法，这种困难必须是与该地块本身相关的因素，例如地块中有无法搬动的巨石或因地块形状造成利用不便等，在确实存在困难的情况下可以允许免除建筑后退等的要求。而与土地所有者有关的任何因素，如经济因素等，都不能成为获得特例许可的条件。

由于特例许可不同于区划变更，它是一种准司法行为而非立法行为，所以特例许可的审批权限主要由规划委员会和议会掌握，而无须通过复杂的听证和民意表决程序，所以在实际操作中，政府往往会利用这一方法使得一些政府希望实现但又不符合区划规定的项目获得开发许可。尤其是一些原本需要通过区划变更，但又难以获得立法机构或公众绝对支持的项目，规划部门往往会利用手中自由裁量的权限给予特例许可，因此这一手法往往被批评为“被滥用了的区划手法”。因为特例许可的获得，首先必须认定待开发地块存在固有问题并造成了开发困难，但这一事实的认定，包括其后特例许可的审批通过都不需经过立法机构公开的讨论。因此，这一手法在法律上的缺陷主要在于，对于土地固有问题的判定和许可程序的非公开性很可能导致结果的任意性。

（二）开发协定

近年来，在一些规模大、时间跨度长的大型开发项目中，政府与开发商通过签订开发协定的方法解决开发与规划争端的例子日益增多。所谓开发协定是指市政府或县政府与开发者之间签订的契约，这种开发协定与一般的开发许可的最大区别在于，它对时间跨度长的分期开发项目给予一次性的开发许可，而条件是开发方须承诺建设某些基础设施或支付一定的影响费；而且这种开发协定具有完全的法律效力，保证了后期项目的实施不受政策或其他外部因素变更的影响。这一方法的法律依据，主要在于避免开发项目因后期的政策变更等因素而导致的损失，保护开发方的开发既得权（Vested Right）。其起因则在于20世纪70年代加利福尼亚州一个有关财产权的判例，开发商购入一临水地块后，因政策变更而导致已完成项目规划的住宅开发项目无法继续实施，最终导致开发商诉政府侵犯财产权。在该案例中法院裁决，开发商在获得开发许可并进行了充分的投资之后，其开发既得权方才成立，而该案中开发商虽已获得开发许可，但项目规划设计费投入的200万美金并不能成为获得开发既得权的充分理由。

由于近年来限制城市的无序发展、保护环境的呼声很高，许多城市已经制定或正在制定并实施严格的增长管理政策，以便对开发项目进行有效的控制和引导。在这样的背景下，开发项目的审查越来越严格，获得许可的条件也愈加苛刻，由于政策的变化而带来的投资风险也在不断提高，这一问题对于分期的大型开发项目来说尤其明显。因此，开发商为了降低政策性的投资风险，努力获得开发既得权的立法保障。1979年加利福尼亚州政府首先颁布了有关开发协定的法律，其中规定开发方在开发初期支付政府要求的基础设施建设资金的条件下，可以获得开发既得权。这样，对于地方政府来说，要求开发商交纳基础设施建设费的做法有了法律保证，对于开发方，即使在政策变化的情况下按原规划实施项目也有了法律担保。从20世纪80年代开始，开发协定的方式在许多地方得到了广泛应用。据1986年的调查，加利福尼亚州30%的市和37%的县都使用了开发协定，其内容从大型商住开发项目到十几户的小型住宅开发项目，其应用范围十分广泛。近年来还有不断增长的趋势，尤其是大型住宅开发项目中开发协定的使用十分常见。截至2004年，加利福尼亚、夏威夷、佛罗里达、爱达荷、马里兰、内华达等州已经制定了有关开发协定的法律条例，以规范相关的规制行为。

虽然对于开发方和地方政府来说，开发协定的形式巧妙地规避了一些开发风险和法律约束，但在实际操作和应用中也存在着种种问题。首先，根据法律规定，开发协定从本质上属于立法行为，因此可以通过公民动议或信任表决的形式来决定，但实际上，开发协定的协议过程往往是由政府部门和开发方单独进行的，一般不对公众公开。因此，20世纪90年代后期开始，各州在制定有关开发协定的法规条例时，都开始强调开发协定的审批前必须经过规划部门和立法机构的听证程序。其次，虽然至今还未有有关开发协定的司法判决，但多数法律界人士认为开发协定实质上是将政府机关拥有的治安权委托给他人，因此有违宪之嫌。在实际中，虽然法律规定开发协定不得违背总体规划的要求和方针，但对于协定的具体内容并没有任何规定。而且，由于可以不受有关直接关联性的法律要求而向开发方提出获得开发许可的附加条件，地方政府仍然十分热衷于开发协定的使用。包括在一些多方参与的大型综合开发项目和公共项目中，开发协定的形式有利于政府与多方开发商协商解决项目中种种复杂的协调性问题。第三，开发协定的调整、更改是实际操作过程中往往会出现的问题，但开发方和政府方面都处于对既得利益的保护而尽量避免重新商议。由于开发协定中的项目周期有的长达15～30年，不仅开发方面可能出现开发权转让等的变化，而且项目所需公共设施的内容、费用也会发生变化，但是在大多数的开发协定中却往往忽视了类似情况下重新协议的条款内容。只有少数城市规定，开发协定中政府必须保留对协议内容的再协议的权力。因此，有些州，如马里兰，开始通过对开发协定的时效期限进行规定，以避免行政权力的滥用和决策风险的加大。

（三）捆绑式开发和影响费

从20世纪70年代开始，首先在一些大城市的中心区，为解决公共设施建设资金问题和城市社会问题，在规划管理中对开发项目的强制收费政策和捆绑式开发政策开始实施。其后，在一些非大城市地区和郊区也开始以“资本改善计划”（Capital Improvement Program，CIP）为依据，要求开发商承担相应的基础设施建设费。关于捆绑式开发和影响费的较早的实例，出现在20世纪70年代。最初，加利福尼亚州政府要求在市中心的商务办公设施开发项目中，同时承担一定数量的住宅建设或支付一定的中心区影响费（Impact Fee）。这种被称为捆绑式开发（Linkage）的开发控制形式，实质上就是政府要求开发利益社会还原、推动规划目标实施的一种手段。

开发控制中的开发利益公共还原主要是以开发者负担为原则进行的。从利益还原的内容来看，主要有两种方式；一种是与开发项目直接相关的、项目周边地区所需的公共设施和基础设施，如给水排水管道、托儿所、街区道路、广场、社区公园等。由开发方承担这些设施的建设费基于两条原则，即这些设施的改善与公共卫生、安全、健康等公共福利直接相关，由开发所带来的这些设施的建设费用应该由开发者，而非全体社会承担的原则。其具体形式包括了住宅细分开发费（Subdivision Exaction，例如一些地方在对新的住宅开发项目进行规划审查时，要求其承担小区道路、小学校、街灯、公园或高速公路扩建的费用）、协议负担（Negotiated Obligation）和混合区划（Inclusionary Zoning）等。例如，加利福尼亚、科罗拉多、蒙大拿、新泽西、纽约、华盛顿等州都制定了相关法规条例，规定地方政府有权要求开发商承担街道、给水排水设施、自行车道、公交车站等公共设施的建设任务，但前提是这些要求与开发项目具有直接的相关性，且有相关设施规划，即资本改善计划，作为征收的法律依据。另一种则是与开发项目并非直接相关，例如城市内的公共设施和基础设施等，在给予开发商以放宽开发控制等优惠的同时，由开发者适当地承担这些本来应由政府或全社会承担的建设费用。相对于前者的强制性特点，后者一般是非强制性的，往往根据具体情况通过与开发商协商后确定。但近年来，后者也出现了向强制性措施转变的趋势，如亚利桑那、佐治亚、加利福尼亚、爱达荷、伊利诺伊、印第安纳、缅因、内华达、新墨西哥、俄勒冈、宾夕法尼亚、得克萨斯、佛蒙特、弗吉尼亚等州都制定了相关法规，赋予市或县等地方政府征收影响费的权力。例如，旧金山市从20世纪80年代后期开始要求中心区的商务办公开发项目需负担140美元/平方米以上的影响费；2005年，马里兰州对新建独户房屋收取开发影响费用，安娜阿伦德尔（Anne Arundel）县的标准为4394美元，弗雷德里克（Frederick）县为10016美元，而蒙哥马利（Montgomery）县根据区位不同而不同，最高收取17500美元①。

以上开发控制的手段由于大多数是一种强制性的管理手段，所以在法律上往往会涉及到对私有财产权的行使（开发）进行限制的合法性问题，也就是法律上的征用问题。根据一些相关的司法审判结果，在影响费负担问题上出现争议时，负担内容与开发项目的相关性是司法部门裁决的重要依据，只有在该条件得到证明的前提下，地方政府征收影响费的行为才被认为合法有效。这种相关性从狭义的角度看，如住宅小区道路是由开发项目直接引起，从广义的角度看，包括小区学童就学的学校、公园，以及因开发引起交通量增加而带来的道路扩建、街灯设置等，都是与开发项目具有相关性的内容。

捆绑式开发政策在得到了州政府的支持之后在各地日益普及，逐渐出现了制度化的发展趋势，此类政策得以在更大的范围内实施。这些政策的实施一方面解决了城市公共设施建设中的资金问题，缓解了政府的财政困难，同时也促进了规划目标的实现，另一方面也反映着公共基础设施建设资金筹措机制的变化，这一变化实质

① J. R. Cohen. Maryland's "Smart Growth": Using incentives to combat sprawl In Urban sprawl Causes, consequences and policy response. G. Squires, ed. Washington DC: Urban Institute Press, 2002: 182.

上意味着城市基础设施开发费用的负担者从全体纳税者，逐渐转变为开发商、购房者和不动产的最终购买者等。开发者负担和受益者负担的政策使得公共基础设施建设资金的筹措与城市开发项目直接挂钩（表6－2），有利于降低公共设施的建设成本，促进公共设施空间布局的集约化和土地的高效利用，但是同时这种资金筹集机制使得政府越来越依赖于开发商和开发项目，这对于政府部门在规划审查等行政行为中保证管理的公平公正性，必然会产生一定的不良影响。

加利福尼亚州政府在1987年出台了《AB1600法》，对于地方政府在规划管理中向开发商征收影响费的标准和资金使用方法等进行了严格的规定。根据该法的规定，市或县在征收影响费之前必须明确费用征收的目的和用途，并必须以书面形式证明征收影响费的项目与费用用途之间的相关性。该法同时规定，作为地方政府征收影响费的前提条件，必须首先制定相关的公共投资预算，明确公共设施投资预算的计算方式，并以立法形式获得审议通过；而且，必须每年对影响费征收和使用状况进行评估，影响费收入的使用必须区别于其他财政收入，如果6年内在预定用途内没有使用完的费用必须返还给原征收对象。

地方政府的激励机制与企业的贡献 **表6－2**

<table>
<tr><td rowspan="24">公共部门的激励机制</td><td rowspan="3">设施建设</td><td>相关公共设施的建设</td></tr>
<tr><td>附属停车场建设</td></tr>
<tr><td>设施中的公共开放空间建设</td></tr>
<tr><td rowspan="8">柔性手段</td><td>周边地区的开发</td></tr>
<tr><td>密度红利</td></tr>
<tr><td>开发权转移</td></tr>
<tr><td>空中权的设定</td></tr>
<tr><td>土地房屋的交换</td></tr>
<tr><td>区划条例及建筑控制的特例许可</td></tr>
<tr><td>开发许可手续的简化</td></tr>
<tr><td>地区性措施</td></tr>
<tr><td rowspan="10">资金扶持</td><td>土地的集约和建筑拆迁</td></tr>
<tr><td>土地优惠</td></tr>
<tr><td>土地租借</td></tr>
<tr><td>资本参与</td></tr>
<tr><td>融资</td></tr>
<tr><td>利率优惠</td></tr>
<tr><td>抵押债权收购</td></tr>
<tr><td>减税</td></tr>
<tr><td>开发区</td></tr>
<tr><td>开发预备阶段的资金负担</td></tr>
</table>

续表

企业的贡献	社区风貌	景观保护
		文化设施建设
	景观协调	城市设计方面的合作
	社区援助	社区公共设施建设
		就业机会对当地居民与弱势群体的优先
		经济开发基金的捐赠
	利益分配	融资的返还
		租金支付
		平等参与

出处：根据 Mike E. Miles，et al.，Real Estate Developments：Principles and Process，the Urban Land Institution，1991 的内容整理。

（四）总量限制和点数评估

所谓总量限制，一般是指当公共设施和基础设施的服务能力有限的情况下，在一定时间内对土地开发总量进行限制的规定。这种限制可以是对开发许可数量的限制，也可以是对将新开发项目与已有公共设施、基础设施，如供水、排水管道等相连的申请的限制。在美国，地方政府设置开发总量限制的原因主要有两个方面。其一，是当地方政府编制新的总体规划过程中，开发商为逃避可能出现的更严格的开发管制，而采取突击性的开发申请。为防止这一情况的出现而采取总量限制的措施是经常出现的情况之一。其二，是当街道、高速公路、给水排水设施、废弃物处理等各类公共设施和基础设施的供应能力有限的情况下，设置土地开发总量限制，有利于为相关的公共投资和建设提供必要的时间缓冲，从而保证已有的和未来的开发项目都能够享受到应有的公共服务。

从20世纪80年代开始，一些中小型市镇首先开始制定地方条例和法规，对于年均的土地开发总量进行限制，其目的大多是通过限制居住类开发总量，以达到减缓城市人口增长的速度，减轻城市财政和公共服务等压力的目的。20世纪80年代后期开始，一些州政府开始制定州法，对于地方政府的这种开发规制行为进行明确的授权和行为规范。例如，加利福尼亚州法规定，地方政府有权禁止任何与地方总体规划、区划、专项规划和立法通过的各项政策等的内容和规定相违背的土地开发活动；对于地方法规中住宅和居住用地开发总量限制的规定，地方政府有责任说明该项限制与公共福利、安全、健康等的直接相关性，否则将被判定违法①。另外，如明尼苏达、新泽西、华盛顿、俄勒冈、缅因州等也都制定了相关的地方法规，对于地方政府进行总量限制情况下的立法目的、方式、程序、适用对象以及时间限制

① Cal. Statu. 65858，1998.

等要求进行了明确的规定。大多数有关总量控制的地方法规都规定，为保证其合法性和合理性，总量控制的相关规定必须以法定的总体规划或相关专项规划为依据，按照立法程序或公民动议、复议程序进行审议和表决；而且，总量控制需要设定数月至一年不等的法定时限，法定时限之后该法规自动失效，也可同时设定更新周期予以延长，但延长不得超过三个周期。

雷蒙朋市点数评价系统的部分内容　　表6-3

排水	
公共排水	5分
污水集中处理厂	3分
经过县政府授权的消毒系统	3分
所有其他各项	0分
要求达到的排水能力的百分比	
100%以上	5分
90%~99.9%	4分
80%~89.9%	3分
65%~79.9%	2分
50%~64.9%	1分
低于50%	0分
包括公立学校区域在内的公园或娱乐设施的改善	
1/4英里之内	5分
1/2英里之内	3分
1英里之内	1分
1英里之外	0分
架设了路边和人行道的州、县或镇的主要道路、次要道路和支路	
直接到达	5分
1/2英里之内	3分
1英里之内	1分
1英里之外	0分
消防站	
1英里之内	3分
2英里之内	1分
2英里之外	0分

出处：APA. Growing Smart Legislative Guidebook：168.

在开发总量限制这一新的管制手段的适用过程中，一些市镇政府还发展出一些配套的管制措施。例如，在最早开始实施成长管理政策的纽约州雷蒙朋（Rampo）市，1972年开始为配合开发总量限制的实施，在开发许可中采取了开发项目的点数评估体系（Point Factor System），根据开发项目对现有基础设施和公共设施的服务能力、如高速公路、排水设施、消防站等造成的影响进行打分，并根据总分对开发项目进行排序，并以此作为开发许可优先顺序的考虑依据（表6-3）。

此外，佛罗里达、华盛顿、马里兰等州也制定了相关的法规，在开发项目造成交通、给水排水、废弃物处理等公共设施和基础设施的服务水平低于总体规划规定的要求时，不得颁发开发许可，除非同时采取了相关的改善措施以消除此类的开发影响①，以达到土地开发与基础设施建设和服务供应的同步与配套（Concurrency）。

（五）创新型区划

作为传统的土地开发规制的制度性手段，区划通过对土地开发的可能性与不可能性作出明确规定，来保证开发控制的客观性和平等性。它虽然使土地业主丧失了一定程度的用地自由，但在对周边地块未来开发和使用情况的可预见性方面给予了补偿，从而保障了产权人在土地上的投资价值。传统区划严格的依法裁定的方法可以降低行政执行成本，杜绝贿赂和腐败发生，从而减少了因为执行人素质或他人游说的原因而使得原有规划变形的可能性，也相应降低了对政府和规划师的素质和责任要求，减轻了政府行政压力。但是，这种方法同时带来了制度化的弊端，导致了城市景观的单调，进而由于土地利用的排他性而加剧了社会排斥现象，形成了严重的经济、社会问题。因此，从20世纪70年代开始，美国各地纷纷出现了一些创新性区划，以解决传统区划带来的问题，其中主要包括了弹性区划（Flexible Zoning）、激励性区划（Incentive Zoning）、包容性区划（Inclusionary Zoning）等。

弹性区划是指允许在商业区建设附属居住单元、居住和工作混合用途的单元，但通常会同时提出强制性的附加要求，例如对建筑高度的限制或步行导向设计。从20世纪80年代后期开始，城市发展政策和开发控制的导向更强调工作与生活的适当融合，居住与服务业的相互兼容，同一地块内绝大多数允许和提倡用地的兼容性。新的区划用地性质规定中，土地使用规定越来越倾向于累积型（Accumulative）而不是排他的（Exclusionary）。

激励性区划通过给予建筑密度、容积率等方面的奖励，来鼓励开发商提供价格较低的可支付住宅（Affordable Housing）。最早的实例出现在20世纪60年代的纽约，市政府以容积率奖励的方式，鼓励开发商为城市提供公共空间，并提供相应公共空间6～10倍的额外的建筑面积奖励，后来被称之为激励性规划的方式，这是一种基于自愿（Voluntary）和给予合理补偿（Just Compensation）的开发规制形式。从

① Fla. Stat. Ann. 163. 3177（10）（h），1998；Wash. Rev. Code. 36. 070（6）（b），1998；Md. Code Ann. Art. 66B（a）（1），1998.

激励性区划开始，后来进一步演化发展出如开发权转移（Transfer of Development Right，TDR）等更为灵活的规制手段，其核心是通过建立市场化的激励机制，对其开发权进行合理补偿的基础上，鼓励开发商保护历史性建筑、农业用地或开发经济型住房等，从而实现城市发展政策的各项意图。

包容性区划是对住宅开发项目提出预留一定比例可支付住宅的强制要求，例如10%～15%，而且通常要求这类住宅与市场价住宅在同一基地，并保证相同的品质，但同时也往往会包含一些奖励性措施，作为对开发商的补偿。对于包容性区划的合理性和合法性一直以来存在着各种争论。支持者认为商业和办公类开发导致市中心住宅价格上涨，导致人口流出并加剧了城市中心的衰退，从调整城市功能布局和促进社会融合的角度出发，鼓励混合的经济型住宅开发，并要求商业办公类开发项目对此进行补偿，符合公共利益的需要。而反对者则认为强制性的补偿规定导致开发成本上升，并最终引发房价上涨，使得夹心层市民（即不能申请经济型住房、收入偏低的市民阶层）的负担加重。尽管如此，在美国各地，还是有越来越多的地方政府采取了包容性区划的方式，以推动经济型住房的开发。例如，在马里兰、加利福尼亚、北卡罗莱纳等州，都以立法的形式，授权城市和县政府通过包容性区划，来保证可支付住宅的供给。

二、英国

（一）有条件许可的内容和特点

作为英国开发许可制的一大特点，开发许可中的自由裁量权意味着地方规划部门以及负责官员在开发项目的审查中，有权根据各方面的综合情况和具体条件进行最终的判断。在开发控制的实际操作中，项目审查的依据除了在发展规划中明确规定的规划指标以外，还包括一些没有明确化的机动性要求，或称许可条件（Planning Condition）。

作为项目审查主要依据的规划指标的内容，除包括位置、用途与密度三大基本要素外，还包括所需公共设施的种类及水平指标、建筑形态设计、特殊地区的高度控制指标，道路与停车场指标等内容。这些规划指标很多并不是作为绝对的硬性指标来规定的，而是作为规划审查中规划人员与开发商之间交涉时的起点，在制定时已经留有余地，也允许在实际执行中有所变动。例如，作为规划审查主要指标之一的密度指标，在各地区、各个城市都有不同的规定，如居室人口密度，住户密度等等。这一指标主要是为了控制居住用地的人口密度而采用的一个指标，而非居住用地则一般不对密度指标作出规定限制。

此外，在英国的开发许可中，更多地运用了大量的所谓机动性要求。开发许可中的机动性要求是指规划人员与开发商协商时，为争取更多的社会公益而提出的一些附加条件和非统一性的规划标准，主要是在开发许可中给出有条件许可的结论时，向开发商提出获得开发许可的附加条件（Planning Condition）。例如，在伦敦大都市圈地区发展规划修改过程中，机动性规划要求在1991年被明确为11种6大类。

第一类，是交通类设施的建设及改造：停车场、步行或自行车专用道路、车站、换乘通道等公共交通设施等。

第二类，是公共空间的提供：开发用地以外的公共开放空间，以及如雕塑等公共艺术空间的提供。有些地区还规定开发费用的1%须用于公共艺术相关的设施和空间的提供。

第三类，是公共公益设施：公共厕所、社区设施、托儿所、运动娱乐设施、废弃物循环利用设施、博物馆等等。

第四类，是福利性设施：福利型住宅、老人公寓、便利设施等设施，对于扶贫类的就业相关设施改造的援助。

第五类，是就业相关设施：就业训练及职业技能训练设施，食堂、托儿所等福利设施，小型工厂出租等。

第六类，是历史性环境及自然环境的保护。

从以上可以看出，规划审查中对于开发项目应提供的公共交通设施、福利性设施及环境保护等公益性要求有着日趋多样化的趋势。特别是如何通过规划手段达到在开发中减少对生态环境的影响，保护自然环境，在开发中保证社会公平性，维护社会弱势群体的利益，已经非常明确地成为英国开发管理与规划审查中的重要内容。

从2000年以来，英国城市规划管理制度的改革仍在继续。2001年运输、地方政府和区域部（DTLR）发布的绿皮书首先提出了具体的改革方案。该绿皮书提出城市规划体系改革的目标是：开发控制应该是服务导向的并且对客户负责。核心主题是使规划体系更加开放，公正和更少官僚主义。这一新的城市规划体系将加快对规划许可申请进行处理的速度，将减少向选举出来的规划委员会递交申请进行审查的数量，政府主张在所有申请中只有不超过10%需要递交给规划委员会进行审批，绝大部分的申请应当由行政部门进行审批，以节省审批的时间，提高审批的工作效率。相反，公众将作为利益相关者（Stakeholders），可以运用新的参与技术（如Planning for Real），更多地介入到规划过程中。

以上可以看出，20世纪70年代以来英国城市规划制度改革中，突出地反映了刺激经济增长、鼓励开发和放宽管制这一开发控制政策导向的基本趋势。在这一背景下，在规划决策上的中央向地方放权成为必然的结果，与此同时，也对地方政府在开发控制中的自由裁量权造成影响。随着1991年《城乡规划法》修订地区性规划的编制成为地方政府的法定义务，这就要求地方政府必须将对开发活动的要求明确地写入规划之中，同时中央主管部门要求地方政府明确包括许可条件在内的各种规划审查依据。但实际上，这些制度性的变化在更大程度上意味着，对于开发方来说，地方政府对开发项目的要求更加明确，而对于地方政府来说仍然拥有较大的自由裁量权。由于英国规划体系的固有特点，不可能将所有的细节要求都写入规划，包括中央主管部门下达的通则和指导中也仅仅是原则性和导向性的意见，而没有具体详细的操作标准，因此，开发控制的实际操作中仍然需要依靠规划部门和规划师的综合考量和判断，这也就意味着开发控制体制中自由裁量权的特点并没有根本性的改变。

（二）规划协定的内容和特点

在开发许可中较多运用的规划协定的附加条件，即规划义务的内容或者说规划增益的目标，也是构成开发控制内容的主要部分。一般来看，根据与开发项目的相关性，规划增益的目标可以大致分为两大类、四种类型：①与开发项目直接相关的内容。第一类是开发项目内容本身的调整，如设计的调整、特定建筑材料的使用、地块内公共空间的预留等；第二类是对于开发项目造成的环境影响的整改措施，如道路、停车场的建设内容等。②与开发项目不直接相关的内容。第三类是与城市规划目标的实施的相关内容，如经济型住宅的建设、就业机会的提供等；第四类是与城市规划无关的政策意图的实施，如对于地方财政的贡献、对特定机构的捐献等。第一和第二类目标一般通过有条件许可的方式就可以实现，但是，与开发项目不直接相关、开发地块范围之外的附加条件，例如建设开发地块与周边道路的连接道路等，按照法律规定，不得作为有条件许可的内容。在这种情况下，就需要运用规划协定的方式，通过与开发商的协商，以实现开发控制的目的。

根据大伦敦市议会所作的有关调查结果①，可以了解到规划协定在开发许可实践中的运用现状和基本特征。首先，随着规划协定在开发许可中的普及应用，通过规划协定的形式，开发商提交的财政贡献快速增长，在全国范围内这一金额已经达到年均2.5万亿英镑，在大伦敦市行政区范围内则达到年均约2万亿英镑。从开发项目数来看，在1987～1990年间，规划协定的项目数仅为全国开发项目总数的0.5%，而到1993～1998年间这一比重已急剧提升至40%。从项目类别来看，大中型开发项目的约40%和小型项目的10%采用了规划协定的方式获得了开发许可。2006年英格兰地区，1/3的新建住宅项目、21%的商业设施、12%的工业和金融设施项目，都采用了规划协定的方式。规划协定的应用在全国和大伦敦市内各区存在着明显的差异。在全国范围内，大伦敦地区是规划协定项目最密集的地区，约占总数的70%；而在大伦敦市行政区内，规划协定项目最少的一个区两年内获得的规划增益仅为1.6万英镑，而最多的区则达到3.4千万英镑。地区间的明显差异也说明了，大型开发项目中规划协定的应用往往能取得更为明显的规划增益，开发商也更倾向于在能获得充分开发利益的地区提供一定的规划增益；而在一些经济衰退地区，

① Planning and Spatial Development Committee (London Assembly). Who gains?: The operation of section 106 planning agreements in London. 2008: 76-79.

开发项目较为有限，规划协定在改善地区基础设施状况方面能够发挥的作用也十分有限。其次，在大伦敦市范围内，规划协定中规划增益的用途范围主要包括了以下四个方面：交通条件的改善约占总额的29%，公共空间包括街道和开放空间等约占24%，教育和健康卫生约占21%，经济型住房约占14%，经济开发和社区更新约占12%。以上规划增益的支出类别的顺序，也如实地反映了大伦敦市各区对于规划协定内容优先顺序的政策性规定。

从规划协定的实施情况来看，规划协定对于开发许可制度的影响和在开发控制实践中的重要性是不容忽视的。作为推动规划政策目标实施的主要手段，开发控制的重要目的就是保证公共利益的具体实现。英国的开发控制中，规划协定已经成为与有条件许可同样重要的两个主要的管理手段和方法，而在规划管理的实践中，规划行政部门对于规划协定的偏好则更为明显。在现有的制度框架下，法律规定只有在许可条件不能使用的情况下，才能采用规划协定的方式给予许可。但实际上，在很多规划协定中都可以看到的一个普遍现象是，规划协定的内容往往与许可条件重复和类似。这两者之间相比较可以看出，从程序的简洁程度来看，许可条件的程序更为简单，在这一方面比规划协定具有明显的优势。规划协定以双方自愿为前提，需要大量的协议协商的时间，而且作为法律文书，还要法律专业人士给予指导。如此繁琐的程序仍未能改变规划行政部门对规划协定方式的喜好，其原因则在于：首先，现有法律对于许可条件的内容范围有着明确的规定，与开发项目不直接相关，尤其是在地块范围之外的条件不能作为许可条件。更为重要的是，许可条件的不合理可以作为重要的理由向上级机构提出上诉，在上级机构介入的情况下可能推翻原有的结论；而在规划协定的方式下，上级机构无权推翻原有的约定。其次，为纠正可能出现的违反许可条件的行为，需要按照现有规定经过较为繁琐的程序，如果开发方提出申诉，则结果更难以保证；而在规划协定的情况下，可以立即申请法院强制终止其开发行为。因此，可以说相比之下，规划协定比有条件许可具有更高的执行效率和更好的执行效果；规划协定对于地方规划行政部门的吸引力，也正在于此。从这一点来看，规划协定作为开发控制手段之一的重要意义，就在于有利于实现更为广泛意义上的公共利益，并具有较高的执行效率。从开发控制的目标来看，规划协定通过使开发商承担相应的责任和义务，来促进公共利益的实现，在这一点上体现出了“开发利益公共还原”的基本理念和方针。

（三）主要问题和发展趋势

随着规划协定等开发控制方式的日益增加，有条件许可和规划协定实际上已经成为开发许可制度的两个主要内容。但是，对规划协定中规划增益的方法和规划义务的内容，在英国社会各界仍存在着各种反对意见。这些反对意见一部分集中在规划协定中是否会导致与规划原则相违背的开发得以通过，获得一定公共利益的同时却导致对于土地利用和开发内容应有的控制难以实现。而另一部分反对意见则是对于规划协定程序的民主性问题的质疑。由于规划协定往往是在规划部门与开发方的协商过程中达成的，这一过程完全排斥了其他主体的参与，而有可能使其利益受到影响。20世纪80年代之后，随着城市经济的持续衰退和城市中心空洞化问题的日益突出，开发控制对社会经济发展的影响作用日益受到社会质疑。在对整体城市规划制度的反省中，规划协定中的内容是否合理、开发方的负担是否过大等的讨论也引起了社会的极大关注。如何认识这些存在的问题以及可能采取的解决途径，必然在很大程度上影响英国城市规划管理制度和开发控制实践的未来发展趋势。

首先，在已有的调查和报告中都反映出，开发商以及社会公众对于规划协定以及规划义务的必要性都给予了充分的肯定，但同时也对协定内容的合理性与协议程序的确定性，抱有相当大的质疑①。有些开发商认为，规划行政部门在协商过程中提出的规划义务的内容经常发生变化，缺乏规范性和明确性。另一方面，一些地方政府还未能向开发商及时提供充分的政策指导和信息，是导致开发商对协商内容和程序抱有疑问的主要原因。据调查，大伦敦市区内，仍有约1/4的区和市政府未能就规划协定的优先内容制定相应的政策说明②。

针对这些质疑，各级政府在加强相关政策说明和指导等方面表现出了更积极的态度和行动，同时，在一些地方也开始出现了各种新的方式来提高协定内容的事前确定性。例如，西敏寺特区议会采取事前公示的方式，在规划协定中要求开发总面积超过1000平方米以上时，征收每平方米300英镑的均一税（Flat Tariff）以补偿公共空间、公园、教育与医疗设施等的建设费用，均一税费的计算是以该地区前期规划义务的实际状况和相关公共设施实际建设费用为基础而得出的。而伦敦联合开发公司也采取了类似的方法，对于超标准部分征收每平方米70英镑的起点税（Starting Tariff），并承诺费用的40%将用于社区建设，30%用于经济型住房建设，其余各15%分别用于交通和职业培训设施③。南沃克、凯姆登等市则为开发商提供了规划义务的平均收费标准（Standard Charge），用于减少新开发项目对地方公共设施和基础设施造成的需求压力，例如，每个学校生源1.05万英镑，人均需要开放空间的建设费用67英镑，人均所需交通基础设施建设费为210英镑，住宅开发项目造成的教育设施建设费用为双卧室的住宅开发需支付3150英镑，三卧室需支付7500英镑等④。此外，在苏格兰等地，根据本地区规划协定在基础设施方面的实际应用状况，通过地方立法的形式，将有关交通、给水排水等基础设施的规划协定区别于一般性的规划协定，对其适用范围、内容、程序进行了专门立法。

---

① Friends of the Earth. Calling the shots：How supermarkets get their way in planning decisions. January 2006.

② Planning and Spatial Development Committee（London Assembly）. Who gains?：The operation of section 106 planning agreements in London. March 2008：93 – 95.

Scottish Executive Central Research Unit. The Use and Effectiveness of Planning Agreement. 2001：23 – 26.

③ BURA report for the London Assembly. Capital Gains? . December 2007.

④ http：//www. camden. gov. uk/ccm/content/environment/planning-and-built-environment/development-plans-and-policies/supplementary-planning-guidance/file-storage-items/camden-planning-guidance—consultation-draft. en.

非常明显的是，均一税和平均收费等方式，比就事论事的随机讨论的方式，在协商内容的明确性和程序的简化方面具有明显的优势，开发商根据这些信息能够在协商程序之前就大致计算出需要承担的规划义务，这有助于前置协商矛盾，对于提高协商效率和质量具有一定的积极作用，因而也具备了进一步推广和普及的可能性。在目前的实例中，均一税和平均收费的基本计算方式，都是以前期开发收益为基准，而不是今后开发的预期成本为基准进行计算的，从这一点来看，规划协定作为开发利益公共还原的一种制度手段，具有了更为鲜明的公共利益的取向。另一方面，新的收费方式的普及，也将使得规划协定具备了从一种规划管理的技术手段向一种新型的开发税转变的演化可能。

其次，规划协定中资金收入的支出状况往往也是受到开发商和公众质疑的焦点。根据大伦敦市议会的调查证实，大多数区和市政府都将规划协定中的资金收入主要用于与开发项目有关的设施建设方面，而未出现明显的资金滥用的现象。立法机构和咨询机构等多方面的调查发现，各地方政府在规划协定中提出的主要要求以及实际支出状况，基本符合现有制度和法律规定的要求，主要以交通设施、经济型住房、公共开发空间建设等为主要内容。但另一方面，据调查，开发商从未获得地方政府提供的任何有关规划义务中资金支出状况的反馈，地方政府的消极行动与公众的态度也存在着不可否认的必然联系。由于对资金支出缺乏制度性的监督措施和相应的财务报告制度，使得在一般情况下公众难以了解具体的资金使用状况的信息，可以认为是造成资金使用缺乏透明度、公众普遍质疑的主要原因之一。在这样的状况下，完善相关措施以提高资金使用透明度，也就成为今后制度建设的主要课题之一。

但是实际上，在资金使用方面，规划协定的实践活动表现出了更耐人寻味的发展趋势。可以看到，有一些地区政府开始寻求将更广泛的政策目标如就业问题，也纳入规划义务的范畴，而另一些地区政府则开始寻求将规划协定中的资金收入运用在更为广泛的领域和地区，而非由项目所在的区政府使用，例如圣菲尔德市议会通过决议，将市内规划协议的资金收入统一使用在绿色空间建设方面，而伯明翰市则将规划协定收入的70%收归市政府统一支出①。还有越来越多的地方政府对于统一支出规划协定资金收入的改革，表现出了比以往更大的兴趣，其中在对于教育、健康卫生或交通等基础设施建设的资金统一使用机制方面表现尤为明显。有理由认为，这一发展趋势将使得规划协定作为一种制度性工具，在开发控制和规划制度中的地位和作用，得到进一步的提高。

再次，规划协定中协商周期延长而导致行政成本提高和开发项目实施的难以进行，也是规划实践中表现出的一大突出问题。规划协定中协商周期延长的原因，可以说是多方面的，主要包括规划师的数量和质量，如专业技术水平和对政策和房地

---

① Association of London Government. Sharing the benefits-A good practice guide to how planning obligations can provide community benefits. July 2004.

产经济的熟悉、谈判技巧等，协商内容的合理性，开发商对协商内容的心理预期以及对地方政策的了解等。因此，除了需要加强培训，提高规划行政人员在房地产经济和谈判技巧等方面的知识积累和实践能力，为开发商提供充分的政策指导和说明，加强政策规范性，也是提高规划协定中行政效率的重要因素。正如有些学者指出的，“规划行政人员的绝对水平并非是影响协商结果的主要原因，更为重要的是不同地区规划行政人员的差异所造成的影响。”① 在规划行政人员基本具有平均专业素质水准的基础上，这一问题主要表现在一些大型开发项目的协商中，对于顶级专业人才的需要无法得到满足而导致了协商拖延。因此，这类问题的解决，仅仅依赖地方政府往往难以实现，需要通过上级政府建立统一的高级人才库，才能在节约成本的前提下圆满地解决这一问题。

第四，规划协定过程的公开透明和公众参与，也是社会舆论对于该项制度的主要关注焦点。在一般的开发许可中，包括规划协定在内，其结果是在协商完成后，根据规划行政人员的汇报，由议会的规划委员会作出最终决定。作为市民代表的议员，对开发许可结果进行最后的审议，是英国为保证规划行政民主性与合法性的重要机制，但是，由于议员大多缺乏规划方面的专业知识，有些议员甚至对规划协定政策本身知之甚少，所以在协商过程以及协商结果的审查中，议员的参与程度实际上仍然是十分有限的。与此同时，在 DCLG 的政策导则中明确指出，应保证社区能够在任何可能和合理的情况下参与规划协定的制定和具体的协商程序②。DCLG 的通则也规定，所有有关规划义务内容和细节等的信息，应记录和保存在地方政府的规划档案部门，以备公众查阅和监督③。但实际上，在不同地区社区参与的状况存在着较大的差别。在大伦敦市议会的调查中发现，一些社区认为规划协定的协商过程，在更大意义上是“基于地方政府的行政官僚的推动和开发商的公共关系活动，而不是急于解决社区事务的要求”。另一方面，也有一些地方在推动社区参与方面，采取了更为积极的态度和切实的行动。例如，南沃克市政府拒绝为一项剧场开发项目发放规划许可，直到开发商接受规划协定内容，按照为社区团体所接受的方案对项目设计进行了相应的修改；在凯姆登和勒维山姆市，市政府组织了每年一次的会议，组织开发商、规划行政部门和社区团体进行讨论，明确社区的实际需要和该市规划义务内容的优先顺序。而在一些地区，则以项目银行（Project Bank）的方式，向社区团体征询规划义务内容的优先顺序和范围④。

如何加强地方议员和社区在规划协定程序中的参与，已经成为影响开发许可制度发展的一个重要问题。议员和社区在较早的阶段参与到协商过程中，有助于尽早发现协商内容可能对社区造成的负面影响，保证公众在选择能够减轻开发影响的制

① DCLG. Valuing Planning Obligations in England. May 2006.

② DCLG. Planning Obligations：Practice Guidance. August 2006.

③ DCLG. Circular 05/05. Planning Obligations. 18 July 2005.

④ http：//www. southwark. gov. uk/YourServices/planningandbuildingcontrol/S106/S106exp. html.

度与政策优先度方面具有合理的发言权。社区的参与还能够提高开发项目的社会接受程度，并发挥对规划协定内容实施状况的监督作用，从而保证开发商和地方政府的行为能够更有利于提高社区生活质量，改善社区经济环境和社会环境。随着议员和社区参与制度的加强和完善，规划协定程序本身也必然发生重要的变化，开发许可中的协议协商过程将进一步扩展成为社区、规划行政部门和开发商之间三方博弈的重要舞台和渠道。

三、日本

（一）开发许可的基本程序

在日本，城市规划作为开发控制的主要手段，最早形成于 20 世纪初期。从 1919 年《城市规划法》和《市街地建筑物法》的颁布实施开始，日本引进了欧美等国的城市规划制度和手段，“区划制度”、“建筑线控制制度”、“土地区划整治”等一系列近代较为先进的、具有代表性的城市规划制度逐步得以建立，各种城市规划和管理的技术手段得以开发、运用。在整个 20 世纪日本城市化快速发展和规划管理制度逐渐演变的过程中，《城市规划法》和《建筑基准法》的数次修订，不仅深刻影响了日本城市规划管理体制的发展进程，同时也直接反映了日本开发控制体制和内容在不同经济、社会发展阶段的演化特征。

1919 年的《城市规划法》和《市街地建筑物法》初步建立了日本的区划制度，按照建筑的使用性质将用地分为了居住、商业和工业这三种类型，而且各种用地的开发控制内容和标准都十分宽松。例如，对于工业用地和未分类地区，均没有提出任何的开发限制。可以说，日本早期区划制度的主要目的是在于控制城市工业用地的扩展，还没有将引导良好的城市布局的形成、建立城市开发的宏观调控机制等作为开发控制的主要目标。1950 年《市街地建筑物法》废除，战后首部《建筑基准法》颁布实施，将区划制度的用地分类改为居住、商业、准工业和工业这四种类型（详见第五章第二节），这一修改仍然明显着重于工业用地的调整，通过增加准工业用地的类型，为中小型工业设施建设创造良好的条件，以推动战后经济的快速复兴。

在经济高速增长的 1961 年和 1963 年，对于城市开发的宽松式控制的导向开始出现，鼓励高层和超高层建筑开发的《特定街区制度》和《容积率地区制》得以颁布实施。这一时期，虽然建筑技术的开发使得高层建筑的开发成为可能，但是在土地开发的建筑形态控制方面，还是在使用传统的控制建筑密度和建筑高度的方法。这两种制度的实施，引进了通过容积率控制开发强度的方法，从而使得提高建筑高度、增加地块内开放空间、创造良好的城市环境成为可能。在政府积极推进中心地区商务办公功能聚集的同时，开发商积极寻求容积率限制的放宽，在这一背景下，这两项制度的实施最终导致了城市中心地区容积率过高和土地的过度开发。可以看出，一直到经济高速增长的20世纪60年代为止，日本的开发控制还主要是以建筑审查，而非规划审查为主，开发许可制度还未真正建立。

从经济高速增长引起各种城市问题的激化、土地开发出现混乱局面的20世纪60年代后期开始，为了使得城市开发纳入以规划为依据的、有序的轨道，《城市规划法》和《建筑基本法》分别于1968年和1970年得到全面修订。这一时期城市规划管理基本法律的修订，从城市规划管理制度的民主化和土地开发控制的强化这两个方面，对以往的城市规划制度和城市规划技术手段进行了大幅度的调整。1968年《城市规划法》中，首次提出将城市规划区域划分为市街化区域和市街化控制区域，建立了以城市化的优先发展和严格控制为开发控制区分标准的城市规划体系，并在此基础上建立了开发许可制度，从而开始了以城市规划为依据对土地开发活动进行有目的的控制和引导的规划管理实践。自此，城市规划管理中的开发控制机制的基本特征开始形成，这就是，对于各类开发项目主要是以《城市规划法》为依据，通过开发许可制度进行管理控制；对于个体的建筑开发活动，则是以城市规划中确定的土地利用的条件，根据《建筑基本法》进行建筑审查（即日文中的“建筑确认申请”）。

在1968年《城市规划法》第3章第29条中规定，“市街化区域和市街化控制区域的开发者，需要依据有关建设省法令，向当地都道府县政府提出开发许可申请。”但是，这一时期的开发许可制度在各个方面都还存在着各种目前来看显而易见的漏洞，其中主要包括，首先，规划审查的对象十分有限，1968年的《城市规划法》中将十类开发行为列为非审查对象，其中主要有市街化区域内的中小型开发项目，市街化控制区域内农民自住住宅开发项目，铁路、社会福利、医疗、公民馆等公益开发项目，地区性政府开发项目，城市规划项目，土地区划整治项目，市街地再开发项目，居住街区整备项目等。这一制度在客观上不仅未能对城乡结合部地区的乱开发发挥有效的控制作用，反而刺激了开发项目的中小型化以规避审查，虽然在其后的1983年和1992年的数次法规修订中，将开发控制的对象标准进一步降低为5公顷和500平方米，以加强对中小型开发项目的控制，但这仍未能起到实际的效果。其次，开发控制的规划指标采用全国统一的标准，由建设省统一制定。在大城市与地方城市的发展差距不断加大的经济高速增长时期，这也使得开发许可制难以结合各地方的实际情况，进行有针对性的规划调控。

在1970年《建筑基本法》的全面修订中，对于区划制度中的一些内容进行了增加和修改；其中主要包括土地利用性质的细化、容积率控制的全面推广、在第一种居住专用地区中引入10米的绝对高度控制、引进北侧邻接地块斜线控制手法等。土地利用性质从4种进一步细化为8种，对于居住、商业和工业这三个大类的用地进行了全面的调整，其中尤以居住和商业类用地的调整较为突出，这也反映出，随着这一时期经济、社会发展重心的转变，开发控制的重点也开始逐渐从工业向对居住和商业类开发活动的控制和引导转移。容积率控制、高度控制和斜线控制等技术手段的引进，反映出随着开发许可制度的建立，开发控制的技术手段开始从单一的建筑形态的控制，向更为全面的开发强度、开发方式等规划控制的方向发展。至此，日本区划制度基本形成了以建筑物种类、建筑密度、容积率、建筑高度、道路斜线、相邻斜线、日影规制等七大类的控制指标体系。

在此后的20世纪70~80年代的长达20多年的时间内，规划管理的两大基本法律再未有过重大的修订；而由此建立的不完善的规划管理体制和开发控制机制，无法应对高速经济发展以及20世纪80年代中期开始的泡沫经济中出现的复杂混乱的土地开发局面，其中以市街化区域和市街化控制区域大量的中小型住宅开发而导致的城市蔓延问题最为突出，这一问题与将中小型开发项目列为非审查对象的开发许可制度有着密切的关系。

进入20世纪90年代之后，泡沫经济破灭之后，随着日本城市发展经济背景和社会背景的进一步转变，《城市规划法》和《建筑基准法》这两大法律分别于1992年、1999年和2006年进行了三次重大的修订，开发许可制度和开发控制的制度与技术手段均发生了一系列的显著变化。这三次法律修订的重点可以总结为四个方面，即地方政府规划管理权限的强化、开发许可制度灵活性的提高、开发控制重点领域的变化、开发许可对象范围的扩大等。

首先，在地方政府规划管理体制的变化方面，1992年规划法修订中首次提出建立市町村总体规划制度，明确了城市规划权是市町村政府的固有事务；1999年规划法修订中提出，在开发许可标准的调整和规划控制的放松和加强等的方针制定方面，市町村政府拥有一定的自主权；2006年修订中提出，在非划线地区、特定用途限制地区的指定等方面，市町村政府拥有一定的自主权。依据国家制定的标准，地方政府可以通过条例的形式加以强化或放松管制，制定适合本地方的城市建设政策方针。这些规定和法律内容赋予了地方基层政府在规划管理方面一定的自主权，使得开发许可制度中地方政府的自由裁量空间有所扩大，在现有的僵硬的制度框架下开发控制的灵活性有所提高。

第二，在这三次法律修订中，作为开发控制的重点领域，加强了对于住宅类开发和大型设施开发项目的相关规定。在1992年的规划法修订中，区划制度的土地利用性质从8类进一步细化为12类，其中主要是居住类用地的分类从过去的3类进一步细分为7类，而工业和商业类用地的划分均未调整，这反映出城市建成区内开发控制的重点已经转移到以居住类开发为主的领域，通过对住宅开发与已有城市功能和公共设施在空间布局和容量等方面的协调，以形成良好的居住环境，改善城市空间质量，成为开发控制和引导的主要问题。

此外，在1999年的修订中提出，设立了市街化控制区域内的地区规划制度，希望通过地区规划的制定，方便居民的参与，加强对大型开发项目的控制。在2006年的修订中进一步规定，市街化控制区域的大型开发项目不再作为例外，必须进行规划审查；市街地化地区和市街地化调整地区以外的空白地区中，原则上不能进行人流密集的大规模设施（占地面积1万平方米以上）的布局，现有区划制中可布局人流密集的大规模设施的土地利用类型，由原来的6类改为3类；过去没有被列入开发许可制度范围内的医疗设施、社会福利设施、学校、办公楼、公务员宿舍等建设项目的开发，今后也纳入开发许可制度之内。以上法律的修订内容都反映出，通过对于规划审查对象范围和区划制度的调整，加强了对大型设施开发项目的规划控制这一明显特征。很显然，针对目前城市蔓延的主要问题，防止城市功能的进一步扩散，促进城市功能布局结构的有效形成，已经成为开发控制的重要目标之一。

（二）开发许可制度的基本特征

从以上分析可以看出，虽然从规划制度形成的早期，日本就引进了美国的区划制度，但在很长时期内，并未形成真正意义上的开发许可制，开发控制以建筑形态的控制为主，开发控制的内容和手段较为简单，以推动城市规划目标的实现、综合调控城市开发活动为目的的开发控制机制并未建立。在1968年开发许可制度正式实施之前，开发控制主要是通过建筑审查来实施的，而在此后，由于法定的适用范围较为有限以及开发控制指标的均一化，都使得开发许可制未能有效发挥应有的作用。开发控制与其说是对于开发活动的控制和引导，不如说是为公共投资项目的实施提供必要的规划服务和实施保证，如开发前期的土地整治的实施、基础设施的建设等。因此在这一意义上，这种开发许可制的建立，在很大程度上反映了日本以公共投资项目为中心的政府主导型经济开发和城市化发展的基本格局对于规划管理制度的现实要求。

但是，从20世纪70年代中后期开始，随着房地产开发市场机制的逐渐成熟和私营部门力量的壮大，土地开发机制的多元化使得开发许可制度越来越难以适应经济、社会发展的需求，地方总体规划和规划管理权限的缺失等规划体系和规划管理体制的问题也使得开发控制在市场化的开发行为面前几乎失去作用，从而导致了泡沫经济时期的开发混乱和严重的城市蔓延。从20世纪90年代开始的法律制度的修订已经开始着手对于这些问题进行相应的制度完善和调整，但是，中央集权的规划管理体制和政府主导型城市开发机制的基本特征很难通过数次的法律修订就会完全改变，通过城市规划基本法律的修订来实现开发控制意图、手段和对象的调整难以适应城市发展快速多变的需求，而制度手段在规划管理实践活动中的运用也需要更多的实践和经验的积累才能得到进一步的完善和修正。因此，从开发控制的核心目标出发，如何在地方层面建立较为完善的城市规划体系、充分的规划管理权限和灵活的开发控制技术手段，仍将是日本开发许可制度需要解决的主要难题和今后发展的基本方向。

第四节 比较与总结

根据以上分析，美、英、日三国城市规划实施体系的特征和差异主要表现在开发许可制、开发利益的公共还原、开发控制目标与内容、制度发展趋势这五个方面（表6－4）。

美、英、日三国城市规划实施体系的特征比较　　表6－4

	美国	英国	日本
开发许可制	基于区划制的规划审查为主，受监督的、有限的自由裁量权	案例式管理的规划审查，自由裁量权较大	以建筑审查为主，基于区划制的规划审查为辅，规划审查对象有限，公共项目实施的保障工具，裁量权极为有限
开发利益的公共还原	20世纪70年代后开始，以解决规划实施的资金问题和城市社会经济问题为目的，采取收费和捆绑式开发等多样化手段	理念建立较早，开发权国有化概念在20世纪50年代后建立，20世纪50年代的土地征用制度和20世纪70年代后的规划增益制度、税收制度为主	理念建立较早，实施较少，受益者负担制度的实施以下水道项目为主
开发控制目标	精明增长目标下加强开发控制，开发控制内容的综合性和灵活性	鼓励开发，简化中小型项目的审查	加强对大型开发项目的开发控制
开发控制内容	区划控制指标、立法性精明增长政策等	地方发展规划的政策目标、各种灵活的规划条件等	全国统一的控制指标
发展趋势	自由裁量权的扩大，公众参与	加强政策性综合调控，公众参与	地方政府管理权限的扩大，规划审查灵活性的增加

一、制度模式的基本特征

建立城市规划实施机制的意义，主要在于通过对各类城市开发活动的控制和引导，不仅为实施城市物质空间规划的既定目标创造有利的外部环境条件，也为更为广义上各项经济、社会政策目标意图的实现建立基础条件和运行平台。城市规划实施机制的核心是以各类城市规划为主要依据，对开发项目进行规划审查的开发许可制度。在制度层面上，开发控制的实现取决于城市规划管理和开发许可制度的良性运行；在政策层面上，区域与城市发展政策导向和目标的变化则影响着规划审查内容、规划控制指标等技术手段的变化以及规划审查程序的设置和繁简。因此，作为城市规划的重要实施机制，对于开发控制的特征和意义，需要从制度和政策的两个方面进行理解和剖析。

美国城市规划的实施主要通过以区划制为依据的开发许可制度，以达到对各类开发活动的控制和引导。由于区划中控制指标的规范性、系统性和规划内容的明确性，规划审查实质上更类似于执行与审核，反映出制约行政部门裁量权、避免权力滥用、保护个人权利的基本制度导向。但是20世纪70年代之后，随着限制城市无序发展的呼声日益高涨和城市成长管理政策的兴起，出于解决规划实施的资金问题以及市中心与郊区之间的社会经济矛盾等现实需要，通过收取开发费和捆绑式开发等多样化手段，实现项目内或项目间、区域间的开发利益转移，使得开发主体在享受由政府基础设施投入而带来的土地开发利益的同时对社会有所回报，开发利益的公共还原成为规划实施中重要的政策目标之一。在这一背景下，地方规划行政部门在开发许可中通过灵活运用开发协定（Development Agreement）、特例许可（Variance）、任意审查（Discretionary Review）等方式，对控制标准和控制内容进行适当的调整，提高了规划实施的灵活性和针对性，也使得规划行政部门的自由裁量权得到了实质性的扩大。

英国开发许可制的核心特征是以规划行政的自由裁量权为基础，来推进城市规划的灵活有效的实施，与美国明显不同。在规划行政人员较高的专业素质和社会责任感、严格的行政监督和行政救济制度、完善的法律法规体系基础之上，规划行政部门自由裁量权的发挥使规划目标的实施更适应于地方的实际情况和现实条件，避免管理的僵硬和教条，也有效约束了权力的不当使用和行政官僚体系对政策实施的过度控制。20世纪70年代以来，在房地产开发热潮的兴起以及鼓励开发的宏观政策导向的影响下，城市公共设施、基础设施建设压力日益加大，而行政制度改革后地方财政权限却大幅削减。面对一系列的压力和窘境，地方政府运用有条件许可、规划协定等方式，使得开发商相应地分担公共设施和基础设施的建设费用，实现了规划外部效益的社会化和公共还原，加强了对开发项目的综合性规划调控。在这一意义上，英国开发许可制度的演化不仅在一定程度上实现了开发控制目标的综合化，也使得早期的开发利益公共还原制度得以进一步发展和成熟。

日本的城市规划实施机制和开发许可制度，与英美两国具有较大的差异。日本开发许可制度在建立初期，采取了类似于美国基于区划制的开发许可制度模式，但在实践中的制度发展却走向了完全不同的方向。实际上，从1968年开发许可制度建立初期开始，日本城市规划实施就是以规划项目，即国家公共投资项目的实施为中心，而不是通过对个别开发活动的控制、引导来实现城市规划的既定目标。日本的开发许可制是通过开发许可和建筑审查而得以实施的，但由于开发许可审查对象的限制，使得建筑审查，而非规划审查，成为开发控制的实质性主要工具，因此，开发许可制在实质上并未发挥其对开发活动的有效引导和控制作用。或者说，日本长期以来形成的只是一种不完全的开发许可制度，不仅适用对象有限，而且由于控制标准的统一和单一化，以及对地方规划行政部门在开发控制中裁量权的极度限制，规划控制缺乏灵活性，难以适应地方的实际情况和即时条件。这些方面也进一步反映了日本城市规划作为国家项目实施工具，而非开发引导控制手段的本质性特征。也正是由于这一特点，虽然日本在20世纪初城市规划管理制度建立的初期就已经明确了开发利益公共还原理念，但由于在规划管理中缺乏有效的、具有可操作性的开发控制手段，因此在规划实施中这一理念并未得到有效的实施，相关制度的建设还有待健全和完善。可以说，日本开发许可制度的特征和存在的问题，是其中央集权式的规划管理体制以及政府主导型的城市开发模式这一制度环境背景下的必然结果。

作为开发控制的基础，美、英、日三国的制度发展历程和经验代表了三种具有典型性的开发许可制度模式，这三种制度模式在技术手段、制度程序等方面都有着各自不同的特点，但从制度的本质特征来看，决定了制度模式的核心因素是规划审查中自由裁量权的大小。而这一问题实际上取决于在不同的国家制度和社会环境等背景条件下，开发控制的实际操作程序中规划审查决定的主导权应交与哪一类主体，是民意代表、立法机构还是行政官僚体系，是中央政府还是地方政府？在美、英、日三国的开发许可制度中，对于这一问题的答案是各不相同的，这一选择显然取决于各自国家的基本制度取向和社会治理形态。美国的开发许可制中地方政府的自由裁量权较为有限，规划审查中的主要依据不是行政官员的判断，而是立法机构审议通过的、具有明确技术含义和可操作性的区划与其他城市规划；在英国，规划审查中占主导地位的是规划行政人员的判断和政策解释，城市规划是对政策意图和宏观导向方针的描述，并不具有明确的技术含义和可操作性；在日本，开发控制的政策导向和技术标准均由中央政府决定，大型公共投资项目也由中央政府决定，因此，国家性和区域性发展规划的编制极受重视，而地方性的城市规划体系却不完善，规划审查对于大量的中小型民间开发项目并不具有实质性的约束作用。在这一意义上，开发许可制度中的大量技术性问题，如作为审查依据的规划形式、控制指标的内容等，就不仅仅是一个技术手段的问题，在很大程度上同样需要从其制度背景和制度意义的角度进行理解、选择和判断。

二、开发利益公共还原的制度意义与演进

从开发许可的政策意义的角度来理解规划实施可以看到，作为推动城市规划政策意图的实施、实现公共利益具体化的主要途径之一，从西方国家近代城市规划制度形成的早期开始，就始终贯穿了开发利益公共还原的主题。在不同的国家与不同的经济、社会发展阶段，开发利益公共还原的理念以各种形式和途径，影响着规划管理的政策导向和手段的演变进程。可以说，正是建立了以开发利益公共还原为核心的基本目标和价值取向，城市规划制度才能够得到社会公众的认同，制度的权威才能得以树立。与此同时，开发利益公共还原理念的实现需要相应的体制和制度基础。开发利益公共还原理念体现了对于政府有效调节市场机制下土地开发成本与收益分配整体结构的要求，体现了对社会公平的追求，因此，只有建立与市场机制相对应的开发控制机制，才能够实现对于开发利益分配结构的有效调节。从日本的例子可以看出，缺乏这一基本条件，开发利益公共还原的理念难以得到全面的实现。

从整个发展历程和各个国家的经验来看，开发利益这一核心概念不断地发生着变化，从早期局限于公共项目本身所产生的利益，进一步扩大为政策与管制的市场效应调节以及公共服务供应成本与收益的平衡，进而向城市发展和经济、社会进步所带来的整体利益全面扩展。正是在这一意义上，在英国与美国，经济型住房、公共开放空间等公共物品的供应与城市经济、社会发展政策目标的实现也成为开发控制的主要内容，逐渐得到了社会的认可和接受。可以说，随着城市发展环境的复杂化，开发利益的概念也正在变得越来越多样化，其结果是实现开发利益公共还原的手段和途径也必然随之调整。

随着开发利益内涵的扩展，相关制度手段开始从以公共项目为中心、以“受益者负担”为原则的税费形式，发展为面向所有开发项目、综合反映公共物品需求和城市经济、社会发展目标的开发许可条件的执行，其具体形式也表现出资金补偿与规划调控的结合。这一变化反映出随着城市发展格局的复杂化和行政管制需求的增长，规划行政裁量权的扩大已经成为普遍的趋势。在此背景下，进一步规范规划行政裁量权的行使成为影响开发许可制度发展的重要因素。从英美两国的制度发展趋势来看，随着规划增益、开发协议等协议型开发许可手段的广泛应用，许可条件的合理化、收益使用的监督与规范、审查程序的公开透明和社区参与，是影响制度发展方向的主要因素。

三、发展趋势和方向

从这三个发达国家近年来的发展特征来看，经济、社会发展环境的变化以及城市开发项目的大型化和分散化的趋势，使得加强开发控制的综合宏观调控作用成为一个重要的政策课题。开发项目的大型化和分散化不仅加大了基础设施和公共服务设施等公共投资的财政压力，也使得原有的城市社会空间矛盾和经济差距进一步尖锐，不合理的城市功能布局日益严重。因此，开发控制必然需要从过去的对中小型开发项目的建筑形态和开发强度的空间控制，转向对空间问题与经济、社会、环境等各类问题的综合控制和引导，加强土地开发与基础设施配套建设、生态环境和社会空间等的协调。在这一意义上，开发控制政策导向的变化显然在很大程度上影响了规划体系的发展，从这三个国家城市规划目标和内容的综合化的发展特征来看，正是为满足开发控制的实际需求而作出的一种必要的调整。

英、美、日三国的实践表明，在城市发展环境日益复杂多元化的背景下，政策实施目标的综合化使得开发控制的手段和内容也出现了相应的变化，其主要特征表现在三个方面，即更重视空间规制与行政收费、总量目标控制、经济型住房建设等各种经济、社会政策手段的协调联动，开发控制的指标和内容等更为灵活机动，更为强调奖励与规制、积极与消极等不同规制手段的并用。这样，为提高政策实施以及管理的灵活性和有效性，满足多样化和复杂多变的规划管理的实际需求，适当扩大开发控制中的行政自由裁量权，就成为规划管理实践中的必然要求。另一方面，作为规划实施的主要目标之一，开发利益的公共还原也需要通过规划行政部门对裁量权的运用，才更易于在项目中得以灵活实现。正是由于这样的时代背景，即使在美国这样一贯严格限制行政裁量权的国家，也开始出现了大量的自由裁量型规划审查。但是，随着规划管理中自由裁量权的扩大，对于其合理性、合法性的争议和对其经济、社会影响的社会公众质疑也在增加。某些规划行政行为跨出了现有权力约束框架之外，规避了法律和公开行政程序等的制约和监督，从而使得行政行为的公平性、公开性受到社会公众的质疑；而过度管制可能造成开发成本过高，进而影响城市经济、社会的有序发展。因此，在适当放宽行政自由裁量权的同时，如何进一步合理规范这类行政行为，也成为目前规划管理制度建设的新课题。

在规范以自由裁量为主的规划行政行为方面，制度性程序的设置显然发挥着重要的作用。从这三个国家的实践和制度发展趋势来看，开发许可程序正在变得越来越开放，不再仅仅局限于政府与开发商或土地业主之间的活动，而成为政府、企业与相关社区居民、社会团体等各类主体可以平等参与、发言的利益博弈的平台。从这一现象来看，这意味着对于规划审查中行政裁量权的制约，已经不再局限于立法或司法机构的制约，而逐渐发展成为社会力量对公权力直接的监督制约，或者说是从“间接民主”向“直接民主”的发展。在这一意义上，开发许可程序的发展趋势具有了三个基本特征，即审查内容、相关信息和过程的公开透明，公众参与的范围和程度的提高，审查程序中协商性活动的增加。从各国的实践经验和现状来看，开发许可程序的开放性和可参与性的提高和制度发展，在很大程度上影响着开发控制政策与开发许可制度未来的发展走向，而其进程则取决于市民社会的成熟程度、政府行政改革的力度等多重因素。

第七章

我国城市规划管理制度的现状特征

第一节　经济、社会背景环境的现状特征

一、土地制度和法律产权观

我国建国后长期以来在高度集中的计划经济体制下，公益至上与国家全能的观念一直占据了主导型的地位。国家直接控制着绝大部分社会经济资源，私有财产的客体范围极其狭窄，对其保护不足，限制有加，财产权的社会义务无限膨胀。这集中体现在国家法律为个人财产权提供的法律保护也十分有限。新中国成立以来的四部宪法中，在较宽泛的意义上建立了私人财产权的保障规范，但在保障对象的限定性（偏重于对公民生活资料的所有权保障，缺乏对其他财产权主体的生产资料的保障）、规范体系的不完整性（缺失损害补偿条款，整体规范体系缺乏密切的关联性和内在的整序性）、规范含义的不确定性（公民财产权保障的规定未作为一项独立的基本权利）、保障制度的倾斜性（在个人财产权和公共财产上明显倾向于对后者的积极保护）等方面，均反映出法律规范的内部局限①，对公民个人财产权的法律保护仍然不足以与强大的公权力相抗衡。

随着市场经济的发展和市场化的程度日益加深，个体经济和私有经济在我国社会经济结构中占据了日益重要的地位，私有财产在社会财富总量中所占的比重越来越大，公众对私有财产权的保护给予了高度关注和强烈诉求，要求在国家法律体制中提供有效的保护。2004 年《中华人民共和国宪法修正案》颁布实施，其中第 22 条明确规定："公民合法的私有财产不受侵犯；国家依照法律规定保护公民的私有财产权和继承权；国家为了公共利益的需要，可以依照法律规定对公民的私有财产实行征收或者征用并给予补偿。"

可以说，2004 年《宪法修正案》明确了私有财产权的宪法地位，使得中国的私有财产权保护从排斥、否定私有财产权，发展到承认、保护私有财产权的阶段。2004 年宪法修正案突破了传统理论对私有财产权的态度，反映了财产权作为一项基本人权的宪政意义正在逐步为全社会所认同，意味着中国公民的私有财产获得了宪法的确认与保障，使公民拥有了更广阔的经济活动空间。它标志着我国对私有财产权的公法保护开始步入正常的轨道，也表明私有财产权与公共利益之间的失衡关系

---

① 林来梵. 论私人财产权的宪法保障. 法学，1999，3：14－21.

逐步得到调适，并向着协调、互动与共进的方向迈进①。

尽管如此，我们还不得不看到，如何将宪法规定的基本原则和精神落实贯彻在制度实践的具体行动中，还需要一系列的法律制度的调整和实践探索。尤其在城市开发和规划管理领域，由于现行的土地制度和长期的计划经济管理体制的影响，私人财产权保护的制度建设和实际状况还不容乐观。由于我国目前现行土地制度以公有制和城乡二元化结构为基本特征，城市土地为国家所有，农村土地为农民集体所有。在这一制度基础上，国家拥有高度集中分配土地资源的权力，国家规定和管制城乡土地的用途，建设用地绝大部分只能用国有土地，集体不可购买国有土地，国家可以强制征用集体土地。在现行的法律框架下，集体经济组织只有土地占有权、使用权、收益权，而没有完全的处分权，农村土地只能通过国家的征用才能改变所有权主体和所有权性质②。土地市场由地方政府垄断经营，政府对土地的垄断使得土地资产收益向地方政府转移；集体土地产权人失去了分享土地资产增值的机会，农民的土地财产权利被忽视，补偿不足；以城市改造的名义，公民作为国有土地使用者的权利可以随时被剥夺。

可以看出，现行的土地公有制度和城乡二元化结构仍带有明显的国家本位的制度特征。农村集体所有的土地产权关系不明晰，城市土地使用权的法律保护缺失，都使得宪法保护公民财产权的精神在制度的实际运行中难以得到具体的体现和落实。作为国有土地的实际管理者和国家意志的代表，地方政府主导了土地开发的实际运行和收益分配机制，但作为土地市场的参与者，地方政府不可能同时扮演好公平的裁判的角色，因此才会出现将商业性城市再开发项目作为代表公共利益的公共项目，而进行强制性拆迁的普遍案例。在这样的制度和体制背景下，在财产权得不到切实保护的现实环境中，社会公众对于社会发展的政策目标、价值判断和路径选择缺乏充分的认同感，对于经济、社会发展利益分配的不公平感日益强烈。因此，随着城市扩张和城市改造速度的加快，城市拆迁和农地征用数量和规模的快速增长，社会各阶层的利益矛盾也被明显激化。

很显然，虽然从20世纪80年代以后，我国选择了社会主义市场经济的发展方向，但计划经济的影响仍长期存在，政府以公共利益为借口随意限制甚至损害私有财产权的情形仍时有发生，保护私有财产权与维护公共利益之间存在着严重的比例失调。正因为这样的现实状况，众多学者主张，在我国现阶段的法律制度建设和实践中，仍应强调对私有财产权的保护，限制公共利益的无限扩张与公共权力的过度膨胀，以此作为我国现阶段平衡公益与私益时进行制度设计的模式选择③。

---

① 石佑启. 论私有财产权公法保护之价值取向. 法商研究，2006，6：77－84.

② 林家彬，刘毅. 我国土地制度的特征及其对住宅市场的影响. 中国发展观察，2007，7：14－16.

③ 石佑启. 论私有财产权公法保护之价值取向. 法商研究，2006，6：77－81；林来梵. 从宪法规范到规范宪法. 法律出版社，2001：191－198.

二、地方行财政制度

在民主集中体制下，地方国家权力机关作为地方国家行政机关，是上级行政机关的下级机关，因而拥有两方的权力。中国的地方各级人民政府作为当地国家权力机关的执行机关，接受当地人大及其常委会的领导监督，并对其负责；作为下级行政机关，接受中央和上级行政机关的领导监督，并对其负责。作为后一种身份，除完成中央与上级人民政府布置的工作外，还代表中央和上级人民政府负责协调并监督中央和上级政府在其辖区所设置的行政机构的活动。

但在制度的实际运行中，作为立法机构的人大和作为民主协商机构的政协，对于行政机构的监督制约作用仍十分有限。在长期的计划经济体制和高度政治化的整体环境影响下，强势政府和全能政府成为政府管理体制和社会治理形态的基本特征。从中央与地方关系的层面来看，与西方的分权和地方自治制政治架构相比，我国的政治架构更明显地具有集权化特色。虽然从20世纪80年代开始，为刺激地方经济的快速发展，中央向地方的分权，包括中央与地方的分税制，使得地方政府拥有了更多的自主权，但即使是在分权导致了中央政府财政控制能力削弱的情况下，中央政府仍然具有较强的政治与行政控制能力。这使得地方政府在制定和实施地方发展政策中，仍在极大程度上受到了上级政策和中央行政导向的影响，而可能忽视了地方的实际需要和发展条件。这一点集中体现为，在以经济增长为重的中央政策导向下，地方政府则出现了一边倒的GDP政绩观的蔓延，并由此导致了土地开发和宏观规划的失控、城市与区域发展的激进和无序。

作为现行的地方财政税收制度，我国地方政府财政收入主要依靠企业缴纳的营业税和所得税为主，但除此之外，各种名目众多的行政收费作为预算外财政收入，一直以来都是地方政府的重要收入来源。从20世纪90年代以来，国有土地使用权转让中的土地出让金已经成为地方预算外收入的重要组成部分。根据国务院发展研究中心的研究报告，发达地区县市土地出让金占到预算外收入的60%以上，成为名副其实的“土地财政”①。而另一方面，由于政府间事权划分非常不明确，中央“事权下放”造成地方政府支出压力增大。在提供公共服务和公共设施方面产生依赖心理或推诿现象。财权划分又具有很大的随意性，“财权上收”的政策不时出台，而科学合理的转移支付制度尚未建立，“跑部钱进”现象依然存在。因此，从现实环境来看，土地财政现象出现的背后，有着各种复杂的经济利益和体制问题等现实和制度性因素的影响，同时也为政府投资导向式的增长模式提供了资金支持，进一步助长了土地的乱开发和城市的无序扩张。

总的来看，随着我国经济、社会体制的结构性转型，社会价值观和公共利益的

① 林家彬，刘毅．我国土地制度的特征及其对住宅市场的影响．中国发展观察，2007，7：14－16．

价值取向都在发生着深刻的变化。随着市场经济的快速发展，国家本位意识已经开始让位于个人意志，作为社会主流的克己奉公、先人后己的传统观念和意识逐渐淡漠，在价值观多元化的社会中，个性张扬和个人权利意识的觉醒日益成为主流趋势。在具有长期封建专制历史的中国社会中，政府与社会、传统文化和社会公序良俗都面临着市场经济价值观的冲击和挑战。从个体与社会整体利益的关系来看，一方面个人权利的诉求迅速膨胀，这集中体现在规划管理领域中日照权等房地产权益纠纷和各类维权案件的激增。但由于市民社会发展的不成熟与各类社会组织发展的滞后，使得公民的维权行为大多停留在零散混乱、无序和非理性的个体层面，还未形成组织化、有序的行动，因而，在社会治理中社会与政府理性协商、合作发展的平衡关系还有待建立和形成。而另一方面，长期的小农社会环境导致了社会公共意识的缺乏，这同时体现在官本位意识主导下公共权力异化为谋取个人和少数集团利益的工具，行政权力部门化、部门权力利益化等问题十分突出。因此，公共管理体制和制度还有待完善，社会治理的民主化和法制化程度有待提高。

第二节　制度建设的现状特征

一、法律体系

从20世纪80年代我国颁布实施《城市规划法》以来，城市规划管理领域的法律法规的制定和实施经历了快速发展的时期，目前已经初步建立了以国家法律、行政法规、部门规章、地方法规和地方规章的五层结构为主的、较为完善的法律法规体系。在这五层结构的法律法规体系中，各个层次的法律法规的立法主体不同，法律效力也有所差异，基本与我国规划行政体系相对应。

我国于1990年4月颁布实施了第一部《城市规划法》，其后于20世纪90年代后期曾进行过局部的修订。《城市规划法》作为一部曾长期影响我国规划管理实践和制度发展的基本法，由于形成于改革开放的早期，仍明显受到计划经济时期国家本位和行政主导的意识影响，从立法理念、法律内容、规范体系等方面，都存在着明显的不足。从立法理念来看，规划作为国民经济计划的延伸的法律定位，带有明显的计划经济时期的色彩，以政府为主体的规划编制和实施中过大的自由裁量权，缺乏必要的监督和制约机制，法治化程度较低；从法律内容来看，过于偏重技术性内容，如对规划编制的内容和方法的技术性说明过多，而模糊了规划作为公共政策工具的导向性作用，并且公众参与与监督制度明显缺失；从整体来看，《城市规划法》作为一项行政法，过于侧重对政府作为行政主体的职责内容的说明，而缺乏了对于行政权力的监督、制约和救济机制的规定，因而，随着经济、社会活动的日益多元化以及城市发展环境和条件的变化，原规划法也就面临着必要的调整和修改。

修订后的《城乡规划法》于2007年10月颁布实施。与原《城市规划法》相比，现行的规划法强调了城市与农村的统一规划和协调发展，突出了我国现阶段区域与城乡发展的基本方针。与此同时，现行的规划法在公众参与制度、行政权力的监督制约机制、开发许可制度等方面，进行了大量的调整和补充。

在公众参与制度方面，明确提出了规划公示的原则、公众的知情权以及意见表达的途径，如："城乡规划报送审批前，组织编制机关应当依法将城乡规划草案予以公告，并采取论证会、听证会或者其他方式征求专家和公众的意见。公告的时间不得少于30日"（第26条）；"城市、县人民政府城乡规划主管部门或者省、自治区、直辖市人民政府确定的镇人民政府应当依法将经审定的修建性详细规划、建设工程设计方案的总平面图予以公布"（第40条）；"城市、县人民政府城乡规划主管部门应当及时将依法变更后的规划条件通报同级土地主管部门并公示"（第43条）。

在行政权力的监督制约机制方面，明确了"经依法批准的城乡规划，是城乡建设和规划管理的依据，未经法定程序不得修改"（第7条），同时增加了"任何单位和个人都有权向城乡规划主管部门或者其他有关部门举报或者控告违反城乡规划的行为"（第10条），以及"省、自治区人民政府组织编制的省域城镇体系规划，城市、县人民政府组织编制的总体规划，在报上一级人民政府审批前，应当先经本级人民代表大会常务委员会审议，常务委员会组成人员的审议意见交由本级人民政府研究处理……规划的组织编制机关报送审批省域城镇体系规划、城市总体规划或者镇总体规划，应当将本级人民代表大会常务委员会组成人员或者镇人民代表大会代表的审议意见和根据审议意见修改规划的情况一并报送"（第16条），加强了社会公众以及各级人大对于规划立法与行政的监督。

在开发许可制度方面，现行规划法明确了开发许可中控制性详细规划作为规划审查法定依据的法律地位，加强了对于一书两证制度的可操作性规定和程序内容的规定。例如，"设计任务书报请批准时，必须附有城市规划行政主管部门的选址意见书"（第30条），"由城市规划行政主管部门核定其用地位置和界限，提供规划设计条件，核发建设用地规划许可证。建设单位或者个人在取得建设用地许可证后，方可向县级以上地方人民政府土地管理部门申请用地"（第31条），"由城市规划行政主管部门根据城市规划提出的规划设计要求，核发建设工程许可证件。建设单位或者个人在取得建设工程许可证件和其他有关批准文件后，方可申请办理开工手续"（第32条）。

但是，另一方面，现行《城乡规划法》作为规划管理的基本法律，在管理主体的责权利关系、规范体系的完整性、程序的可操作性等方面仍存在着一些不足。在管理主体的责权利关系方面，现行规划法仍然突出了以政府行政为主体的行政立法程序，而各级人大作为立法机构却仅拥有有限的监督权，立法机构在立法程序中参与的有限性和形式化，在很大程度上使其难以发挥应有的监督作用；在相关行政主体的关系方面，现行规划法也仍未能给予明确的界定，例如，在同级规划之间的衔接问题上，规划法规定了"城市总体规划、镇总体规划以及乡规划和村庄规划的编制，应当依据国民经济和社会发展规划，并与土地利用总体规划相衔接”（第5条），但缺乏相应的程序性规定为相关规划的有效衔接提供制度性保障。再如，在上级政府对下级政府的规划行政的监督方面，也仅对上级政府有权查处的内容和范围以及地方政府规划行为的法律责任进行了原则性规定，缺乏具有可操作性的程序规定。

在规范体系的完整性方面，现行规划法加强了对地方政府规划行政行为的事前和事中的控制，但仍缺乏有效的事后控制以提供监督与救济的渠道和途径，来纠正行政违法与不当行为，使公民受损害的权益得到恢复与补救。在对行政权力的监督中行政监督的内容较为丰富和突出，而立法监督和社会监督的有关内容相对较为薄弱和模糊，例如在社会监督方面，仅提出了“城乡规划主管部门或者其他有关部门对举报或者控告，应当及时受理并组织核查、处理”（第9条），但在有关申诉渠道、处理程序和时限等方面都未作出明确规定。

程序的规范化和可操作性方面是现行规划法有待加强的重要部分，在行政主体的责权利关系、行政权力的立法监督和社会监督、公众参与等方面的制度理念的实施，均需要更具可操作性、规范化的程序才能得以运行。例如，对规划许可法定条件、许可时限的规定还需要更为明确、上级机关对下级规划行政的监督检查需要以何种形式进行规范化操作、公众参与的方式、范围和途径如何界定等，都是在今后规划法的制度建设和实践中需要进一步探索和完善的方面。

总的来说，从法律法规体系的结构特点来看，我国的规划法律体系与英国较为相似，但从其功能作用和内容来看，还有较多的欠缺，尤其在程序性规定、行政主体职责权利关系的界定、规划指标的规范性内容等方面还有待充实。作为相关法律，土地法、建筑法等相关法律也仍需要进一步完善。从规划法的基本内容来看，与英美等国规划法相比，我国的规划法过于注重规划技术性和政策性内容的规定，而在程序性内容的规定方面缺乏充分明确和规范的内容。更为重要的是，法律程序的设置需要建立在明确的责权利范围界定的基础之上，在缺乏独立的监督和制约机制的体制框架内，程序的实际运行效果也难以获得有效的保障。现行规划法中的种种问题，也体现出目前规划立法理念刚刚从国家本位的意识形态向公民社会建设的制度需要迈出了第一步，在规划行政监督、公众参与等方面仍有待进一步的完善和发展。

当然，在我国目前法制建设的现状条件下，城市规划管理法律制度的完善和发展是建立在完善的国家基本法律制度的基础之上，如物权法对个人财产权与公共利益关系的界定、行政法等对行政权和行政行为的规范等，都将对城市规划管理法律制度的建设产生本质性的影响，尤其是在规划管理中程序性规定和相关行政主体权责关系的界定等方面的法律制度的完善，在很大程度上仍有赖于相关行政制度和法制建设的进一步推进。

二、行政体系

由于我国的地方行政制度和美、英、日三国都有较大的区别，财政、立法、政策实施等方面的中央与地方政府间关系，与中央集权制的日本或地方自治的美英两国都有所不同，在城市规划管理领域，地方政府在立法和行政等方面实质上拥有较大程度的自主权，在规划实施中具有较大的裁量权。但是另一方面，从部门间关系来看，立法、行政、司法的独立运行、相互监督、相互制约的治理结构还未得到有效的建立，因此，对于行政行为的监督和制约机制，无论是从行政体系内部或行政体系外部来看，都仍有待健全和完善。

首先是作为立法机构的人民代表大会制度和司法机构对规划行政的监督、制约机制有待在制度建设层面进行深入的探讨和实践摸索，规划的决策机制和决策程序的完善、补充和调整需要在健全法制的基础之上逐步实施和开展。正如有些学者指出的，“从宪法和地方权力构成的合理性上分析，规划制定的决策权（规划的立法权）应当在人大，执行权在政府，监督的权力在社会，司法权可以在行政（如英国），也可以在法院。但目前我国地方政府在法律上是非自治的地方政府，地方人大的实质权力仍处于尴尬的位置。”① 人大作为民意代表机构和立法机构，在城市规划这项地方重要公共事务的政策决定方面，既不拥有立法权，也不拥有完整的监督和制约权，这一立法主体的错位，也必然会对规划立法的现实利益取向和实际运行效果产生突出的影响。因此，从建立权力制衡关系和加强规划立法的公共利益导向的角度出发，加强人大在规划决策和行政监督程序中的参与，应作为今后规划法修订的基本方向。

其次，迫切需要在行政体系内部推进行政监督和救济制度的建设，加强对行政权力和行政行为的监督和规范。在这方面，英国的相关制度具有一定的参考借鉴意义。如前所述，现行规划法中着重于对地方政府规划行为的法律责任和上级政府的查处权限范围的明确规定，意在加强规划行政监督机制的建立。但是，无论是在基本法律或地方法规条例中，有关行政监督的主体、方法手段和程序等的法律规定仍仅限于原则性内容，而缺乏可操作性。例如，规划法中提出的上级政府对地方政府的规划编制和实施中的违法和侵权行为，具体通过何种渠道和方式进行检查督促才能及时地发现、制止和纠正？检查范围和内容、处理的时限如何规定？具体的监督实施主体是上级业务主管部门还是上级立法部门？因此，在规划行政监督的形式、范围内容、处理时限、处理程序等方面，都有待专业法律法规的进一步完善和充实。与此同时，在申诉救济机制的建立方面，现行法律法规也仍有待进一步加强。虽然现行的《城乡规划法》和《行政复议法》中对于规划行政执行行为引起的异议建立

① 周剑云，戚冬瑾. 从法的形式与实质层面认识和理解《城乡规划法》. 北京规划建设，2008，2：44－52.

了相应的申诉和受理渠道，但仍缺乏针对规划立法行为的申诉救济机制。尤其是当现行《城乡规划法》将控制性详细规划作为规划审查的法定依据作出了明确规定之后，有关规划许可的申诉和异议中将有大量案例直接涉及到控制性详细规划的合法性和合理性问题，而现行的行政复议并未将之纳入审理范围之内，从而导致公民权利救济的缺失。因此，针对这一问题，完善相应的申诉渠道和程序设置，明确处理时限、裁决主体的权限、听证权利等内容，是相关规划法律制度建设中亟待解决的问题之一。

第三，在目前的行政主导型制度环境中，规划决策程序的民主化建设仍然需要在逐步推进公众参与的同时，尽快建立相应的协议协商机制。近年来，在社会公众的关注和各级政府部门的推动下，城市规划中的公众参与开始起步，但目前公众参与的程度和范围、形式都还较为有限，大多以批准后的规划公示以及以意见听取为主的座谈会的参与等为主。从公众参与的进展来看，仍明显带有政府主导型的特征，社会公众有组织的主动参与和事前参与还较为有限。市民社会发展的不成熟的环境中，社区组织和市民团体的发育不良，使得公众参与缺乏组织化的公共平台和专业技术团体的帮助，是导致公众参与难以深入开展的原因之一。但是，更为重要的是，政府部门对于推动深入广泛的公众参与，还缺乏充分的意识观念的转变和相应的组织、制度的准备。在现行的规划法中，对于有限的公众参与活动，如公示、听证等的规定过于原则性和粗疏，对于规划公示和听取意见，应采取什么形式、哪种情形下需举行听证会及听取相对人和利害关系人的意见等并不明确。有理由认为，城市规划公众参与的发展，仍将在很大程度上取决于政府管理体制改革的整体进程和政府职能转变的全面推进。

与此同时，我国在各项政策的制定和实施过程中，政府与企业、社会、市民的关系更倾向于通过强硬的行政手段、进行行政命令式的管理，往往造成管理成本高、实施效果差等问题。因此，如何在政策制定和实施过程中，建立起适合中国国情的协商协议机制，加强政府与企业、社会、市民的互动和交流，是提高城市规划管理效率的重要途径之一。在这方面，可以借鉴日本的产官民学联合型的协议会制度，在规划编制和规划实施这两个阶段加强政府与社会的互动沟通与协商，通过事前充分的协议协商尽可能地减少社会矛盾和不和谐因素的产生。

三、规划体系

根据2007年《城乡规划法》的定义，我国的城市规划体系以总体规划和详细规划的两层结构为主，各类规划的功能作用较为明确，内容要求和形式较为系统，规划间相互衔接保持了较强的一致性。从整体结构和框架的基本特征来看，现行规划体系基本具备了较好的完整性和连续性。但是近年来，随着城市开发机制日益市场化、多元化的发展，各项城市发展政策间脱节、各专业规划间不协调等问题十分突出，其中既包括如规划形式、内容和实施手段的可操作性差等政策目标、手段配套方面的问题，也存在着各管理层级与部门间责任利益分配不合理、主体间权力关系不均衡、缺乏监督制约机制、体制内外均缺乏信息共享沟通机制和协议协商机制等深层的体制性缺陷问题，以及规划变更频繁、规划执行中的不规范和随意性大等管理运行程序和管理方法问题。

城市规划管理对城市发展方向、人口与产业布局的形成具有综合的引导作用，是城市化管理的关键领域，也是土地、环保、城建等各专项管理的重要联结点和交叉环节。但是近年来我国城市化快速发展的过程中，一方面，人口急剧增长、产业规模快速发展、城市建设力度加大推动了城市规模的快速增长，另一方面，规划对于人口布局、土地开发、交通等重大基础设施建设、公共设施建设的调控引导作用没有得到有效发挥，导致了摊大饼式的无序的城市蔓延。城市无序扩张和宏观规划失控的现象集中反映出当前规划运行体系和规划管理体制的各种突出的问题。

城市规划的政策功能主要体现在对公共项目和基础设施建设，以及市场开发项目等各类开发活动的内容、空间、开发强度以及时序进行积极的引导和控制。随着中央向地方分权的推行，不同政府层级间和不同部门间利益分化的同时，各级地方政府对城市开发的掌控能力显著提高，政策意图和管理目标的紊乱使得公共投资项目也并不总能完全体现宏观政策意图。这一因素的影响同样也体现在市场开发活动的控制和引导中，同时由于程序和手段的不规范使得规划管理过程中出现更多不确定性和非制度性因素的影响。

社会转型期城市快速发展提出了综合性政策需求和开发控制规范化的管理要求。城市间的激烈竞争以及城市发展环境的快速多变和价值观多元化，要求在规划制定和实施中提高对市场变化的回应性和对多元利益的协调功能。在开发活动日益市场化的背景下，规划目标和内容要能够综合准确地反映城市经济、社会和空间发展战略意图，这就需要将空间规划以及土地、交通、建设、环保等相关建设管理领域的要求和意图，综合地融入城市总体规划及其发展战略的制定中，在与各相关管理部门进行综合协调的基础上，将规划目标逐级分解成为对开发活动的内容、空间布局、开发强度、开发时序等的规划控制要求，并通过与相关各管理部门的配合协作，在项目审批、财政预算安排、土地供应、规划许可、建设管理等各管理程序的协调运行中予以实施贯彻。因此，这就需要从规划形成阶段开始建立空间规划与土地管理、建设管理、计划管理等领域的政策协调以及与之呼应的组织体制协调和管理运行协调。

从这一角度出发，目前规划体系存在的主要问题可以总结为，一方面在于如何加强城市总体规划与其他相关规划的协调联动，提高城市总体规划的政策性和宏观引导性，使得总体规划能够更好地适应于城市发展环境快速变化的要求；另一方面在于如何提高详细规划内容和控制指标的标准性、规范性和体系化，使得详细规划能够适应规划管理的实际需要，更好地发挥开发控制的作用，真正成为开发许可规划审查的有力依据。在总体规划的调整方面，可以借鉴英国的结构性规划改革的经验，在总体规划的内容中增加经济开发、环境保护和社会公平的相关政策性要求，提高总体规划的综合性政策导向作用。在详细规划的调整方面，则需要根据我国城市发展和规划行政的现实条件，适当借鉴美国的区划制和英国的机动性规划要求，在提高规划控制指标的系统性、规范性和体系化的同时，通过机动性规划要求建立具有一定灵活性的，能够适应实际需要，又具有较高可操作性的规划控制标准。

四、实施体系

规划实施体系是保证城市规划的政策性引导作用和开发控制作用得以有效发挥的重要因素，我国的规划实施体系主要是建立在以“一书两证”为核心的开发许可制度基础之上的。该制度通过对开发项目实施过程中的各个阶段进行具有针对性的审查，以保证开发活动能够满足城市规划的各项要求。受法律体系、规划行政体系和规划体系的影响，由于规划管理中规划指标的不规范、规划政策导向的不明确等一系列因素，使得规划管理中的不确定性和不透明性有所增加，规划管理的权威性受到影响，而开发许可中如何界定自由裁量权的问题也会使得规划管理的效率和合理性、科学性受到一定影响。

从目前开发许可的规划审查程序来看，由于近年来政府管理体制改革和法制建设的大力推动，《行政许可法》和《行政复议法》等基本法律的出台使得规划审查程序和政府信息的公开透明度得以提高，权力救济的基本程序得以建立。尤其是2007年《城乡规划法》的出台，使得城市规划在开发控制中的政策性作用得到了较大程度的提高。这首先表现在，2007年的新法将规划调控纳入了国有土地使用权出让的前置环节。第38条和第39条明确规定，在国有土地出让之前必须制定完成控制性详细规划，并将出让地块的位置、使用性质、开发强度等规划条件，作为国有土地使用权出让合同的组成部分，加强了城市规划对于建设用地扩张的控制性作用和政策功能。其次，新法明确了控制性详细规划作为开发许可中规划审查的法律依据，使得开发许可程序更为有法可依，更具有可操作性，加强了城市规划对开发控制的约束力和权威性。第三，新法进一步明确了许可条件，简化了许可环节，有利于减少行政成本，提高行政效率。该法精简了城市“一书两证”制度，缩小了选址意见书的应用范围，“只对以划拨方式提供国有土地使用权的建设项目核发选址意见书，其他建设项目无须申请选址意见书”（第36条）。行政许可环节设计更为简单，“核发建设用地规划许可证时只需核定建设用地的位置、面积、允许建设的范围”（第37条第1款），无须再审核总平面布置图，“只要审查建设工程设计方案后，即可核发建设工程规划许可证”（第40条）。

与此同时，目前开发许可程序的制度框架和实际运行还存在着各种问题有待解决，这些问题主要集中在以下三个方面。首先，2007年新法对于原有开发许可程序的最大调整在于控制性详细规划作为规划审查依据的法定化，这意味着控制性详细规划已经从原来的政府职能部门的技术性文件，上升为将对公民财产权产生直接影响的公共政策和地方法律；但是另一方面，随着法律效力和地位的根本转变，控制性详细规划的编制和决策程序与原法律相比并未作出相应的调整。控制性详细规划编制和决策程序以规划行政部门组织编制、同级地方政府审批、人大备案为主，作为一项重要的地方行政立法程序，既缺乏应有的上级机关的监督，也缺乏立法机构的参与，而仅仅通过草案阶段的公示和听证会的形式征询专家和公众的意见，难以起到有效的利益协调和政策协商的效果。其次，从控制性详细规划的制定到开发许可的规划审查阶段，目前制度的重心仍在于以规划行政部门的决定为主，缺乏必要的监督制衡机制，地方政府的自由裁量权过大而缺乏有效的约束。第三，作为行政监督的重要机制，公众参与的范围和形式仍十分有限。在规划实施和开发许可中的公众参与，仅局限于开发许可的批后公示。从监督的效果来看，事前预防比事后改正在行政成本、社会影响、执行效果等方面都更具有优势，因为事后的公众参与和权利救济并不能提前发现和消解可能产生的各类纠纷和矛盾，这将造成事后协调成本和行政效率的降低。因此，对于行政权力的事前阶段的监督制约和公众参与机制的建立，仍有待进一步的加强和完善。

从开发控制的目标和方针来看，由于目前我国已进入城市化发展的高峰时期，城市中心区和郊区的开发力度仍在不断加大。由于产业经济结构的转型还未完成，中心城区的城市改造仍在大规模推进，与此同时，人口和产业的郊区化也在快速地推进和蔓延。而二者之间还存在着一定程度的互动关联，即城市改造极大地推动了居住人口的郊区迁移，同时也加强了中心城区产业功能的进一步积聚，这反过来又使得中心城区的再开发压力进一步加大。在这两股力量的循环作用之下，使得中心城区开发强度过高、郊区开发缺乏整体调控，成为开发控制中需要关注的主要问题。虽然在不同的城市，由于经济发展水平、空间形态、产业布局、地理特征等的差异，在城市开发的强度、密度等方面存在着一定的差异，但在城市改造和郊区化的开发控制中却存在着一些具有共同特征的普遍问题。

城市改造和再开发中的普遍问题主要体现在拆迁矛盾和日照权纠纷这两个方面，这些问题突出反映了开发密度和强度的加大导致了利益纠纷和矛盾的激化。在郊区化发展过程中，产业园区开发缺乏整体调控、公建配套设施建设水平较低、交通等基础设施条件较差等问题较为普遍。这些问题的普遍存在，不仅反映出在城市化快速发展中规划目标和方针的不清晰和不完整而导致的开发控制的失灵，而且也反映出现有开发控制的手段、内容和运行机制显然仍未能适应协调开发中的利益矛盾、改善城市环境质量、促进房地产保值增值这一社会现实需求。

从目前的整体状况来看，我国开发控制的手段和形式还较为单一，以传统区划的控制指标体系和公建配套指标为主，即以消极规制（Negative Governance）为主，缺乏灵活有效的激励机制。虽然在不同的地区和城市，单一的开发控制手段难以适应城市发展快速变化的需求，这一问题已经显现，但作为更为基础性和普遍性的问题，规划控制指标的系统性、规范性和技术合理性仍有待提高。由于各地在规划管理的技术力量和人员配备等方面存在着明显的差异，控制性详细规划编制的进程和质量也各自不同，这都成为影响开发控制实际效果的重要因素。因此在现阶段，开发控制体系制度建设的重点仍应以加强规划编制的科学合理性、保证规划的有效实施为主，并以此为基础建立规划管理对土地开发的基本调控作用，以避免开发失控局面的延续。

综上所述，从表面上来看，开发控制体系中存在的问题主要集中在规划管理的技术性问题和制度设计的问题，但从更深层面来看，这些问题的产生则来自于制度的核心理念和价值取向的问题。从整体状况来看，开发控制中开发利益公共还原、土地开发增值收益社会共享的理念还未明确，相关制度和运行机制还有待形成。从这一角度来看，如果城市规划和开发控制不能通过政策调控和管理协调功能的发挥，使得城市开发收益得到公平合理的分配和社会共享，促进公共利益的目标得到落实和具化，城市规划管理工作的社会认同感和权威性就难以得到提高。可以看出，规划实施体系中存在的问题，在本质上仍然是规划法律体系、规划行政和规划体系不完善所造成的，规划实施问题的解决也有赖于规划法律的不断完善、规划行政监督机制的建立健全、规划指标规范性和系统性的提高，才能得以逐步实现。

第八章

结语——经验、启示和发展方向

第一节　美、英、日规划管理制度模式的基本特征

美、英、日这三个西方发达国家的城市规划管理制度，经历了自19世纪以来的近代规划制度的形成期和20世纪50年代后的现代规划管理制度的发展期，在各自独特的经济、社会文化环境中，形成了各具特色的制度模式。通过治理主体间关系和互动过程的视角，对这三个制度模式进行总结概括，可以帮助我们更深刻、更整体性地把握其内在的本质特征和核心要素。

美国规划管理制度模式是形成于崇尚自由竞争、个性自由的社会文化环境之中，在保护个人利益与维护公共利益之间更强调个人权利保护的产权观对规划管理制度的核心价值取向的形成，具有深刻的影响，规划管理体系的现实性和地方性、区划对于产权利益的高度保护等方面无不鲜明地体现了这一价值取向的特点。另一方面，三权分立的政治制度和高度自治的地方制度使得规划管理建立了立法、司法与行政高度独立、规划管理以地方自治为主的权力格局，也直接反映了治理中“独立制衡”的主体间关系；规划立法与议会政治的相对独立、立法与司法对规划行政的严格监督、有限的行政裁量权等方面，也都体现了严格制约行政权力的制度导向；以成熟完善的听证会制度为代表的规划民主参与方式，则代表了美国式的以“对抗质辩”为特征的主体间互动形式。20世纪80年代以来，随着城市经济发展环境和开发格局的变化，以提高政策实施的灵活机动性为目标，规划实施和开发控制中的行政自由裁量权有所扩大，但另一方面，随着市民社会的成熟，城市规划中广泛多样化的公众参与，对于规划行政的公众监督和权力制约进一步加强。公众参与的深入开展更使得以议会制度为代表的间接民主表现出向直接民主发展的趋势，治理主体之间互动沟通的形式和渠道也更为直接和多样化。

英国规划管理制度模式形成于尊法轻权、重视秩序的社会环境之中，强调公共权益重要性的历史传统使得在保护个人基本权利的基础上的对于公共利益的维护，成为近代产权观的重心所在，进而形成了以开发利益公共还原为中心的规划管理制度的基本价值取向。在此基础之上，规划管理的公信力和权威性得以建立。另一方面，在成熟的地方自治制度环境中，议会与行政的合作以及行政体制内中央对地方的严格监督制约，成为影响规划管理制度形成和运行的重要特征。这不仅是英国以行政自由裁量为基础的规划管理制度得以建立的重要制度基础，同时也反映了英国

制度模式中特有的以“合作制衡”为特征的主体间关系。以行政自由裁量为基础的英国规划管理制度的主要特征具体表现在城市规划的政策性、规划决策和实施中协议协商程序的制度化、以行政判断和案例审查为主的开发许可制度等方面，这些特点也充分反映了规划管理的主体间互动形式更具有“柔性灵活”和“协商式民主”的特征。与美国相似的是，20 世纪 80 年代以来公众参与的广泛深入开展以及对于规划实施灵活机动性要求的提高，都对于英国规划管理制度的发展和实际运行产生了诸多影响，进一步推动了英国协商式规划民主制度的不断完善。

与美英两国完全不同的是，日本城市规划管理制度模式形成于具有灭私奉公、国家强权等鲜明传统特色的社会文化环境之中，近代国家制度形成过程中历史传统和西方文明观念的嫁接，造成了公权至上的前提之下个人权益不可侵犯的混乱矛盾的产权观，并对规划管理制度的形成和运行产生了突出的影响。在推动经济高速发展的需求下，中央集权和行政主导成为日本战后现代国家制度建设的主旋律和基调，规划管理中行政控制代替了议会立法，立法与司法对行政的监督制约作用极为有限，规划行政中的民主协商形式和渠道极为有限，这都集中体现了日本制度模式中“横向失衡、纵向失重”的主体间关系，以及治理主体间缺乏有效互动的基本特征。建立在这一治理形态的基础之上，城市规划以国家和区域性规划为主，开发控制以大型公共项目的实施保障为主，地方政府缺乏应有的规划管理的自治权限。虽然自 20 世纪 90 年代以来，伴随着地方分权、公众参与等的推进，数次规划法律的修订和调整使得日本规划管理制度开始出现了一些明显的变化，但是日本在完善具有现代民主特征的规划管理制度的道路上，还有很长的一段历程需要完成。

第二节　经验与启示——价值取向的建立和制度实现

从美、英、日三国规划管理制度的比较分析中可以看出，在市场经济背景下，房屋土地不仅是个体生存的基本需要，也是各类经济、社会活动的空间载体及其创造财富的源泉；对于房屋与土地利用的政府管制，从本质上不仅意味着通过约束个人财产权的自由行使来建立土地开发的公共秩序，也意味着通过对土地开发收益的调整和再次分配，从而达到综合改善城市发展的经济环境和社会环境的终极目的。因此，城市规划管理的成立，从根本上取决于经济、社会以及政治意义上的合法性和合理性。从本质意义上来看，城市规划管理的合法性来自于在程序和内容这两个方面，房屋土地利用管制的产生是否来自于民意，是否产生于合法的民主程序；其次，其行为目的是否以及在多大程度上代表了公共利益的价值取向，体现了社会的公平公正。与此同时，城市规划管理的合理性则建立于管制的手段和过程是否妥当，或者说这种管制是否以及在多大程度上使得公民财产权得以保护，使得利益主体间的矛盾和纠纷以最低的社会成本得以化解，使得城市经济、社会的发展环境得以改善。因此，简而言之，城市规划管理必须要建立在公平和效率这两个基本原则的基础之上，公平是基础和前提，效率是手段和保证。

“公平和效率”是衡量城市政府治理能力的重要标准，也是城市规划管理的主要原则。随着城市中的经济、社会利益的日益多元化，要保证社会的公平和稳定发展，迫切需要建立各种技术的、经济的、制度的手段对城市发展中各种价值利益的矛盾与冲突进行协调，使得社会的各个组成部分和利益相关者对于城市经济、社会活动运行规则的建立以及对于城市未来发展方向的选择达成认同和共识。城市规划的编制、决策与实施的管理运行，作为一种社会价值判断的过程与形式，其政策性功能有效发挥的重要保障，就在于要能够更加公平合理地对社会全体的各种共同价值利益作出分配调整、取舍选择与决定。在这一意义上，城市规划管理的制度和政策的核心内容实际上代表了在特定的背景环境和发展阶段中形成的一种利益价值观和社会治理形态。前者包含了对于公共利益和个人权利的内涵和外延的判断、选择和理解，后者则包含了对于国家与社会、政府与公民的关系的界定。

我国的城市化发展和管理目前面临着社会经济体制转型和城市化发展高峰期的双重挑战，在利益关系多元化、复杂化的背景下，传统的城市规划管理制度的价值理念、制度体系和技术手段必须进行调整，新的价值取向的选择和判断需要通过政府、社会、公众等治理主体间有效互动，建立在全社会各阶层的广泛认可和共识基础之上，进而通过各种制度和政策手段使得这一价值取向在各个制度层面和制度运行中得以实现，逐步探索建立适合中国国情和城市化发展需要的城市规划管理制度模式。

从对美、英、日三国规划管理制度形成和发展的经验教训的分析和总结中，我们起码可以得到以下几点启示。

首先，城市规划作为一项重要的地方立法，规划决策程序的法制化是保证城市规划合法性和科学合理性的必要条件。作为具有法律效力的公共政策，规划决策应该成为利益主体表达意见、进行协商的民主参与过程，同时规划决策程序的法制化也有助于提高城市规划的政策稳定性和规划技术体系的规范性。我国目前规划决策采取了行政立法的方式，仍未改变以行政为主导的基本特征，在行政权力制约监督机制的整体结构尚不完善的现阶段，规划决策的行政化导致了规划实施中的一系列严重后果。因此，如何更好地发挥人大立法机构的监督制约作用，加强人大立法机构在规划决策中的参与和权限，探索更为合理的规划立法程序模式，应该成为一个需要积极探讨的问题。在这一方面，英国的立法行政合作模式，具有积极的借鉴意义和价值。

其次，行政权力的监督制约与公众参与仍需加强。我国目前规划管理制度的基本特征仍然具有突出的行政主导的特点，从建立有效的行政权力监督制约机制的角度出发，不仅需要加强立法和司法机构对于行政权力的监督制约，而且，建立和完善自上而下的行政监督机制以及公众参与条件下的社会公众监督机制，都是今后制度发展的重要内容。在行政监督机制方面，由于现有的行政复议制度主要依靠本地区规划行政部门的再次审查，利益关系的接近仍难以避免权利救济的失灵，因此在现有制度之外，有必要借鉴英国的经验，建立中央对地方的定期或不定期的抽查制度、申诉制度和巡视员制度，加强中央对地方行政的监管。在城市规划的公众参与方面，虽然目前我国的公众参与的开展状况仍十分有限，但从社会环境和制度发展的整体趋势来看，城市规划中的公众参与是推动政府职能转变、提高社会治理民主化程度过程中，不可替代的一个重要环节。在我国，公众参与的进一步推广，还有赖于政府的大力扶持和倡导为多样化的参与活动提供更为宽广的制度空间，也有赖于市民社会的发育成熟、公民意识的形成和合作治理能力的进一步提高。

第三，开发控制作为规划管理制度运行的重要环节，以自由裁量为核心的规划审查的灵活性与对行政自由裁量权的有效制约之间的平衡，越来越成为影响规划实施有效性与合理性的重要因素。美英两国通过各具特色的开发许可制度，建立了适应本国经济、社会发展需要的开发控制体系。从美、英、日三国的经验来看，开发控制中自由裁量权的适度拓展已经成为规划管理制度发展的趋势之一，这也完全符合现代行政发展的基本特征。但是，在各个国家，选择何种方式和途径才能够在提高行政运行灵活性的同时，保证对于行政的有效监督和制约，仍是一个有待探讨的制度发展问题。在我国，规划实施和开发控制的制度建设方面的核心问题，仍然是行政权力的监督和制约以及对公民基本权利的保护等近代国家制度建设的基本命题，而非自由裁量权的进一步扩展以及对个人权利的制约等问题。从这一角度来看，我国城市规划管理制度的建设，仍需要脚踏实地地从头做起，需要客观地反映历史课题的具体要求，而非进行制度建设的“历史跨越”。

随着我国城市化发展进入高峰时期，城市公共基础设施投资总量快速提升，公共投资范围快速扩大，开发利益的公平分配已经成为一个重要的课题。但从国外经验来看，要实现开发利益社会还原的理念，还需要对基础性制度建设进行完善和加强。由于目前中国规划管理制度建设中存在着以下两方面的问题，即适应于市场机制要求的开发许可制度建设有待完善、行政裁量权和行政许可程序的规范和权力监督有待加强。而缺乏这两个必要的基础条件，开发利益公共还原仍然可能演变为乱收费和不当许可，从而为行政权力的滥用提供合理化的借口。从中国规划管理制度的整体发展来看，只有将开发利益公共还原的理念贯穿在规划管理制度的整体架构之中，成为规划管理的基本目标之一，才能够使得这一理念在开发控制的实践层面得以全面实现。

附录 A

美国标准区划授权法译文

标准区划授权法（1920 年）
（Standard State Zoning Enabling Act，1920）

目　录

（前略）

第 1 条　权力的授予

为促进社区健康、安全、道德，或者公共福利，城市以及联合村镇的立法机构，授权规定并限制了建筑物和其他建造物的高度、层数、体量，各类地块的限制性比重，庭院、广场和其他开放空间的大小，人口密度，房屋建筑，以及商业、工业、居住或是其他用途的土地的选址和用途。

第 2 条　分区

出于任何或所有上述目的，地方立法机构有权对最适合实现本法案目的的方式和途径进行判断，并以此把市区划分为相应数量、形状的区域，并对各类地区内房屋建筑和土地的建造、开发、再开发、改建和修缮进行规定和限制。每个地区内同一类型和规模的房屋建筑的管制规定都应统一，但在不同地区之间限制和规定可以有所不同。

第3条 规划目的

区划法规应与地方总体计划相一致，并能缓解道路拥堵，确保火灾、恐慌和其他危险状态下的安全，改善卫生与公共福利，提供足够的采光和通风，防止土地的高密度开发，避免过度密集的人口密度，提供良好的交通、供水、排污、学校、公园和其他公共服务设施。此外，区划法规的制定还应合理地考虑各地区的特色，某些特殊用途的适当性，并应保护房屋建筑的经济价值和社会价值，鼓励该城市最合理的土地利用类型。

第4条 编制程序与方法

城市立法机构应建立法定程序和形式，对区划法规划的限制性内容、地区划分的边界等进行审议、决策、实施，并进行及时的修订、补充和调整。但是，在区划法规、限制性规定和地区边界划分等生效之前，必须召开有关听证会（Public Hearing），为利益相关人和团体提供意见表达的机会。听证会的时间和地点，应至少提前15天时间在该城市的官方报纸或公众媒体上予以公示。

第5条 区划修改

区划法规、限定和地区划分应进行及时的修正、补充、修改调整或者撤销废除。但是，当该地区20%及以上的在该项区划变动中的相关土地业主，或那些在后方极为毗邻（距该处几尺处）或正前方毗邻的（街前距对面地域几尺处）土地业主联名对该项修订提出异议时，除非立法机构代表有3/4的投票支持，否则该项区划修改不能生效。前项条款中关于听证会和公示的规定，同样适用于任何区划修改程序。

第6条 区划委员会

为了有效行使本法案授予的权力，地方立法机构应任命委员会，即区划委员会，以便对各个不同地区的划定与限制性规定提出建议。区划委员会在提交最终报告前，应完成一份报告草案并举行听证。在收到区划委员会的最终报告之前，地方立法机构不得举行听证或采取行动。在已设立了城市规划委员会的城市，该委员会可同时被任命为区划委员会。

第7条 调解委员会

地方立法机构应成立调解委员会，在本法规定的限制范围内，在适当的案件和具备适当的条件和保护的情况下，由调解委员会对法规内容，作出与法规基本目的相协调、符合法规的基本或特殊规则的判断。

调解委员会应由5名委员组成。每位委员任期3年，依据任命机构的成文规定和听证的结果该项任命可以解除，职位空缺应由任何任期未满的委员暂代。调解委员会应接受依据本法案而设置的所有法规条例和相关规定，该委员会的会议应在主任召集和理事会决定的条件下召开。该委员会主任或者是主任缺席情况下的执行主任，要领导宣誓并保证证人的出席。所有的委员会会议都应向公众开放。调解委员会应保留其公报和活动记录，对每个问题每个委员的投票情况都应公之于众。如果缺席或者未进行投票，应对事实进行说明，并应保留相关的检查和官方行动的所有记录。以上所有文件记录作为公开信息应立即在调解委员会办公室予以归档收藏。

任何合法权益受侵害的个人，或任何由于受到行政官员的决定影响的城市政府的官员、部局、委员会或者机关，均有权向调解委员会提出申诉。申诉应在调解委员会规定的合理时间内受理，由受理的官员进行归档，并向调解委员会提供有关申诉的主要观点和说明。申诉受理官员应立即将与该申诉事件相关的文件提交调解委员会。

申诉应保存在相关事件的所有活动记录之中，除非受理申诉的官员在本人向调解委员会提交申诉通告后提出，基于事实以及本人的判断，提出保存申诉将造成对生命或财产的威胁。在这种情况下，程序将不继续进行；除非调解委员会作出限定性要求，或法院对申诉受理官员发出受理通知。

调解委员会应在合理期限内完成申诉的听证，发布听证公示，对利益相关人发出听证会议通知，并在合理期限内作出仲裁决定。任何个人和团体均可以个人、团体或代理律师的形式出席听证会。

调解委员会拥有以下权力：

（1）任何行政官员在执行依据本法制定的法规条例过程中所作出的任何命令、要求、决定、判断，被认为存在错误的情况下，对有关申诉进行受理和裁决；

（2）对于相关法规条例内容的有关异议，进行受理和裁决；

（3）某些特殊案例中，在不违背公共利益，且由于特殊条件，僵硬地执行法规将造成不必要的困难等情况下，对如法规规定的特例许可的申请，给予授权。从而使得法规的真实精神得以体现，并作出符合实际的判断。

在行使上述权力时，调解委员会应与本法案保持一致，有权推翻或坚持部分或全部地修改申诉的命令、要求、决定和判断，或作出应作出的命令、要求、决定和判断。最终，调解委员会拥有与申诉受理官员所拥有的所有权限。

委员会4名委员的投票表决，可以撤销行政官员所作出的任何命令、要求、决定或判断；同时，也可以支持任何需要在此类条款下通过的申请，或者达成对此类条款的调整。

由于调解委员会的决定而使得合法利益受到侵犯的个人、集体，或城市的纳税人、官员、部局、机关、委员会，均有权向法院提出上诉，充分证明该项决定部分或全部内容的违法性，并提交有关说明。此类上诉应在调解委员会将决定归档后的30日之内提出。

上诉提交后，法院应提出案卷调查令对调解委员会的决定进行审查，并在10日或法院规定的期限内，告知当事人的代理律师有关上诉的回复期限。案卷调查令不应阻碍有关决定的执行，但根据具体情况，法院可以在对理事会的通告中和案由所示下，发出限制性命令。

不应要求调解委员会交出引起争议的决定原件，有效的方法是提交已被证明或者宣誓的复件，以便进行案卷调查。调解委员会的回复应简要阐明确凿的相关事实，以及相关决定的主要观点。

在听证过程中，如果法庭认为证词对于作出正确判断是必要的，法庭就可以提取证据或指定仲裁员获得证据，仲裁员应把所找到的事实证据和法律结论向法庭作出汇报，这些汇报将成为法庭裁决的部分构成。法庭可以推翻或坚持全部或部分修改调解委员会的结果。

不允许调解委员会收取费用，除非法庭认为这导致了工作疏忽、不诚实以及对申诉的恶意决定。

本条款中的所有事项和程序应被置于任何其他的民事决定和程序之前。

第8条　区划的实施与执行

地方立法机构应制定相关的法规条例以推动本法案的执行和实施。违反本法案或相关法规条例的行为，应定为违法行为，地方立法机构有权对此类行为处以罚款或拘押，或双重处罚。地方立法机构也可被授权对此类行为进行民事处罚。

任何房屋建筑被建造、开发、重建、改建、修缮、转换或维修，或者任何房屋建筑或土地在使用中违反了本法案以及任何由此授权的法规条例，城市政府相关行政部门，应采取任何适当的行为或程序来阻止此类非法建造、开发、重建、改建、修缮、转换、维修行为，限制、改正或者减少此类违法，防止对上述房屋建筑或土地的占用，或防止任何在此前提下的非法建设行为、商业行为或使用行为。

第9条　与相关法律的冲突

如果任何在本法案授权下的法规条例，对于庭院、广场或其他开放空间的宽度和规模、建筑物的高度或层数、限制性地块的比重或其他方面的标准要求高于其他地方法律法规，则以本法案的规定为准。相反，当其他地方法规条例提出了比本法案更为严格的标准的情况下，则以其他地方法规条例为准。

附录 B

美国标准城市规划授权法节译

标准城市规划授权法（1926 年）
（Standard City Planning Enabling Act，1926）

前言——赫伯特·胡佛，商务部长

简要说明

标准城市规划授权法

第 1 条　定义（Definitions）

第 1 章　城市规划和规划委员会（Municipal Planning and Planning Commission）

第 2 条　对城市政府的授权（Grant of Power to Municipality）

第 3 条　委员会的人事任命（Personnel of the Commission）

第 4 条　组织和规则（Organization and Rules）

第 5 条　职员和财政（Staff and Finance）

第 6 条　基本权力和职责（General Powers and Duties）

第 7 条　规划目的（Purposes in View）

第 8 条　委员会运行程序（Procedure of Commission）

第 9 条　正式规划的法律地位（Legal Status of Official Plan）

第 10 条　其他权力和职责（Miscellaneous Powers and Duties of Commission）

第 11 条　区划（Zoning）

第 2 章　住宅细分控制（Subdivision Control）

第 12 条　住宅细分权力（Subdivision Jurisdiction）

第 13 条　住宅细分控制的范围（Scope of Control of Subdivision）

第 14 条　住宅细分条例（Subdivision Regulation）

第 15 条　程序和获批地块的法律作用（Procedures，Legal Effect of Approval of Plat）

第 16 条　未批准住宅细分中地块调整的处罚（Penalties for Transferring Lots in Unapproved Subdivision）

（前略）

第1条 定义

本条款的目的在于说明：一些特定的术语是根据下文的规定来定义的。无论在什么情况下，恰当的单数词会包括复数词，并且复数词也会包括单数词。“市政机关”或者“市政的”包括或者涉及城市、城镇、乡村，以及其他一体化的政治性分支单位。“市长”是指市政机关的领导，无论是官方任命的市长、市经理，或者是其他形式。“议会”是指自治市的主要立法机构。“县级委员会”是指县的主要行政或者立法机构或同级的理事会。“街道”这个词条包括：街道、大街、林荫大道、道路、小巷、小路、高架桥，以及其他形式的道路。“住宅细分”是指为了现在或者将来的土地出售或开发，把一个地块大片土地划分成两个或者更多的地块，以及其他的土地划分形式。包括进一步细分，还涉及到细分程序、土地本身的特征及其边界。

第1章 城市规划和规划委员会

第2条 对城市政府的授权

按照本法案，特此授权任何城市政府，制定、批准、修订、扩充、增添以及执行城市规划，并依法设立规划委员会拥有本法固定的权力和职责。城市的规划委员会应被指定为城市规划委员会，在城镇或乡村，则为村或镇规划委员会；其他地方政府对于规划委员会的指定则由地方议会完成。

第3条 委员会的人事任命

委员会应由9名委员组成，即市长，1名由市长选任的政府行政官员，1名议会推选的代表，其余6名由市长任命。该市长必须是由选举产生，否则应该由议会按照条例授权指派特定的官员来任命6名委员。委员会的所有委员均应无偿供职，除在区划理事会的调节或申诉仲裁部门任职的委员之外，受任命的委员不应在市政机关任职。议会代表委员的任职期限应该与他们的职位任期一致，而由市长选任的行政官员的任期则应该随该市长任期的终结而终结。每位受任命的委员的任期是6年或者直到他的接任者就职为止，但6名委员中5个第一次被任命的任期分别为1年、2年、3年、4年和5年。除了被议会选任的委员，其他的委员都可以因为工作无效率、失职或者渎职等原因，在经过正式听证程序后被市长解职。议会可以依据同样的原因将所选任的委员解职。在上述情况下，市长或者议会应对解职原因进行书面说明，并归入档案。非任职期满而产生的空缺应仍由市长（市长选任委员席位空缺的情况）、议会（议会代表委员空缺或市长非民选的情况下）进行任命。

第4条 组织和规则

委员会应从被任命的委员中选举产生一名主任，并选举和补充由其决定的各办公机构的委员。主任的任期是1年，并有资格参加连任选举。委员会每月应举行至少一次例会。它应该采取商业公平交易的基本规则，并将解决方法、业务处理、裁决和决定记录在案，而这些记录也应作为公共档案。

第5条 职员与财政

委员会可以任命一些其工作所必需的雇员，这些雇员的任命、晋升、降职以及解职，应按照约束其他政府部门的公务员法律进行相同处理。委员会也可以通过与城市规划者、工程师、建筑师和其他咨询人员签订合同而获得其所需要的服务。除了礼物外，委员会的支出应该在议会规定的为达到特定目的的合适限额之内，议会应负责提供资金、设备和委员会工作所需的工作场所。

第6条　基本权力与职责

委员会的职责是制定与实施城市物质环境开发的总体规划，其范围应包括委员会认为与该城市规划有关的城市界线之外的区域。包括了总图、地区图、图表和描述性文字的规划，应该表述委员会在以下所述领域发展中的建议，这些领域包括街道、高速公路、地铁、桥梁、河流、海滨道路、林荫大道、公园道路、运动场、广场、公园、机场和其他公共道路、场地以及开放空间的选址、特征和开发强度；公共建筑及其他公共设施的选址；出于用水、采光、卫生设施、交通、通信、动力以及其他目的的公共设施和站点的选址和开发强度，不管是由公共还是私人所有或者经营；对上述道路、土地、开放空间、建筑物、地产、公共设施或站点等的搬迁、移位、拓宽、缩窄、腾空、弃置、用途更改或扩展；以及作为区划方案对楼房和用地的高度、规模、体量、位置和用途的控制性规定。作为总体规划的编制成果，委员会应即时采用和颁布总体规划中的一部分或者若干部分。这些所说的部分都应该涵盖市政机构中的一个或者更多的主要部门，或者总体规划中所包括的一个或者多个上述的或者其他功能性内容。委员会可以随时修订、扩充和补充总体规划的内容。

第7条　规划目的

在规划的筹备过程中委员会应该对城市发展的现状和未来的增长，进行细致全面的调查分析，同时应适当考虑到其对相邻地域的影响。规划应该以以下内容为编制的基本目的，即引导并实现综合、协调、和谐的城市发展，以及最大限度地促进健康、安全、良好的道德和秩序、公共福利及在发展建设中的效率和经济的、与当前及以后发展相适应的环境。这包括了合理的交通服务、火灾及其他危害的防范和安全保障、合理的采光和空气供应、健康便利的人口布局、鼓励良好的城市设计、合理有效的公共基金的使用以及提供充分的公共设施和服务。

第8条　委员会运行程序

委员会可以一次性通过该规划或以连续多次决议逐步通过该规划的不同部分，各规划部分的划分可以与城市主要地理空间划分或规划内容的功能性划分相对应，也可以进行各种相应的修订或补充。在规划或规划的部分内容以及规划的修改、扩充和增加被采纳之前，委员会应该举行至少一次听证会，并将听证会的时间地点在当地公开发行的报纸、政府公报等媒体上予以公示。规划及规划部分内容的采纳以及规划的修改、补充，作为委员会决议，应获得不少于6名委员的赞成票。决议应明确地包括各种图纸、描述性文字和其他委员会认定的作为规划内容的事项。已完成的行动应以委员会主任或秘书签名的形式，记录在图纸、规划和描述性文字中。经验证的规划或部分规划的副本应提交议会或者县记录官保存。

第9条　正式规划的法律地位

一旦委员会采纳了城市总体规划或规划的部分内容后，未经委员会对项目的选址、性质、开发强度进行批准，任何街道、广场、公园或其他的公共设施（不管属于是公共的还是私人的）都不允许在城市或者规划地区内进行建造。如果委员会不予批准，则应向具有否决权的议会说明理由，在赞成票不少于全体委员2/3的表决结果的情况下，议会有权推翻委员会的决定；如果在相同的法律和规章制度下，公共道路、土地和空间、房屋、建筑或者设施的授权和拨款不属于城市议会的省份内的话，那么这项提交给规划委员会的提议就应该交给理事会、委员会或者有决策权的机构，规划委员会的否决可以在获得上述理事会、委员会和有决策权的机构不少于2/3委员赞成票的情况下被否决；如果委员会未能在决定正式递交的60天之内采取行动，则将被视为同意。

第10条　其他权力和职责

委员会有权促进规划中的公共利益以及公众对规划的理解，为此，委员会可以印刷和发放规划或相关报告的复印件，还可以应用公示和教育的方式来完成此项职责。委员会委员被委员会正式任命后，可以参加城市规划会议、城市规划机构的会议或者有关城市规划立法的听证会，委员会可以支付参加这些会议的旅费。作为其职责的一部分，委员会应向相关政府官员、机构、公共设施运营公司、市民团体、教育机构、专业机构和其他组织以及市民，提供建议和咨询服务，以推动规划的实施。委员会应当有权接受和使用公民的私人捐助，以完成和行使它的职责。在委员会要求的情况下，所有政府机构都应该在合理的期限内向委员会提供与工作相关的信息。委员会的委员、官员、雇员在履行自己职责时，均可以进入实地进行检查、调研，也可以设置和维持必要的标记。总的来说，委员会拥有确保完成其职责、促进城市规划的开展、实现本法目的的相应的权力。

第11条　区划

该委员会应享有迄今为止法律授权该城市区划委员会的所有权力。自规划委员会成立之日起，区划委员会的所有权力和记录文件都应移交给规划委员会。如果在现有的区划委员会即将完成区划方案的情况下，议会可以通过决议来推迟上述区划委员会的权力移交，直到区划方案完成，但权力移交的推迟不应超过6个月。

（后略）

附录 C

英国城乡规划法节译

城乡规划法（1990 年）
（Town and Country Planning Act，1990）

（前略）

第 2 部分　发展规划（Development Plans）

第 1 章　单元发展规划：伦敦等大都市圈（Unitary Development Plans：Metropolitan Areas Including London）

第 10 条　第一章在大伦敦都市圈的适用（Application of Chapter I to Greater London and Metropolitan Counties）

（略）

第 11 条　规划地区的调查（Survey of Planning Areas）

（略）

第 12 条　单元发展规划的准备（Preparation of Unitary Development Plan）

（1）地方规划部门应在中央主管部门规定的时间内，准备本地区的发展规划，即单元发展规划。

（2）单元发展规划应包括两个部分。

（3）第一部分应包括清晰描述了地方政府对有关本地区内土地开发利用基本政策的文字说明（其中包括改善环境和交通管理的措施方法）。

（4）第二部分应包括：

a. 一份文字说明，清晰阐述地方政府认为适当的本地区内土地开发利用建议的具体内容和描述；

b. 一张地图，以地理学的方式展示这些提议；

c. 有关规划第一部分的基本政策以及第二部分的建议的政策依据分析；

d. 与规划第一部分的基本政策以及第二部分的建议相关的、行政当局认为适当的或应明确规定的表格、图示或其他描述和解释性事项。

（5）单元发展规划也应包括其他的应明确规定或中央主管部门在任何特殊情况

下作出规定的内容。

（6）单元发展规划在制定第一部分基本政策时，规划部门应接受：

a. 在规划的准备过程中坚持中央主管部门提出的任何战略性指导；

b. 现行的国家和区域性政策；

c. 可能获得的资源；

d. 其他中央主管部门要求地方行政予以考虑的其他事项。

（7）单元发展规划第二部分的提议应与第一部分的原则保持基本一致。

（8）单元发展规划第二部分可以将地方区划内的任一区域指定为行动地区，即：选择一个地区作为开始，进行一定时期的开发、再开发或改善等的综合治理，如果指定了相关地区，那么规划的其他部分应对地方当局的治理规划进行相应的描述。

（9）制定单元发展规划时，地方当局应考虑《地方自治、规划和土地法》（1980 年）中有关开发区土地的规定。

第 13 条　单元发展规划准备工作中的公共宣传（Publicity in Connection with Preparation of Unitary Development Plan）

（1）在为本地区准备单元发展规划且并未最终决定其内容时，地方规划部门应采取以下措施和程序，以获得公众意见：

a. 在本地区内对规划内容进行必要的公众宣传；

b. 应为要求向当局就规划事项可能对其拥有财产造成的影响进行陈述的个人，提供相应的机会；

c. 上述个人被给予适当的机会进行意见陈述。

（2）规划部门应考虑任何在规定的时间内提出的意见陈述。

（3）规划部门已经完成单元发展规划的准备，在采纳规划之前：

a. 应在办公室以及其他规定的地方准备副本以备审查；

b. 应向中央主管部门提交一份副本。

（4）（3）中规定的留待审查的副本应附加一份有关规划反对意见提交给地方当局的具体时间的说明。

（5）提交给中央主管部门的副本应同时附加一份声明，内容为：

a. 规划部门遵守（1）、（2）所采取的措施。

b. 规划部门与相关个人的协商结果以及对其反对意见的结论。

（6）如果参考了与单元发展规划同时提交的说明及其包含的事项或者地方规划部门提供的任何其他信息，中央主管部门认为地方规划部门并未采取相应措施较好地落实（1）a～c 段落的要求，可以在收到规划说明的 21 天内，要求地方规划部门在没有明确提出能实现相关要求而令其满意的改进措施之前，不能采取任何措施以批准该规划。

（7）当地规划部门收到条款（6）所示的中央主管部门指示：

a. 应即刻撤回条款（3）要求的单元发展规划备审查的副本；

b. 应告知已向当局提出反对意见的个人有关中央主管部门的指示。

第 14 条　撤回一体发展规划（Withdrawal of Unitary Development Plan）

（略）

第 15 条　地区规划部门采纳单元发展规划（Adoption of Unitary Development Plan by Local Planning Authority）

（1）超过对单元发展规划提出反对意见的有效期限，或者已在规定期限内提出了充分的反对意见，在参考相关反对意见后，地方规划部门根据以下内容以及第 17、18 条，在决议采纳原规划或者是修改后的规划时，应考虑：

a. 这些反对意见；

b. 其他任何有关规划的反对意见；

c. 其他任何对于地方当局来说重要的观点。

（2）只有在规划的第 2 部分和第 1 部分的内容保持一致的条件下，单元发展规划才应被采纳。

（3）如果农业、渔业、食品部对单元发展规划提出反对意见，而地方规划部门不准备根据反对意见修改规划的情况下：

a. 规划部门应向中央主管部门提交有关异议内容以及对不根据异议修改规划的原因的相关说明；

b. 在中央主管部门授权之前不得擅自采纳该规划。

（4）根据本章以及第 287 条的规定，单元发展规划应在其通过审批之日开始实施。

第 16 条　地方调查（Local inquiries）

（1）为了考查有关单元发展规划的反对意见，地方规划部门应遵循本章规定，就该项异议举行地方调查或者由中央主管部门指定人选主持其他听证活动，或者依照本章规定，由地方规划部门主持的听证活动。

（2）（略）

（3）（略）

（4）依据本节宗旨制定的规定：

a. 应对本节规定的地方调查或其他听证活动主持人进行资质鉴定和任命，包括允许中央主管部门要求地方规划部门指定特定人选或人选名单；

b. 应规定指定人选的报酬及权限。

（5）如果所有持异议者以书面方式表示不希望参加听证，就无需举行本条所规定的地方调查或者其他听证活动。

中央主管部门关于规划的权力

第 17 条　要求重新考虑提案（Direction to Reconsider Proposal）

（1）依据第 13 条（3）地方规划部门将单元发展规划副本提交中央主管部门之后，规划采纳之前，中央主管部门如对规划不满意，可要求地方规划部门考虑根据他的指示对提案进行修改。

（2）直到地方规划部门令人满意地完成了指定的修改，或者中央主管部门撤销了相关指示，地方规划部门不能采纳规划。

第 18 条　中央主管部门对单元发展规划的抽查（Calling in of Unitary Development Plan for Approval by Secretary of State）

（1）依据第 13 条（3）地方规划部门将单元发展规划副本提交中央主管部门之后、规划采纳之前，中央主管部门可要求地方当局提交整个或者部分的规划以候审批。

（2）以上指示下达后：

a. 地方规划部门不能采取进一步措施采纳规划，直到中央主管部门对整个或者部分的规划提出意见；

b. 规划或者相关部分内容不能生效，也不可依据本章前节的规定要求采纳，除非中央主管部门审批通过。

（3）当依据第 15 条（3）将单元发展规划的异议提交给中央主管部门之后，除非中央主管大臣认为农业、渔业和食品部部门不再对规划持有异议，否则中央主管部门必须依据本条（1）给予相关指示。

（4）本条（2）（a）可适用第 16 条规定的进行地方调查或者其他听证活动的程序；当地方调查或听证已经举行或正在进行，或中央主管部门已作出决定的情况下，地方规划部门则不必再次提供第 20 条规定的在公开检查、地方调查和其他听证活动中提出异议的机会。

第 19 条　中央主管部门批准单元发展规划（Approval of Unitary Development Plan by Secretary of State）

（1）根据第 20 条，中央主管部门对提交的全部或者部分规划经过审查之后，可以批准（全部或者部分批准，要求或不要求修改或者保留），也可以驳回。

（2）在审查是否批准全部或者部分规划的时候，无论规划或者部分规划是否已经考虑到，中央主管部门可以考虑任何他认为相关的问题。

（3）中央主管部门应给地方规划部门提供相关说明，解释他对规划或部分规划作出的审批决定及其原因。

(4) 当中央主管部门以修改后批准的形式通过单元发展规划或者第一部的部分内容，在其他部分被批准之前，地方规划部门应按中央主管部门的要求对第二部进行修改以保证其与第一部的一致性；如果没有这样的要求，也应进行该方面的修改。

(5) 根据第287条，中央主管部门批准的全部或者部分规划从批准之日或具体规定之日起，予以实施。

第20条 地方调查、公开审查和中央主管部门的咨询（Local Inquiry，Public Examination and Consultation by Secretary of State）

(1) 在依据第18条（1）决定是否要通过规划或者部分规划之前，中央主管部门应考虑有关此项规划的所有异议，从而与本章规定保持一致。

(2) 在单元发展规划第二部或其部分内容提交给中央主管部门的情况下（无论第一部或其部分内容是否提交），如果对于规划或者其相关的章节有异议，在决定是否要批准规划之前，中央主管部门应举行地方调查或者其他的听证方式以便对异议进行讨论。

(3) 中央主管部门不必考虑地方规划部门已协商解决了的异议，如果地方规划部门依据第16条对于异议已举行过地方调查或者其他听证活动，或者中央主管部门经考虑后决定要驳回规划的情况下，可以不必举办地方调查或者其他的听证活动。

(4) 在依据第18条（1）单元发展规划第一部或其部分内容（但不是第二部或其部分内容）提交中央主管部门后，中央主管大臣可以任命某个或某些人，对影响其作出是否批准规划的判断具有影响的有关异议，或他认为应进行审查的相关异议，进行公开审查。

(5) 中央主管部门在征询主管大臣意见之后，可对本条（4）规定的审查程序进行相关规定。

(6) 任何地方规划部门无权要求中央主管部门保证其参加本条（4）规定的审查会，公开审查的参加者或者组织，无论在审查会前或会中，只能由中央主管部门自由裁量后决定邀请。

(7) 本条（4）规定的审查会，应按照《法庭裁判和调查法》（1971年）第一款（1）（c）的规定，按照正式调查的形式和程序进行，但本法其他章节规定的调查可不适用该条款要求。

(8) 在审查按照第18条规定提交的规划或者部分规划时，中央主管部门可以咨询或者参考任何地方规划部门或者其他人的意见，但在发生本条描述的情况下则不需要进行此类活动。

（后略）

附录 D

美国纽约市城市宪章节译

纽约城市宪章（2004 年）
（New York City Charter，2004）

（前略）

第 9 章　城市规划（City Planning）

第 191 条　城市规划局和局长（Department and Director of City Planning）

（1）城市规划局局长是城市规划的主管。规划局局长是城市规划委员会的主任兼委员，并且其职责是向市长负责。

（2）城市规划局局长应：

1）在与城市发展有关的所有空间规划和改造方面，为市长、自治区主任和议会提供建议和帮助；

2）在其职责范围内，为城市规划委员会提供全面的人员帮助；

3）是城市公图及其所有合法修订的公共档案的监管人；

4）完成持续的相关研究，并收集统计资料和其他数据，为规划建议提供依据；

5）为社区委员会提供人员和其他专业技术帮助，以确保各社区委员会能够履行本章规定的规划义务和责任；

6）帮助市长准备战略性规划，具体包括：第 16 条中规定的关于城市社会、经济和环境卫生的报告，第 17 条中规定的战略性政策和在第 215 条中规定的 10 年城市公共投资战略；

7）任命一名执行副局长负责战略规划的编制和实施。

8）在规划委员会举行的公开会议和听证会结束后 60 天内，制作完成完整的会议记录并免费提供，以便公众监督。规划局长应提供任何公众请求的文字记录部分的副本，可收取合理的费用以补偿复印或邮寄的成本。

9）行使市长或者其他法律条款授予的权力。

（3）规划局应雇用规划专家、工程师、建筑师和其他官员及雇员，在任用期内履行部门职责。

第192条 城市规划委员会（City Planning Commission）

（1）城市规划委员会由主任和12名其他委员组成。市长任命委员会的主任和6名其他委员，公众利益维护官任命一名委员，并且每位自治区主席任命一名委员。委员的选任应根据其具有的独立廉洁和城市责任感的精神而进行。除主任以外所有委员的任命，须获得议会的建议和赞成。除由市长以外的其他官员完成的任命，获得市议会赞成的程序，与第31条中市长任命的审查程序相同。除第191条规定的情况之外，任何委员均不应拥有任何城市政府内的公职。除了主任以外的其他委员的任期应为5年。例如，除了主任以外的其他委员中，市长任命的一名委员和自治区主席任命的一名委员的任期至1991年6月30日；市长任命的另一名委员和自治区主席任命的另一名委员的任期则应设于1992年6月30日期满；同理，其他委员的任期应设于1993年6月30日以及1994年6月30日期满；最后，市长任命的两名委员、公共利益维护官任命的委员和自治区主席任命的一名委员的任期应设于1995年6月30日期满。自治区主席们应抽签确定每位主席第一次任命的委员的任期。1990年3月的第一天以前，享有任命权的官员必须完成第一次人事任命。经上述任命的委员会委员将在1990年7月的第一天就职。委员会委员应任职到他们的继任人被确认为止。除任职期满外的任何空缺职位，将由当初任命该职位的官员重新任命。继任委员的任职期间为上任委员的剩余任期。任期开始时间为上任任期届满后的第一天。

（2）依据第6条规定，除主任以外的其他委员，不得采用为政府的专职雇员。依据第68条规定，委员会委员的服务机构应为城市规划委员会以及城市规划局这两个部门。在委员的任职期间，当规划局、规划委员会或跟任何其他城市政府机构认定委员的业务事项与其职责存在直接或间接的利益冲突情况下，任何委员均应回避。与委员有利益关系的企业，也应在规划局、规划委员会中进行回避。本章中的有关概念如“机构”、“影响”、“企业”、“利益”等均在第68章中予以定义。

（3）除了主任以外其他委员中的一名，应由市长任命为副主任并向市长负责。在主任缺席或者职位空缺时，副主任履行主任的职责，并且在上述情况发生时主管城市规划局的工作。

（4）城市规划委员会对规划实施负有职责，包括推进稳定有序的城市增长、改造和未来发展，为城市人口的住房、商业、工业、交通、娱乐、文化休闲、便利和健康福利等提供充足合适的资源。

（5）城市规划委员会应对城市进行环保审查等相关法律规定的实施进行监督。委员会应依照法律规定，建立城市环保审查程序的推荐方案。相关规定应包括以下程序：①设立相关城市公共机构或独立性组织，负责决定相关行为是否需要提交环境影响报告，并且负责法律规定的环境报告的制作和归档；②除政府机构以外的城市各类社会团体、组织在环境影响评价过程中的参与；③协调环保审查程序和本章规定的土地利用审查程序。规划局局长和环保委员会委员应从本部门人员中任命组建环境协调办公室，为各类的城市机构、团体和组织完成其环保审查责任提供帮助。

第193条　委员会委员的免职（Removal of Commission Members）

除了主任以外的其他委员会委员，在有证据证明出现了执行错误、失职、不诚实、精神或肉体的障碍等情况而无法履行其职责的条件下，可由任命的官员提出免职。免职之前，被免职的委员将收到相关指控的副本，并且拥有提出行政审查和听证会的权力，从而进行最终的事实认定和裁决建议，审查结果和建议将提交任命官员以便其作出最终决定。

第195条　办公场所（Acquisitions of Office Space）

（略）

第196条　相关的委员会和自治区区长（Affected Boards and Borough Presidents）

（略）

第197-a条　规划（Plans）

（1）为促进城市、自治区与社区的发展、增长以及完善，规划应当由以下人员提出：①市长；②城市规划委员会；③城市规划局；④所在地区的自治区主席；⑤所在地区的自治区委员会；⑥所在地区的社区委员会。依据本条（2）规定，提出规划的社区委员会、自治区委员会或者自治区主席应向城市规划委员会同时提交规划以及书面建议。在社区委员会和自治区主席举行相关听证会之后，社区委员会、自治区委员会或者自治区主席方可提交规划。

（2）依据本条内容，在1990年7月第一天后的一个合理期限之内，城市规划委员会应审批通过对规划内容和形式的最低要求的有关规定。在收到由社区委员会、自治区委员会或者自治区主席依据本条规定提交的规划后，城市规划委员会应当在合理期限内，确定该规划是否满足其制定的标准，是否与有效的规划政策一致。在规划委员会对社区委员会提交的规划的审查中，环境协调办公室应协同其他政府部门，依据法律规定准备该项规划的环境影响分析，以帮助规划委员会和议会对该项规划作出合理判断。规划委员会依据本条规定对规划作出审查决定之后，依据本条细则（3）和（4），规划应当提交规划局进行传阅与核查。

（3）依据本条提出的所有规划都应当提交规划局，由其转发给所有相关的社区委员会、自治区委员会和自治区主席审查并提交书面意见，提出规划的机构和官员除外。受规划影响的所有相关社区委员会和自治区委员会应举行相关听证会，如规划范围超出一个自治区，每一个相关自治区只需要举行一次听证会。城市规划委员会有权依法规定规划的审查程序和步骤，并与本条规定保持一致。如果社区委员会或者自治区委员会认为该项规划对其所服务的地区或自治区的公共利益有重大影响，社区委员会或者自治区委员会应审议非本地区的规划。在这样的情况下，可以应社区委员会的要求为其提供规划及其书面意见的副本。如果需要，该委员会可以自行举行相关规划的听证会，并向城市规划委员会提交书面意见。

（4）在本条（3）规定的规划审查的合理期限内，规划委员会应：①审议该规划；②举行该规划的听证会；③作出审议通过、修改后批准或者否决的决定。规划委员会作出了审议通过或修改后批准的决定之后，依据第197条（4）的规定，该规划应交由市议会审议。市议会可以以2/3的投票通过城市规划委员会否决的规划，或者市长要求规划委员会搁置的规划。在市长向规划委员会和市议会提出归档要求时，规划委员会必须在5天内向市议会提交决议内容和规划的副本。已批准的规划副本应提交给市长秘书、城市规划局、相关的自治区主席、相关自治区委员会以及相关社区委员会归档保存。

第197－b条　规划与方案的公示（Notification of Plans and Proposals）

（1）城市法规中规定的土地利用、开发和改善有关的任何政府机构、公共企业或者私营机构、团体、开发商所提交的初步和最终规划，除依据部门规定无显著公众关注的事项之外，均应提前告知相关的社区委员会，或者相关的自治区主席办公室和自治区委员会。

（2）任何由市政府或代表市政府（无论是企业、地方开发公司或其他组织）提出规划方案编制要求，以及任何由市政府或代表市政府（无论是企业、地方开发公司或其他组织）执行的文件，当以上行为涉及市属土地的部署和私人性土地利用的情况下，以上文件在批准和实施后，其副本应立即提交所在社区委员会和自治区主席办公室。

第197－c条　土地利用审查程序（Unitary Land Use Review Procedure）

（1）除本章中的例外，任何个人、机构提出的关于城市宪章中不动产使用、开发和改建的变更、审批、签订合同及其授权或者批准的申请，必须依据以下分类的审批程序进行审批：

1）城市图则的变更，按照第198条和第199条；

2）住宅细分图则，以及街道、大街或公共场所的用地编制，按照第202条；

3）依据区划条例确定分区区域，包括改变土地利用性质，按照第200和201条；

4）依据区划条例，城市规划委员会权限范围内的特别许可，按照第200条和第201条；

5）公共投资项目的选址，按照第218条；

6）可撤回的决定按照第364条，经营权和方案的申请按照第363条，特权按照

第374条；

7）房地产方面的改造及其应支付的费用，按照第220条，市政府支付的除外；

8）住房和城市更新规划与项目，按照城市、州和联邦住房法律；

9）卫生设施或者滨海区的垃圾填埋，按照相关条款的规定或者其他规定；

10）城市房地产的销售、租约（除政府办公建筑）、交换或者其他处分，包括水下土地的销售或者租约，按照第1602条第15款，以及其他适用的法律规定；

11）除政府机关土地的获得或者楼房的使用以外的城市房地产的获得，包括通过购买获得、征用、交换或者租约并且包括水下土地的获得，按照第1602条第15款，以及其他适用的法律规定；

12）房地产的使用、开发和改造等事务应当由城市规划委员会提出并由市议会依据地方法律作出决定。

（2）下列资料应当提交给城市规划部门：

1）依据本条规定提出的申请；

2）依据本章规定，申请正式批准之前规划方案的所有修订；

3）为了确定是否需要依据法律规定制定环境影响报告所必需的申请人应提交的所有书面资料；

4）定义或者重新定义法律规定的环境影响报告中须涉及的所有事项范围的资料或者记录；

5）城市规划部门应在6天内将所有提交资料的副本（无论资料是否经验证完整）送达所有相关自治区主席、社区委员会或者自治区委员会。

（3）城市规划部门负责审查依据本条（1）提交的申请材料是完整，以备完成本条规定的土地开发审查程序。申请审查结束后，规划部门应通知市议会审查结果。如果申请在提交后6个月内未审查完毕，且申请中提出的土地利用与相关的自治区的土地利用政策或者战略政策一致，申请人及相关自治区主席均有权在任意时间向城市规划委员会提出申诉要求审查。规划委员会应在申诉提出后60天之内，完成申请审查或者以书面形式说明完成审查的必需材料。如果申诉由相关自治区主席长提出，委员会5名委员的赞成票可以批准申请审查。

（4）当依据本条规定的申请审查，需传唤任何机构和申请人出席会议，以界定或者重新界定环境影响报告草稿中的所有议题，应提前通知所有相关社区委员会和自治区主席，且各方均有权选择委托其代理人参加会议。

（5）各相关社区委员会应在收到经审查申请之后不迟于60天的期限内：

1）依照城市规划委员会规定的方式向公众予以公示；

2）组织听证会，并直接向城市规划委员会和相关自治区主席提交书面意见或依据本章规定、提交组织听证会的弃权声明。

（6）依据本部分细则（5），规划申请涉及两个或更多社区土地的情况下，社区委员会提交自治区委员会的书面意见和弃权声明的副本的期限，不晚于本条（5）

所规定的时间。在相关社区委员会提交书面意见或弃权声明的30天之内，或者相关的社区委员会在规定期限内不作为，自治区委员会应就有关申请和建议举行听证会，并向城市规划委员会提交书面意见或者弃权声明。

（7）在所有相关社区委员会向自治区主席提交书面意见或弃权声明的30天之内，或者如果任何相关的社区委员会不作为，自治区主席应在规定期限届满后的30天之后，向城市规划委员会提交一份书面意见或者弃权声明。

（8）自治区主席在规定期限内向城市规划委员会提交书面意见或者弃权声明的60天之内，规划委员会应当批准、修正后批准或者否决该申请。规划委员会作出批准或者修正后批准的决定，必须有7位委员的赞成票，但是在依据本条细则（7），自治区主席对公共设施选址表示反对，且依据第204条细则（6）、（7）提出了其他选址方案的情况下，依据本条细则（1）第5）、10）、11）段落的规定，对于此类申请作出批准和修改后批准的决定，则需要9名委员的赞成票，方可通过。委员会应为每项申请组织听证会，以便依据本条规定对该项申请进行审查。在按照本细则关于公共投资项目选址，不动产的销售、租约、交换、转让或者获得，规划方案的请求，经营权的申请或者可撤回的批准等事项采取任何行动之前，城市规划委员会可要求预算办公室或者行政服务部提供相关的报告。城市规划委员会在对社区委员会、自治区委员会和自治区主席的书面意见作出修改和否决的决定时，应向社区委员会、自治区主席或者自治区委员会进行书面的解释。

（9）城市规划委员会应建立以下规则，包括：

1）对于社区委员会、自治区主席和自治区委员会依据本条规定履行其职责义务提供指导、最低标准和程序要求；

2）依据本条细则（3）规定，进行开发申请审查所要求的最低标准；

3）依据本条规定，审查开发申请的具体时间期限。

（10）依照本条细则（5）、（6）、（7）的规定，在社区委员会、自治区主席或者自治区委员会规定期限内不作为或者弃权的情况下，开发申请的审查则应进入下一个程序。在城市规划委员会依据本条细则（8）规定时间内未作出最终决定的情况下，则视同对开发申请的否决，除非依据本条细则（1）第3）、4）段落，可提交市议会依据第200条细则（2）的规定进行审议，或依据本条细则（1）第8）段，可以提交市议会依据州法律进行审议并执行。

（11）规划委员会组织的开发申请听证会的通知，应于会期的至少10天之前在城市公告中刊出。通知的副本应邮寄至所有相关的社区委员会或者自治区委员会。

（12）规划委员会应对开发申请听证会的提前公示和通知的程序进行明确规定。听证会通知应以规划委员会认为适当的方式在相关的地区内予以公示。未发布通知不会影响或者削弱规划委员会、市议会以及其他政府机构决定的效力。

（13）社区委员会或者自治区委员会应审阅土地开发审查统一程序的开发申请，但在规划委员会认为该项申请可能对委员会所服务的社区或者自治区的公共利益有重大影响的情况下，也可不要求相关委员会提供参考意见。在此情况下，由城市规划部门提交给相关委员会的申请和其他相关资料，可提交给提出相应要求的其他委员会、已举行了本社区听证会的委员会，以及在规划委员会作出决定之前提交了书面意见的其他委员会。

第197-d条　市议会审议（Council Review）

（1）城市规划委员会应向市议会和相关自治区主席提交对以下事项的批准或者修改后批准的决议副本：

1）所有第197-c条细则（1）中规定的事项；

2）第197-a条规定的规划；

3）第200条和第201条规定的区划条例的变更内容；依据第197-c条规定，所有决议的提交应在规划委员会60天的行动时间期限之内完成。提交给议会的材料应包括与决议有关的社区委员会、自治区委员会和自治区主席的书面意见的副本。

（2）依据本条（1），以下提交给市议会的决定应由市议会进行最终审议：

1）城市规划委员会批准或者要求修改后批准的第197条规定的相关事项。

2）依据第197-c条细则（1）规定的、城市规划委员会批准或者要求修改后批准的其他事项中，出现以下情况的：①相关社区委员会（在举行听证会之后）和相关的自治区主席，依据第197-c条规定，在规定的审查期限内对批准提出书面异议；②相关自治区主席收到规划委员会决议副本的5天内，提交规划委员会和市议会对该决议的书面异议。

3）依据第197-c部分细则（1）规定的城市规划委员会批准或者修改批准的其他事项中，如果依照本部分（1），在提交决议的20天之内，市议会对规划委员会的决定作出了多数票的决议的情况。

（3）在城市规划委员会向市议会提交决定的50天之内，所有决定的最终决议权属于市议会。市议会应当举行听证会，并在听证会前5天发布通知。市议会在50天之内应对规划委员会的决定作出终审决议。作出批准、修改后批准或者否决的决议，需要市议会全体过半数赞成票。根据具体情况，在本细则规定的期限内，市议会未能对规划委员会决定作出超半数的表决结果，市议会则应批准规划委员会的该项决定。

（4）在规划委员会规定对修改需要特殊审查的情况下，市议会不能对规划委员会的决定作出修改后批准的决议。在作出要求规划委员会进行修改的决定之前，市议会应向规划委员会提交附有修改要求的文本。在15天的期限内，规划委员会应向市议会提交书面说明，明确该项修改是否包含重要内容需要进行环境影响评价或者第197-c条规定的其他审查。如不需要其他审查，规划委员会可以在该说明中提出对修改意见的建议和调整意见。无论规划委员会是否提出修改意见，市议会有权批准上述的修改。市议会的审议程序为15天的期限。但是，针对经市议会审议的每项开发申请，市议会只有一次权限，可以要求规划委员会对审查决议进行修改。

(5) 所有市议会的决议都应在规定期限内送交市长。除非市长在收到市议会决议的5天之内向市议会提交书面反对意见，市议会的决议应视为最终结果。市长提交书面反对意见的10天之内，在获得2/3的赞成票的情况下，市议会有权否决市长的决定。

(6) 市长有权对由于市议会不作为或者未以规定票数通过的议案提出书面反对意见。所有书面反对意见应依据细则（3），或者细则（4）规定，在市议会工作期限后的5天之内提出。依据本条规定，在其提交的10天之内，在获得2/3的赞成票的情况下，市议会有权否决市长的意见。

(7) 如果规划委员会批准申请的决定不在市议会审查范围之内［本条细则（3）第1）段］或未按照市议会审查范围规定［本条细则（3）第2）、第3）段］而作出的，市长仍可以在市议会工作期限后的5天之内［依据本条细则（3）第3段规定］向规划委员会提交书面反对意见。

第198条 城市公图（City Map）

（略）

第199条 公图内容和变更（Projects and Changes in City Map）

（略）

第200条 区划条例（Zoning Resolution）

(1) 除细则（2）规定的例外，所有市议会、估价委员会或者规划委员会的现有规定和条例，包括对建筑物高度、容积的规定，对广场、庭院和其他开放空间规模的规定，对人口密度的规定，或者对工商业场所和其他特殊用途场所的规定，应按照以下方式进行修改、撤销或者增添：

1）城市规划委员会可以随时主动地或者按照第201条的规定，在法律规定范围内，作出对区划条例文本进行修订的决议。在作出区划修订的决议之前，规划委员会应通知与该项决议有关的社区委员会或者自治区委员会，并且应为利害相关人提供听证的机会，听证会的时间和地点以及决议的基本内容，应提前10日在正式出版的城市公告上予以公示。

2）依据第197－d条规定，规划委员会有关区划条例的修改决议应接受市议会的审议和批准。所有被规划委员会否决，以及市长转交市议会审查的区划条例修改决议，在获得2/3赞成票以及举行利益相关者听证会的情况下，市议会可予以批准。市议会应当在由市长转交后50天之内完成对该方案的审议，该决议自市议会批准之日开始生效。

3）在对规划委员会决议出现反对意见的情况下，此项异议在提交给市长秘书的同时也应在30日内提交给市议会，提交的异议应附有以下或更大范围内20%产权人的真实签名和获得其知晓：①提交方案引起变更的土地；②毗连上述土地100英尺范围内的土地；③直接正对上述土地、沿街房屋正面100英尺范围内的土地。在提交该项异议后，区划变更决议不能生效。除非在方案提交市政秘书之后的180天之内，市议会获得3/4的赞成投票。方案的生效从批准之日起。提交的异议在决议归档后60天内的任何时间均可撤销。

（2）在区划条例中的分区规定以及区划条例规定的特别许可的批准，均属规划委员会的权限范围内，并应符合第197－c条和第197－d条规定的审查与批准程序，除规划委员会没有批准区划条例的分区规定变更和特别许可，或未能在规定期限内作出决定之外。唯有在市长向市议会保证该变更或者特殊许可的必要性的前提下的，市议会在获得2/3赞成票的条件下可批准以上区划变更和特别许可事项。市议会对区划变更和特别许可的决议，必须在市长提议的50天之内完成。

第201条　区划变更与特别许可的申请（Applications for Zoning Changes and Special Permits）

（1）区划变更的申请，可由纳税人、社区委员会、自治区委员会、自治区主席、市长或者市议会的土地利用委员会提出（须有2/3的委员投票赞成向城市规划委员会提出变更）。对所有有关区划条例中分区变更的申请的审查和批准，应符合第197－c条和第197－d条的规定。如果申请涉及对区划条例和其他法规的变更，规划委员会应在对该申请作出决议前，将申请提交给各相关社区委员会或者自治区委员会举行听证会并收集相关意见。

（2）在区划条例规定的、规划委员会权限范围内的特别许可的申请，可由任何个人和机构提出。对特别许可的申请的审查和批准应符合第197－c条和第197－d条的规定。

（后略）

主要参考文献

[1] Aaron Wildavsky，Naomi Caiden. The New Politics of the Budgetary Process [M]. London：Addison-Wesley Educational Publishers Inc.，2001.

[2] Bernard H. Ross. Urban Political Power in Metropolitan America [M]. New York：F. E. Peaeoek Publishers，1991.

[3] K. Blowers，B. Evans. Town Planning into the 21st Century [M]. London：Rouledge，1997.

[4] Charles N. Glaab. History of Urban America [M]. New York：Macmillan Publishing Co. Inc.，1983.

[5] Cherry Gordon. Town Planning in Britain since 1900 [M]. London：Oxford Blackwell，1996.

[6] Donald Hagman，Dean Misczynski. Windfalls for Wipeouts：Land Value Capture and Compensation [M]. Washington：American Society of Planning Officials，1978.

[7] F. Ennis，P，Healey，M. Purdue. Frameworks for Negotiating Development. Department of Town and Country Planning [M]. Callaghan：University of Newcastle，1993.

[8] G. L. Gaile. Spatial Statistics and Models [M]. British：D. Reidel Publishing Company，1984.

[9] C. Hague，P. Jenkins.（eds.）. Place Identity，Participation and Planning，RTPI Library Series [M]. London：Routledge，2004.

[10] Judith E. Innes. Group Process and the Social Construction of Growth Management：Florida，Vermont and New Jersey [J]. Journal of APA，1992 Autumn：440－452.

[11] James R. Cohen. Urban Sprawl：Causes，Consequences and Policy Responses [M]. Washington：Urban Institute Press，2002.

[12] J. B. Cullingworth，Vincent Nadin. Town and Country Planning in the UK [M]. London：Routledge，2001.

[13] P. Jenkins，K. Kirk，H. Smith. Getting Involved in Planning：Perceptions of the Wider Public [M]. Edinburgh：Scottish Executive，2002.

[14] John Friedman，Douglass Mike. Cities for Citizens：Planning and the Rise of Civil Society in a Global Age [M]. London：John Wiley and Sons，1998.

[15] John J. Kirlin，Anne M. Kirlin. Public Choice，Private Resources [M]. California：California Tax Foundation，1982.

[16] John M. Levy. Contemporary Urban Planning [M]. New Jersey：Prentice hall，1999.

[17] Lawrence R. Johns，Fred Thompson. Public Management Renewal for the Twenty-First Century. Stamford [M]. Connecticut：JAI Press Inc，1999.

[18] R. Lopez，H. P. Hynes. Sprawl in the 1990s：Measurement，Distribution and Trends [J]. Urban Affairs Review. 2003（38）：325－345.

[19] M. Grant. Urban Planning Law [M]. London：Sweet & Maxwell. 1982.

[20] Matthew P. Harrington. Public Use and the Original Understanding of the So-Called 'Takings' Clause [J]. 53 Hastings Law Journal 1245.

[21] H. Meller. Towns，Plans and Society in Modern Britain [M]. Cambridge：Cambridge University

Press, 1997.

[22] Robert E. Merritt, Ann R. Danforth ed.. Understanding Development Regulation [M]. California: Solano Press, 1994.

[23] N. Bailey. Partnership Agencies in Britain Urban Policy [M]. London: UCL press, 1995.

[24] R. Prestwich, P. Taylor. Introduction to Regional and Urban Policy in the United Kingdom [M]. London: Longman, 1990.

[25] Raw Rhodes. Understanding Governance-Policy Networks, Governance, Reflexivity and Accountability [M]. Buckingham: Oxford University, 1997.

[26] Richard A. Epstein. Takings: Private Property and the Power of Eminent Domain [M]. Cambridge, Mass.: Havard University Press, 1985.

[27] L. Salamon. The Tools of Government: A Guide to the New Governance [M]. Oxford: Oxford University Press, 2002.

[28] Jones M. Tewdwr. British Planning Policy in Transition: Planning in 1990s [M]. London: UCL Press, 1996.

[29] K. Thomas. Development Control: Principles and Practice [M]. London: UCL Press, 1997.

[30] William Miller. Models of Local Governance-Public Opinion and Political Theory in Britain [M]. New York: Palgrave, 2000.

[31] Jr. Williams Norman, John M. Taylor. American Planning Law, Land Use and The Police Power [M]. New York: Clark Boardman Callarghan, 1995.

[32] Zovanyi Gabor. Growth Management for a Sustainable Future [M]. London: Praeger Publishers. 1998.

[33] M. J. C. 维尔. 宪政与分权 [M]. 苏力译. 北京：生活·读书·新知三联书店，1997.

[34] 大西隆. 逆城市化时代——人口减少期的城市发展 [M]. 京都：学艺出版社，2004.

[35] 小林重敬. 城市规划如何改变——超越市场与社区的纠葛 [M]. 京都：学艺出版社，2008.

[36] 小林重敬. 新时代的都市计画 I——分权社会与都市计画 [M]. 东京：行政出版社，1999.

[37] 五十岚敬喜，小川明雄. 城市规划——超越利和权的构图 [M]. 岩波新书 294. 东京：岩波书店，1993.

[38] 文森特·奥斯特罗姆，帕克斯，惠特克. 公共服务的制度建构 [M]. 上海：上海三联书店，1999：11-12.

[39] 水口俊典. 土地利用规划与城市建设——从管制、引导到规划协议 [M]. 京都：学艺出版社，1997.

[40] 王名扬. 英国行政法 [M]. 北京：中国政法大学出版社，1987.

[41] 白石克孝等，现代社区建设与地域社会的变革 [M]. 京都：学艺出版社，2002.

[42] 石田赖房，日本近代都市计画的发展 1868-2003 [M]. 东京：自治体研究社，2004.

[43] 吕斌，张忠国. 美国城市成长管理政策研究及其借鉴 [J]. 城市规划，2005，3：16-21.

[44] 孙晖，梁江. 美国的城市规划法规体系 [J]. 2000，1：19-26.

[45] 有末贤. 战后日本的社会与市民意识 [M]. 东京：庆应义塾大学出版会，2005.

[46] 约翰·穆勒. 代议制政府 [M]. 北京：中国社会科学出版社，2007.

[47] 芝池义一. 行政法总论讲义 [M]. 东京：有斐阁，1994.

[48] 行财政改革与地方分权 [M]. 东京：第一法规出版社，1998.

[49] (日) 佐佐木信夫. 都市行政学 [M]. 东京：劲草书房，1990.

[50] 吴冬青，冯长春，党宁. 美国城市增长管理的方法与启示［J］. 城市问题，2007，5：86－91.

[51] 吴缚龙. 转型与重构中国城市发展多维透视［M］. 南京：东南大学出版社，2007.

[52] 张忠国，吕斌. 东京空间政策中的城市成长管理策略研究及其借鉴［J］. 城市规划，2006，5：22－27.

[53] 张俊. 英国的规划得益制度及其借鉴［J］. 城市规划，2005，3：49－54.

[54] （日）村松岐夫. 现代行政的政治分析［M］. 东京：有斐阁，2001.

[55] （日）原科幸彦等. 市民参与合意形成——城市与环境的规划［M］. 京都：学艺出版社，2005.

[56] （日）原田纯孝编. 日本的都市法［M］. 东京：东京大学出版会，2001.

[57] 唐子来. 英国城市规划体系［J］. 城市规划，1999，8：38－43.

[58] （日）升秀树. 都市行政的构造与管理［M］. 东京：劲草书房，2003.

[59] （日）铃木广. 都市化的社会学理论［M］. 东京：书房，1997.

[60] 顾朝林等. 城市管治：概念、理论、方法、实践［M］. 南京：东南大学出版社，2003.

[61] 楼苏萍. 治理理论分析路径的差异与比较［J］. 中国行政管理，2005，4：82－85.

[62] 谭纵波. 日本的城市规划法规体系［J］. 国外城市规划，2000，1：13－19.

尊敬的读者：

感谢您选购我社图书！建工版图书按图书销售分类在卖场上架，共设22个一级分类及43个二级分类，根据图书销售分类选购建筑类图书会节省您的大量时间。现将建工版图书销售分类及与我社联系方式介绍给您，欢迎随时与我们联系。

★建工版图书销售分类表（见下表）。

★欢迎登陆中国建筑工业出版社网站www.cabp.com.cn，本网站为您提供建工版图书信息查询，网上留言、购书服务，并邀请您加入网上读者俱乐部。

★中国建筑工业出版社总编室　电　话：010—58934845　传　真：010—68321361

★中国建筑工业出版社发行部　电　话：010—58933865　传　真：010—68325420

E-mail：hbw@cabp.com.cn

建工版图书销售分类表

一级分类名称（代码）	二级分类名称（代码）	一级分类名称（代码）	二级分类名称（代码）
建筑学（A）	建筑历史与理论（A10）	园林景观（G）	园林史与园林景观理论（G10）
	建筑设计（A20）		园林景观规划与设计（G20）
	建筑技术（A30）		环境艺术设计（G30）
	建筑表现·建筑制图（A40）		园林景观施工（G40）
	建筑艺术（A50）		园林植物与应用（G50）
建筑设备·建筑材料（F）	暖通空调（F10）	城乡建设·市政工程·环境工程（B）	城镇与乡（村）建设（B10）
	建筑给水排水（F20）		道路桥梁工程（B20）
	建筑电气与建筑智能化技术（F30）		市政给水排水工程（B30）
	建筑节能·建筑防火（F40）		市政供热、供燃气工程（B40）
	建筑材料（F50）		环境工程（B50）
城市规划·城市设计（P）	城市史与城市规划理论（P10）	建筑结构与岩土工程（S）	建筑结构（S10）
	城市规划与城市设计（P20）		岩土工程（S20）
室内设计·装饰装修（D）	室内设计与表现（D10）	建筑施工·设备安装技术（C）	施工技术（C10）
	家具与装饰（D20）		设备安装技术（C20）
	装修材料与施工（D30）		工程质量与安全（C30）
建筑工程经济与管理（M）	施工管理（M10）	房地产开发管理（E）	房地产开发与经营（E10）
	工程管理（M20）		物业管理（E20）
	工程监理（M30）	辞典·连续出版物（Z）	辞典（Z10）
	工程经济与造价（M40）		连续出版物（Z20）
艺术·设计（K）	艺术（K10）	旅游·其他（Q）	旅游（Q10）
	工业设计（K20）		其他（Q20）
	平面设计（K30）	土木建筑计算机应用系列（J）	
执业资格考试用书（R）		法律法规与标准规范单行本（T）	
高校教材（V）		法律法规与标准规范汇编/大全（U）	
高职高专教材（X）		培训教材（Y）	
中职中专教材（W）		电子出版物（H）	

注：建工版图书销售分类已标注于图书封底。